国家科学技术学术著作出版基金资助出版

增强型直流输电系统
Enhanced HVDC System

郭春义　赵成勇　杨　硕　著

科学出版社

北京

内 容 简 介

本书聚焦于提升传统直流输电换相失败抵御能力的增强型直流输电系统，全书分为四篇，涵盖了多直流组合型直流输电系统（混合多馈入直流输电系统、混合并联直流输电系统）、换流器组合式混合直流输电系统（混合双极直流输电系统、混合级联多端直流输电系统）、含有源无功补偿设备（STATCOM、同步调相机）的直流输电系统、提高换相失败抵御能力的多种新型换流器拓扑。书中阐述了多种增强型直流输电系统的特征及运行特性，探讨了对换相失败的抑制作用，并针对不同类型直流输电技术的特殊性提出了改善系统运行特性的控制方法。

本书适合从事直流输电技术的系统设计、开发应用、规划运行等方面的工程技术人员使用，也可供高等院校电力系统相关专业的教师和研究生阅读。

图书在版编目（CIP）数据

增强型直流输电系统 = Enhanced HVDC System / 郭春义，赵成勇，杨硕著. —北京：科学出版社，2021.12

ISBN 978-7-03-070389-7

Ⅰ. ①增⋯　Ⅱ. ①郭⋯　②赵⋯　③杨⋯　Ⅲ. ①直流输电-电力系统　Ⅳ. ①TM721.1

中国版本图书馆CIP数据核字（2021）第219526号

责任编辑：范运年 / 责任校对：王萌萌
责任印制：师艳茹 / 封面设计：蓝正设计

科 学 出 版 社 出版
北京东黄城根北街 16 号
邮政编码：100717
http://www.sciencep.com

艺堂印刷（天津）有限公司 印刷
科学出版社发行　各地新华书店经销
*
2021 年 12 月第 一 版　开本：720 × 1000 1/16
2021 年 12 月第一次印刷　印张：17 3/4
字数：352 000
定价：158.00 元
（如有印装质量问题，我社负责调换）

前　　言

我国能源资源与负荷需求逆向分布的格局使远距离大容量输电成为我国资源优化配置的必然选择。传统电网换相换流器型高压直流输电具有输送容量大、损耗低、有功功率快速可控、可实现电网非同步互联等优势，因而在我国远距离大容量架空线输电场合得到广泛应用。截止到 2020 年 12 月，中国已建成投运 38 条 LCC-HVDC 系统。然而，由于 LCC-HVDC 换流器采用无自关断能力的晶闸管作为换流器件，在客观上存在无功补偿容量需求大、交流系统依赖性强、换相失败等问题。其中，换相失败作为 LCC-HVDC 的主要问题之一，在严重交流故障发生时是不可避免的。特别是在我国的华东电网和南方电网，多条 LCC-HVDC 的馈入形成了多馈入直流输电系统，交流与直流、直流与直流之间有很强的相互作用，在故障情况下很有可能导致多直流系统发生同时或级联换相失败，给系统的安全稳定运行带来潜在威胁。因此，增强 LCC-HVDC 系统的换相失败抵御能力，对我国电网的安全稳定运行具有重要意义。

20 世纪 90 年代以后，采用全控型器件的电压源换流器型高压直流输电(voltage sourced converter based HVDC，VSC-HVDC)迅速发展。近年来，模块化多电平换流器(modular multilevel converter，MMC)因具有模块化设计、谐波含量低、损耗小等技术优势，已成为 VSC-HVDC 首选方案。在我国，自上海南汇风电场柔性直流示范工程建成投运以来，MMC-HVDC 技术发展迅速，南澳多端柔性直流输电工程、舟山多端柔性直流输电工程、厦门柔性直流输电工程、鲁西背靠背异步联网工程、渝鄂柔直背靠背异步联网工程、张北柔性直流电网示范工程等相继投运。可见，MMC-HVDC 技术在电网异步互联、跨区域电力输送、新能源送出、孤岛和弱系统供电等领域得到了广泛关注和工程应用。

与 LCC-HVDC 相比，VSC-HVDC 可实现有功和无功功率的四象限独立控制，不需要交流系统提供换相支撑，且不存在换相失败问题。当 LCC 与 VSC 同时存在时，VSC 对功率的快速可控性和交流电压的灵活调节能力，为增强 LCC-HVDC 的换相失败抵御能力提供了可行方案。然而，相比于 LCC-HVDC，VSC-HVDC 的建设成本和运行损耗都较高。因此，结合 LCC 和 VSC 技术经济优势的不同类型直流输电系统逐步在电网中出现，并成为直流输电领域的一个重要发展方向。例如，2014 年国家电网投运了舟山多端柔性直流工程，其嵊泗站与芦嵊传统直流线路的逆变站在嵊泗岛上形成了混合双馈入直流输电系统；2014 年，挪威和丹麦之间的 Skagerrak HVDC Interconnections Pole 4 工程投运了一条 VSC-HVDC 作为极 4，与原有 3 极 LCC-HVDC 构成了混合多极直流输电系统；2016 年，南方电网公司投运的鲁西背靠背异步联网工程，采用两条 LCC-HVDC 与一条 MMC-HVDC 组成的多直流混合并联运行结构；南方电网于 2020 年投运的乌东德混合三端直流输电工程，送端云南采用 LCC，受端广东、广西采用 MMC，其逆变站不存在换相失败问题，投运后广东侧的 MMC 换流站将与已建成的溪洛渡-广东 ±500kV LCC-HVDC 工程逆变站落点接近，届时将形成由 LCC-HVDC 和 MMC-HVDC 构成的混合双馈入直流输电系统；此外，国家电网正在建设的白鹤滩-江苏 ±800kV 特高压混合级联多端直流输电工程，送端采用 LCC，受端采用 LCC 与三个并联 MMC 组串联的结构。由此可见，结合 LCC 和 VSC 技术经济优势的不同类型直流输电系统已经逐步成为工程应用的关键技术之一。上述直流输电系统或工程，虽然建设目标各有不同，但由于电压源换流器对无功功率的快速灵活调节能力，在一定程度上均可以改善故障期间和恢复过程的交流电压特性，因而可以增强 LCC-HVDC 系统对于非首次换相失败的抵御能力。

为了改善交流系统的电压特性，增强 LCC-HVDC 的换相失败抵御能力，南方电网投运了多套大容量 STATCOM（静止同步补偿器，static synchronous compensator），从而形成了含 STATCOM 的 LCC-HVDC 系统；国家电网公司也已在锡盟-泰州、上海庙-山东等多个特高压直流输电工程中加装同步调相机，以此来增强 LCC-HVDC 的换相失败抵御能力，并改善系统的运行特性。

同时，国内外学者也一直在探索新型 LCC 换流器拓扑，通过引入可控电压源模块，以增加晶闸管关断期间的反向电压大小及反向电压持续时间，从而主动增强故障及系统恢复期间 LCC-HVDC 的换相能力，达到降低换相失败概率的目的。

由此可见，传统 LCC-HVDC 系统在远距离大容量输电工程中发挥着不可替代的作用，但由于其采用半控型换流器件，存在换相失败问题，从而威胁电网的安全稳定运行。而近些年出现的多种类型直流输电系统及新型 LCC 换流器拓扑，为增强换相失败抵御能力提供了有价值的思路和方法。然而，目前关于具备增强换相失败抵御能力的不同类型直流输电系统研究方面的专著很少，迫切需要一本可以详细介绍该方面研究工作的专著，本书便是基于这样的背景下策划撰写的。

本书分为四篇，分别介绍了多直流组合型直流输电系统（混合多馈入直流输电系统、混合并联直流输电系统）、换流器组合式混合直流输电系统（混合双极直流输电系统、混合级联多端直流输电系统）、含有源无功补偿设备（STATCOM、同步调相机）的直流输电系统、提高换相失败抵御能力的多种新型换流器拓扑。在确定书名时，作者曾与多位业界直流输电专家交流，特别和 RTDS 技术公司首席技术官张益博士（IEEE Fellow）及东芝国际公司直流首席专家宋子明博士进行了深入探讨，受益良多，谨致谢忱。考虑到书稿核心内容重点介绍具备增强 LCC-HVDC 换相失败抵御能力的不同类型直流输电系统，最终确定题名为《增强型直流输电系统》，不妥之处敬请海内外同行专家和广大读者不吝指正。书中分析了多种增强型直流输电系统的特征及运行特性，探讨了对换相失败的抑制效果，并针对不同类型直流输电系统的特殊性提出了改善系统运行特性的控制方法，可以为直流输电的系统设计、特性研究和控制优化提供理论和技术支撑。

本书由郭春义、赵成勇、杨硕统稿。在各章节撰写过程中，刘博、沙江波、吴张曦、海正刚同学全程参与了初稿编写，这里特别表示感谢。另外，还要感谢课题组参与本书部分章节材料整理和编辑工作的郑安然、樊鑫、王燕宁、崔鹏、彭意、林欣、叶全、赵薇、叶蕴霞、徐李清、赵东君等。特别感谢新能源电力系统国家重点实验室对本书出版工作的支持！本书的研究工作得到了国家自然科学基金项目(51877077)的资助，在此表示感谢！

限于作者水平和时间仓促，书中难免存在不妥之处，敬请广大读者批评指正。

郭春义

2021 年 1 月

目　录

第1章 绪 论

1.1 传统直流输电的发展及现状

我国能源分布与负荷中心的不平衡决定了我国电力资源优化配置的基本选择是远距离大容量输电。电网换相换流器型高压直流输电(line commutated converter based high voltage direct current，LCC-HVDC)具有输送容量大、有功功率快速可控、不存在交流输电稳定问题、可实现电网非同步并网等优势，已被广泛应用于远距离大容量架空线输电场合[1-3]。自舟山直流输电工程投运以来，我国的高压直流输电发展迅猛，并在世界范围内成功运行了±800kV 特高压直流输电工程，首个特高压直流输电工程云南—广东±800kV 直流输电工程于 2010 年投运。2019年我国投运了世界上电压等级最高、输送容量最大、输送距离最远的昌吉—古泉特高压直流输电工程，电压等级为±1100kV，额定输电容量为 12000MW，输电距离达 3324km。截至 2020 年 12 月，我国已建成投运 38 条 LCC-HVDC 系统，如表 1-1 所示。

表 1-1 我国已投运的 LCC-HVDC 系统

工程名称	投运时间	额定有功功率/MW	额定直流电压/kV	主要用途
舟山直流工程	1987	100	±100	远距离输电
葛洲坝—南桥(葛南)	1990	1200	±500	水电外送
天生桥—广州	2001	1800	±500	西电东送
嵊泗直流工程	2002	60	±50	孤岛送电
三峡—常州(龙政)	2003	3000	±500	水电外送
三峡—广东	2004	3000	±500	水电外送
贵州—广东	2004	3000	±500	水、火电东送
灵宝背靠背直流工程	一期：2005 二期：2009	360 1100(扩建后)	±120 ±166.7	电网互联
三峡—上海(宜华)	2006	3000	±500	水电外送
贵广二回	2007	3000	±500	远距离输电
高岭背靠背直流工程	一期：2008 二期：2012	1500 3000(扩建后)	±125	电网互联

续表

工程名称	投运时间	额定有功功率/MW	额定直流电压/kV	主要用途
中俄黑河背靠背直流工程	2012	750	±125	电网互联
宝鸡—德阳(德宝)	2010	3000	±500	远距离输电
云南—广东	2010	5000	±800	远距离输电
向家坝—上海(复奉)	2010	6400	±800	远距离输电
宁夏东—青岛	2010	4000	±660	远距离输电
呼伦贝尔—辽阳(呼辽)	2010	3000	±500	火电外送
荆门—枫泾	2011	3000	±500	水电外送
格尔木—拉萨(青藏)	2011	1200	±400	远距离输电
锦屏—苏南(锦苏)	2012	7200	±800	水电外送
糯扎渡—广东	2013	6400		西电东送
溪洛渡—广东	2014	6400	±500	远距离输电
哈密—郑州(哈郑)	2014	8000	±800	风、光、火电外送
溪洛渡—金华(宾金)	2014	8000	±800	水电外送
云南金沙江—广西(金中)	2016	3200	±500	水电外送
永仁—富宁	2016	3000	±500	水电外送
鲁西背靠背直流工程 (常规直流单元)	2016	1000	±160	电网互联
宁夏灵州—浙江绍兴(灵绍)	2016	8000	±800	远距离输电
酒泉—湖南(酒湖)	2017	8000	±800	风电外送
山西晋北—江苏南京(雁淮)	2017	8000	±800	远距离输电
锡盟—泰州(锡泰)	2017	10000	±800	远距离输电
扎鲁特—青州(扎青)	2017	10000	±800	远距离输电
滇西北—广东	2018	5000	±800	水电外送
上海庙—山东(上山)	2019	10000	±800	远距离输电
昌吉—古泉(吉泉)	2019	12000	±1100	远距离输电
青海—河南(青豫)	2020	8000	±800	清洁能源外送

　　然而，由于 LCC-HVDC 换流器采用无自关断能力的晶闸管作为换流器件，在客观上存在无功补偿容量需求大、交流系统依赖性强、换相失败问题等不足。此外，由于多条直流从不同能源基地向同一负荷中心输电，使我国的华东电网和南方电网出现了多馈入直流输电的情况，交流与直流、直流与直流之间有很强的相

互作用,在故障情况下可能会导致多直流系统发生同时或级联换相失败,威胁电网的安全稳定运行[4]。据统计,2004年~2018年,国家电网公司运营的21条直流系统共发生换相失败1353次;自2011年第一条复奉特高压直流大功率送电开始,国家电网共发生因交流系统故障或异常引发两回及以上的直流系统同时换相失败66次,其中接入华东电网直流系统发生同时换相失败60次、接入华中电网直流系统发生同时换相失败6次,四回直流系统同时换相失败9次,三回直流系统同时换相失败9次,两回直流系统同时换相失败48次[5]。其中,2012年8月8日,葛南、宜华、林枫和复奉4回直流级联换相失败,60ms内4回直流输送总有功功率从9168MW降到1023MW;在三峡近区,葛南、宜华和林枫三回直流有功损失共6924MW,导致三峡电厂32台机组有功输出总共减少5024MW;同时,葛南、宜华、林枫和复奉直流恢复过程中吸收的无功功率分别突然增加2067Mvar、4039Mvar、553Mvar和2872Mvar[6],该事故给电网的功率平衡和电压/频率稳定造成了很大冲击。因此,增强LCC-HVDC系统的换相失败抵御能力,对我国电网的安全稳定运行具有重要意义。

1.2 柔性直流输电的发展及现状

20世纪90年代以后,采用全控型器件的电压源换流器型高压直流输电(voltage sourced converter based HVDC,VSC-HVDC)得到了快速发展。该类型换流器功能强、体积小、可减少换流站的设备、简化换流站的结构,ABB公司将这一技术称为HVDC Light,西门子公司称之为HVDC Plus,我国称之为柔性直流输电[7,8]。与LCC-HVDC相比,柔性直流输电具备有功和无功功率的四象限独立控制、不需要交流系统提供换相支撑、且不存在换相失败风险等技术优势。其中,模块化多电平换流器型高压直流输电(modular multilevel converter based HVDC,MMC-HVDC)系统,因具有模块化设计、谐波含量低、损耗小等技术优势,目前已成为柔性直流输电的主流方案,并在国内外得到了广泛关注和工程应用。

目前我国已投运和建设中的柔性直流输电工程均采用MMC拓扑。2011年上海南汇风电场柔性直流输电工程投运,直流电压为±30kV,额定功率为18MW,用于南汇风电场并网,并形成交流输电线路和柔性直流输电线路并列运行方式。2013年12月,广东汕头南澳三端柔性直流输电示范工程建成投运,直流电压为±160kV,额定功率为200MW,该工程同样适用于大型风电场联网,是世界上首个多端柔性直流输电工程。2014年6月,浙江舟山五端柔性直流输电工程建成并投运,该工程用于实现多个海岛之间的互联,也是世界上端数最多的柔性直流输电工程。2015年12月,福建厦门柔性直流输电工程建成投运,额定电压为±320kV,

额定功率为 1000MW，该工程首次采用真双极的接线方式，用于厦门城市中心供电。2016 年 6 月，南方电网鲁西背靠背直流异步联网工程建成投运，首次采用大容量 MMC-HVDC 与 LCC-HVDC 组成多直流混合并联运行结构，其中 MMC 单元容量为 1000MW，直流电压为 ±350kV。2019 年投运的渝鄂柔性直流背靠背联网工程，直流电压为 ±420kV，输送容量为 4×1250MW（单个 MMC 容量达 1250MW）。2020 年，乌东德特高压混合三端直流输电工程投运，其额定电压达 ±800kV，云南送端 LCC 换流站的额定容量为 8000MW，广东、广西受端 MMC 换流站的额定容量分别为 5000MW 和 3000MW。2020 年，张北四端柔性直流电网工程投运，其电压等级达 ±500kV，单端最大容量达 3000MW，该工程将充分发挥柔性直流输电在新能源利用方面的技术优势，可实现大规模风电、光伏、储能、抽水蓄能等多种形态能源的汇集与输送，也将是国内外首个柔性直流电网工程。国家电网正在建设的白鹤滩—江苏特高压混合级联多端直流输电工程，预计 2022 年投运，直流电压为 ±800kV，输送容量为 8000MW，该工程中的受端换流站将采用 LCC 与多个并联 MMC 组串联的混合级联直流技术。截至 2020 年底，国内外主要投运与在建的柔性直流输电工程如表 1-2 所示。

表 1-2　国内外投运与在建的柔性直流输电系统

工程名称	投运时间或预计投运时间	额定有功功率/MW	额定直流电压/kV	主要用途
Heallsjon（瑞典）	1997	3	±10	试验工程
Gotland（瑞典）	1999	50	±80	风电场联网
Directlink（澳大利亚）	1999	3×60	±80	电网互联
Tjæreborg（丹麦）	2000	7.2	+9	风电场并网
Eagle Pass BTB（美国-墨西哥）	2000	36	±15.9	电网互联
Cross Sound Cable（美国）	2002	330	±150	电网互联
Murray Link（澳大利亚）	2002	220	±150	电网互联
Troll A（挪威）	2005	2×41	±60	钻井平台供电
Estlink（北欧）	2006	350	±150	弱电网互联
NorD E.ON 1（德国）	2009	400	±150	离岸风电场并网
Caprivi Link Interconnector（纳米比亚）	2009	2×300	±350	弱电网互联
ValHall（挪威）	2010	78	150	钻井平台供电
Trans Bay Cable（美国）	2010	400	±200	电网互联
文昌油田两电平柔性直流输电（中国）	2011	3.6	±10	海上平台供电

工程名称	投运时间或预计投运时间	额定有功功率/MW	额定直流电压/kV	主要用途
上海南汇风电场柔性直流输电工程(中国)	2011	18	±30	风电场并网
East West Interconnector(爱尔兰)	2012	500	±200	电网互联、黑启动
BorWin1(德国)	2012	400	±150	风电场并网
BorWin2(德国)	2013	800	单极300	风电场并网
HelWin1(德国)	2013	576	单极259	风电场并网
DolWin1(德国)	2013	800	±320	风电场并网
INELFE(法国—西班牙)	2013	2×1000	±320	电网互联，黑启动
南澳三端柔性直流输电工程(中国)	2013	200(最大单端容量)	±160	风电场并网
浙江舟山五端柔性直流输电重大科技示范工程(中国)	2014	400(最大单端容量)	±200	电网互联
Skagerrak HVDC Interconnection Pole 4(挪威—丹麦)	2014	700	单极500	电网互联
SylWin1(德国)	2014	864	±320	风电场并网
HelWin2(德国)	2015	690	±320	风电场并网
NordBalt(立陶宛-瑞典)	2015	700	±300	非同步电网互联
厦门柔性直流输电工程(中国)	2015	1000	±320	城市中心供电
DolWin2(德国)	2016	900	±320	风电场并网
鲁西背靠背直流异步联网工程(柔直单元)(中国)	2016	1000	±350	非同步电网互联
DolWin3(德国)	2017	900	±320	风电场并网
渝鄂柔直背靠背联网工程(中国)	2019	4×1250	±420	电网互联
BorWin3(德国)	2019	900	±320	风电场并网
张北柔性直流电网工程(中国)	2020	3000(最大单端容量)	±500	新能源向特大城市供电
乌东德特高压混合三端直流输电工程(中国)	2020	8000	±800	水电外送
白鹤滩—江苏特高压混合级联直流输电工程(中国)	2022	8000	±800	水电外送

1.3　不同类型的增强型直流输电系统

电压源型换流器 VSC 对于功率的快速可控性和交流电压的灵活调节能力,为增强 LCC-HVDC 的换相失败抵御能力提供了可行方案。目前,结合 LCC 和 VSC 技术经济优势的不同类型直流输电系统逐步在电网中出现。例如,2014 年国家电网投运了舟山五端柔性直流工程,其嵊泗站与芦嵊传统直流线路的逆变站在嵊泗岛上形成了混合双馈入直流输电系统;2014 年,挪威和丹麦之间的 Skagerrak HVDC Interconnections Pole 4 工程投运了一条 VSC-HVDC 作为极 4,与原有 3 极 LCC-HVDC 构成了混合多极直流输电系统;2016 年,南方电网投运的鲁西背靠背直流异步联网工程,采用两条 LCC-HVDC 与一条 MMC-HVDC 组成的多直流混合并联运行结构;南方电网已投运的乌东德混合三端直流输电工程,送端云南采用 LCC,受端广东、广西采用 MMC,因而其逆变站不存在换相失败问题,投运后广东侧的 MMC 将与建成的溪洛渡-广东 ±500kV LCC-HVDC 工程逆变站落点接近,形成由 LCC-HVDC 和 MMC-HVDC 构成的混合双馈入直流输电系统;此外,国家电网正在建设的白鹤滩-江苏 ±800kV 特高压混合级联多端直流输电工程,送端采用 LCC、受端采用 LCC 与三个并联 MMC 组串联的结构。上述直流输电工程,虽然建设目标各有不同,但由于电压源换流器对无功功率的快速灵活调节能力,在一定程度上均可以改善交流电压的动态特性,增强 LCC-HVDC 系统的换相失败抵御能力。

具有良好动态调节性能的无功功率补偿装置,也可以增强 LCC-HVDC 的换相失败抵御能力。STATCOM 通过脉宽调制技术控制全控器件的开断,依靠改变电压源换流器交流侧电压的幅值和相位来实现无功功率的快速调节。南方电网为改善交流系统的电压动态特性,降低 LCC-HVDC 换相失败概率,投运多套大容量 STATCOM,从而形成含 STATCOM 的 LCC-HVDC 系统。同步调相机相当于不带机械负载的同步电机,通过励磁系统调节无功输出,其无功输出特性受母线电压影响较小,并具备较强的过载能力,电网故障导致电压跌落时仍能输出较大容量的无功功率;作为旋转设备,同步调相机还能提供旋转惯量和增加短路电流。国家电网公司已在锡盟-泰州、上海庙-山东等多回特高压直流输电工程的受端加装同步调相机,以增强 LCC-HVDC 的换相失败抵御能力,改善系统的运行特性。

国内外很多学者也一直在探索新型 LCC 换流器拓扑结构,通过引入可控电压源模块,来增加晶闸管关断期间的反向电压大小及反向电压持续时间,从而主动增强故障及系统恢复期间 LCC-HVDC 的换相能力,以达到降低换相失败概率的目的。其中,电容换相换流器(capacitor commuted converter,CCC)[10]在逆变器和换流变压器间串入了电容器,利用串联的电容不仅可以增强换相失败的抵御能力,而且还可以在一定程度上补偿换流器消耗的无功功率。随着晶闸管控制串联电容器(thyristor controlled series capacitor，TCSC)技术的成熟，由 CCC 衍生而来的 CSCC(可控电容换相换流器，controlled series capacitor converter)也逐渐进入人们的视野[11]。CSCC 将 TCSC 技术和 LCC 结合在一起，可以实现对串联电容值的动态调整。然而，虽然 CCC/CSCC 可以在一定程度上抑制换相失败，但在严重故障导致换相失败发生后，故障相电容会单方向持续性充电，导致故障相电容产生过电压，这也在一定程度上限制了 CCC/CSCC 在实际工程中的进一步推广应用。近年来，国内外学者也提出了多种新型 LCC 拓扑结构，通过在换流阀内部、换流器交流侧及换流器直流侧加以改进来增强 LCC-HVDC 的换相失败抵御能力；虽然这些拓扑目前并未被工程所采用，但也为增强 LCC-HVDC 的换相失败抵御能力提供了新思路。由此可见，近些年出现的多种类型直流输电系统及新型 LCC 换流器拓扑结构，为增强换相失败抵御能力提供了有价值的思路和方法。

1.3.1 多直流组合型直流输电系统

随着电网的发展，当 LCC-HVDC 系统和 VSC-HVDC 系统馈入点接近时，形成多直流组合型直流输电系统，此时近区 VSC 换流器可以通过调节交流母线电压来抑制 LCC-HVDC 系统的换相失败。以下从拓扑结构、技术特点和工程现状三方面对混合多馈入直流输电系统和混合并联直流输电系统进行简要介绍，关于控制策略及运行特性等方面的研究详见本书第一篇内容。

1. 混合多馈入直流输电系统

1)拓扑结构

混合多馈入直流输电系统的示意图如图 1-1 所示，其基本特点在于 LCC-HVDC 和 VSC-HVDC 馈入同一交流系统，或者所馈入的交流系统之间电气距离较短。

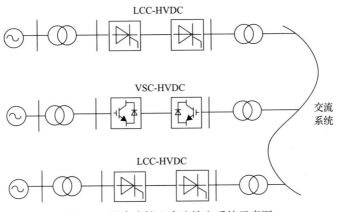

图 1-1 混合多馈入直流输电系统示意图

2）技术特点

由多条 LCC-HVDC 系统馈入到同一交流区域，形成了多馈入直流（multi-infeed direct current，MIDC）系统，多条 LCC-HVDC 之间及交直流系统之间存在很强的耦合作用，易出现级联换相失败问题。当 VSC-HVDC 馈入传统多馈入系统，组成混合多馈入直流输电系统后，VSC-HVDC 不仅可以进行功率输送，也可以为 LCC-HVDC 提供动态无功功率支撑，改善交流系统的电压动态特性，有效降低多馈入直流输电系统发生后续或级联换相失败的概率。

3）工程现状

我国华东和广东电网均呈现出传统多馈入直流落点密集的现状。由于 VSC-HVDC 在电网异步互联、跨区域电力输送、新能源送出、孤岛和弱系统供电等领域的技术优势，越来越多的 VSC-HVDC 投入工程应用，其功率馈入点极有可能在电气距离上与已投运的 LCC-HVDC 逆变站落点接近，于是构成由多条 LCC-HVDC 和 VSC-HVDC 线路组成的混合多馈入直流输电系统。近年来，国内外已经出现了多个混合多馈入直流输电系统的工程实例。例如，2014 年，国家电网建设的舟山五端柔性直流工程的嵊泗站与芦嵊传统直流线路的逆变站在嵊泗岛上形成了混合双馈入直流输电系统，以实现向海岛弱电网供电；南方电网为改善直流多落点问题并提高电网稳定性，2020 年投运的乌东德混合三端直流工程，其广东侧落点采用 MMC，与已建成的溪洛渡-广东±500kV LCC-HVDC 系统逆变站落点接近，形成由 LCC-HVDC 和 MMC-HVDC 构成的混合双馈入直流输电系统。

2. 混合并联直流输电系统

1）拓扑结构

混合并联直流输电系统示意图如图 1-2 所示，采用 LCC-HVDC 与 VSC-HVDC 并联运行的方式。

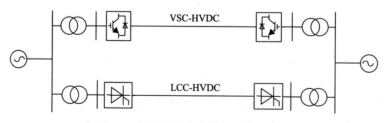

图 1-2　混合并联直流输电系统示意图

2）技术特点

混合并联直流输电系统中的 LCC-HVDC 和 VSC-HVDC 在整流侧和逆变侧分别共用同一交流母线，彼此之间电气联系紧密。其中的 VSC-HVDC 在实现输送功率的同时，也可为 LCC-HVDC 提供动态无功支撑，改善交流系统电压动态特性，从而在一定程度上降低 LCC-HVDC 逆变侧换相失败的概率。

3) 工程现状

2016 年，南方电网公司投运的鲁西背靠背混合直流异步联网工程[12]，采用了一条 MMC-HVDC 与两条 LCC-HVDC 组成的混合多直流并联运行形式，实现了云南电网与南方电网主网的异步互联，有效提高了南方电网主网架的安全稳定性。

1.3.2 换流器组合式混合直流输电系统

LCC 和 VSC 通过串/并联方式组合构成的换流器组合式混合直流输电系统，也可降低 LCC-HVDC 的换相失败概率。以下从拓扑结构、技术特点和工程现状三方面对混合多极直流输电系统和混合级联多端直流输电系统进行简要介绍，关于控制策略及运行特性等方面的研究详见本书第二篇内容。

1. 混合多极直流输电系统

1) 拓扑结构

同一直流输电系统的正负极分别采用 LCC-HVDC 和 VSC-HVDC 时，便可构成混合多极直流输电系统。正极采用 LCC-HVDC、负极采用 VSC-HVDC 的混合双极直流输电系统如图 1-3 所示。

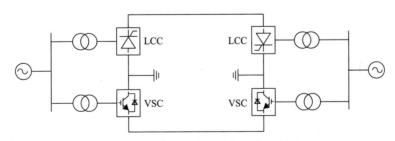

图 1-3 混合双极直流输电系统示意图

2) 技术特点

混合多极直流输电系统中 LCC-HVDC 和 VSC-HVDC 相对独立，采用 LCC-HVDC 的一极可以借鉴现有传统直流输电的控制策略，采用 VSC-HVDC 的一极可以借鉴现有柔性直流输电的控制策略。该系统逆变站的 VSC 可以为交流系统提供动态无功支撑，调节交流母线电压，进而减小 LCC-HVDC 极的换相失败概率。另外，该混合直流系统在稳态运行时需要保证地电流或中线电流为零，所以 LCC-HVDC 极的直流电流大小受 VSC-HVDC 极所允许的直流电流限制。

3）工程现状

2014 年，挪威和丹麦之间的 Skagerrak HVDC Interconnections Pole 4 工程[13]，在原有三极 LCC-HVDC 的基础上建设了一条 VSC-HVDC 作为第 4 极，形成了混合四极直流输电系统，以实现挪威与丹麦之间的跨区域电力输送。

2. 混合级联多端直流输电系统

1）拓扑结构

混合级联多端直流输电系统拓扑结构示意图如图 1-4 所示，其整流侧采用 LCC，逆变侧采用 LCC 与多个并联 VSC 组串联的级联形式[14-17]。

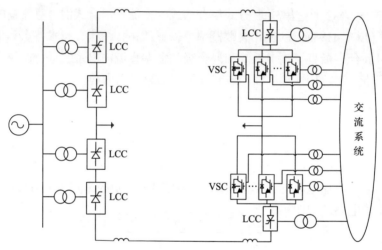

图 1-4　混合级联多端直流输电系统示意图

2）技术特点

混合级联多端直流输电系统中 LCC 与 VSC 串联后，一方面逆变站 VSC 可以为 LCC 提供无功支撑，进而在一定程度上降低 LCC 的换相失败概率，另一方面逆变侧 LCC 可以阻断直流故障发生时 VSC 的放电通路，进而改善 VSC 的直流故障穿越特性。但是，由于 LCC 的电流不能反转，VSC 的直流电压极性不能反转（两电平 VSC 或采用半桥子模块的 MMC），因而该类混合系统的潮流反转能力不足；同时，当逆变侧 LCC 由于交流故障等原因导致换相失败发生时，与 LCC 串联的 VSC 将出现过电压、过电流现象，这也是该类混合系统需要解决的关键问题之一。

3）工程现状

目前，国家电网正在建设的白鹤滩-江苏特高压混合级联多端直流输电工程拟采用送端 LCC、受端 LCC 和三个并联 MMC 组串联的结构，以实现±800kV/8000MW 的功率传输。该工程有利于资源更大范围的优化配置，促进四川水电消纳，保障江苏用电负荷增长需要，发挥重点电网工程在优化投资结构、清洁能源消纳、电力精准扶贫等方面的重要作用。

1.3.3　含有源无功补偿设备的直流输电系统

在 LCC-HVDC 逆变侧交流系统中配置 STATCOM 或同步调相机等无功补偿设备，用以调节交流母线电压，以增强 LCC-HVDC 的换相失败抵御能力，即形成含有源无功补偿设备的直流输电系统。下面将从拓扑结构、技术特点和工程现状三个方面对含 STATCOM 的 LCC-HVDC 系统和含同步调相机的 LCC-HVDC 系统进行简要介绍，关于控制策略及运行特性等方面的研究详见本书第三篇内容。

1. 含 STATCOM 的 LCC-HVDC 系统

1) 拓扑结构

含 STATCOM 的 LCC-HVDC 系统示意图如图 1-5 所示，其中 STATCOM 并联在逆变站交流母线附近，以更好地发挥其对交流母线的调节作用。

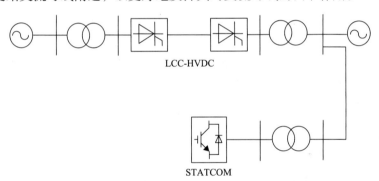

图 1-5　含 STATCOM 的 LCC-HVDC 系统示意图

2) 技术特点

类似于混合多馈入直流输电系统，在 LCC-HVDC 受端交流母线附近安装 STATCOM，可以降低 LCC-HVDC 逆变站发生换相失败的概率，改善 LCC-HVDC 系统的运行特性。在多馈入直流输电系统中，STATCOM 的馈入还可以对级联换相失败起到一定的抑制作用。

3) 工程现状

我国在华东电网和南方电网均呈现出多馈入直流输电的现状，迫切需要增强直流输电系统的运行性能。在多馈入直流系统中，交流电网的动态无功响应特性直接影响直流系统的运行性能，提高交流电网的动态无功响应能力，可增强 LCC-HVDC 系统的换相失败抵御能力。为改善交流系统的电压调节特性，南方电网投运了多套 STATCOM 装置，形成了含 STATCOM 的 LCC-HVDC 系统，可以在一定程度上增强 LCC-HVDC 的换相失败抵御能力。

2. 含同步调相机的 LCC-HVDC 系统

1）拓扑结构

含同步调相机的 LCC-HVDC 系统示意图如图 1-6 所示，其中同步调相机并联在交流母线附近，以更好地发挥其对交流母线电压的调节能力。

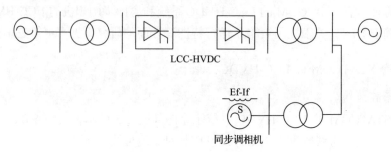

图 1-6　含同步调相机的 LCC-HVDC 系统示意图

2）技术特点

类似于含 STATCOM 的 LCC-HVDC 系统，在 LCC-HVDC 受端交流系统母线附近安装同步调相机，可以利用同步调相机的动态无功补偿能力，调节受端交流母线电压，从而可以降低 LCC-HVDC 发生换相失败的概率，改善 LCC-HVDC 系统的运行特性。

3）工程现状

国家电网公司已在锡盟—泰州、上海庙—山东等多个特高压直流输电工程中加装同步调相机，以增强 LCC-HVDC 的换相失败抵御能力，改善系统的运行特性。

1.3.4　提高换相失败抵御能力的多种新型换流器拓扑

针对 LCC-HVDC 的换相失败问题，国内外学者从改进传统直流换流器拓扑结构的角度，提出了多种增强换相失败抵御能力的新型换流器拓扑。下面将从拓扑结构、技术特点和应用场景三个方面对换流器内部改进型、换流器交流侧改进型和换流站直流侧改进型的新型 LCC 换流器拓扑进行简要介绍，关于控制策略及运行特性等方面的研究详见本书第四篇内容。

1. 换流器内部改进型新型 LCC 换流器拓扑

1）拓扑结构

本书介绍了两种换流器内部改进型的新型 LCC 换流器拓扑结构，包括：①在桥臂中串入晶闸管子模块，以提供辅助换相电压支撑的新型 LCC 拓扑结构；
②桥臂中串入晶闸管全桥耗能子模块，以提供直流过电流抑制能力的新型 LCC
拓扑结构。

　　基于晶闸管全桥子模块(thyristor based full-bridge sub-module，T-FBSM)的新
型 LCC 拓扑结构如图 1-7(a)所示，桥臂串联的 T-FBSM 的内部结构如图 1-7(b)
所示。

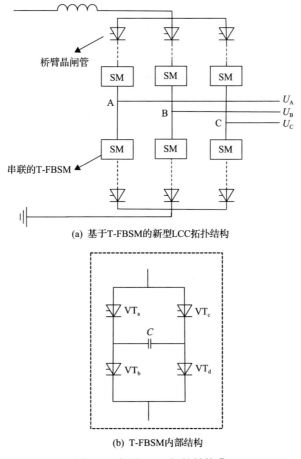

(a) 基于T-FBSM的新型LCC拓扑结构

(b) T-FBSM内部结构

图 1-7　新型 LCC 拓扑结构①

　　基于晶闸管全桥耗能子模块(thyristor based energy dissipation full-bridge sub-
module，TED-FBSM)的新型 LCC 拓扑结构如图 1-8(a)所示，桥臂串联的 TED-FBSM
的内部结构如图 1-8(b)所示。

　　2) 技术特点

　　基于 T-FBSM 的新型 LCC 拓扑结构，交流故障下串入桥臂的 T-FBSM 可提供

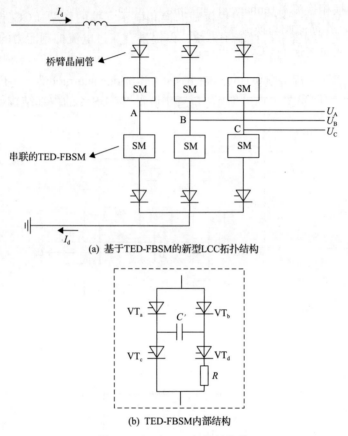

(a) 基于TED-FBSM的新型LCC拓扑结构

(b) TED-FBSM内部结构

图 1-8　新型 LCC 拓扑结构②

辅助换相电压,增大故障期间的换相电压时间面积,从而增强 LCC-HVDC 的换相失败抵御能力;而基于 TED-FBSM 的新型 LCC 拓扑结构,交流故障下串入桥臂的 TED-FBSM 可通过耗能抑制暂态直流电流的增长量和增长率,从而在一定程度上减小换相重叠角,增加关断角裕度,进而增强 LCC-HVDC 的换相失败抵御能力。

3)应用场景

由于换流器内部改进型的新型 LCC 换流器拓扑需要对 LCC-HVDC 的换流阀内部结构进行设计或改造,因而比较适合于未来新建的 LCC-HVDC 工程。

2. 换流器交流侧改进型新型 LCC 换流器拓扑

1)拓扑结构

本书介绍了一种换流器交流侧改进型新型 LCC 换流器拓扑,即基于反并联晶闸管全桥子模块(anti-parallel thyristor based full-bridge sub-module, APT-FBSM)的增强型电容换相换流器(enhanced capacitor commutated converter, ECCC)。与 CCC 相比,ECCC 在换流阀与换流变压器之间串联了 APT-FBSM,代替了 CCC 中的固定电容器,从而增强了 CCC 的可控性。ECCC 与 APT-FBSM 的拓扑结构如图 1-9 所示。

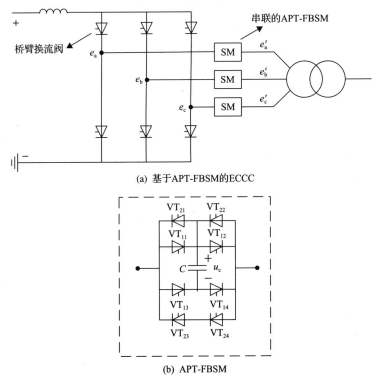

(a) 基于APT-FBSM的ECCC

(b) APT-FBSM

图 1-9 基于 APT-FBSM 的 ECCC 拓扑结构

2) 技术特点

CCC 技术虽然可以抑制换相失败,然而严重故障导致 CCC 发生换相失败后,电容会进行不对称的充放电,易引起电容过电压,甚至有可能在故障恢复过程中再次引发换相失败。而书中介绍的 ECCC 在交流故障情况下可以通过串入电容来提供额外的换相电压支撑,以降低换相失败概率;同时,通过改变 APT-DFBM 的工作模式,电容电压可以被限制在允许的范围内。因此,ECCC 不仅可以增强换相失败抵御能力,还可以改善系统的暂态特性。

3) 应用场景

ECCC 拓扑将 CCC 换流阀与换流变压器之间的固定电容器替换为 ATP-FBSM,无需对换流阀内部进行重新设计或改造,因此不仅适用于新建 LCC-HVDC 工程,也适用于对已有 LCC-HVDC 工程进行改造。

3. 换流站直流侧新型 DC Chopper 拓扑

1) 拓扑结构

如图 1-10 所示，DC Chopper（直流斩波器）并联在 LCC-HVDC 系统逆变站的直流侧出口处，由 n 个串联的晶闸管全桥耗能子模块（thyristor based full-bridge sub-module for power-comsumption，PCT-FBSM）组成。DC Chopper 及 PCT-FBSM 的结构如图 1-11 所示，每个 PCT-FBSM 由电阻、电容和晶闸管构成，其中每个晶闸管阀 VT_i（i=1～4）可以由若干晶闸管串联组成。

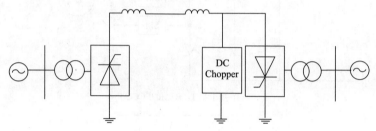

图 1-10　含有 DC Chopper 的 LCC-HVDC 系统示意图

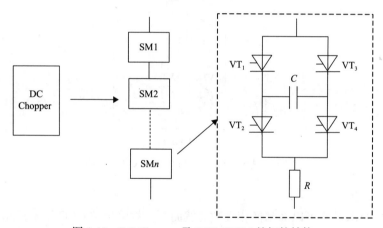

图 1-11　DC Chopper 及 PCT-FBSM 的拓扑结构

2) 技术特点

基于 PCT-FBSM 的新型 DC Chopper 拓扑结构，并联在 LCC-HVDC 系统逆变站的直流侧出口处，当逆变站交流故障发生时，通过投入 DC Chopper 进行耗能，从而降低故障时逆变侧的直流电流增长量和增长率，在一定程度上减小换相重叠角，并增加关断角裕度，最终增强 LCC-HVDC 的换相失败抵御能力。

3) 应用场景

新型 DC Chopper 拓扑安装在 LCC-HVDC 逆变站的直流侧出口处，同样适用于已投运或新建 LCC-HVDC 工程。

1.3.5 其他增强型直流输电系统

除了上述不同类型的增强型直流输电系统外，LCC-HVDC 系统的逆变站可以完全采用 VSC 技术，这样即可彻底避免换相失败问题，例如整流侧 LCC-逆变侧 VSC 的混合两端/多端直流输电系统。考虑到这类直流输电系统不存在换相失败问题，故本书仅在绪论中简要描述，并未在正文中进行详细介绍。

1. 整流侧 LCC-逆变侧 VSC 的混合直流输电系统

整流侧 LCC-逆变侧 VSC 的混合直流输电系统如图 1-12 所示，由于逆变侧采用 VSC，可不依赖受端交流系统提供支撑，因而其可连接弱受端交流系统甚至无源网络。该混合直流输电系统可彻底避免换相失败问题，同时由于受端 VSC 可以提供动态无功功率支撑，因而也可以提高受端交流系统的电压稳定性。此外，若多馈入直流输电系统中存在逆变侧为 VSC 的混合直流输电，VSC 也可以调节交流母线电压，从而在一定程度上减小近区 LCC-HVDC 的换相失败概率。

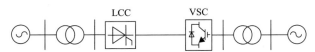

图 1-12　整流侧 LCC-逆变侧 VSC 的混合直流输电系统示意图

2. 混合多端直流输电系统

混合多端直流输电系统的拓扑结构示意图如图 1-13 所示，其基本特点在于混合多端直流的送端和受端可根据实际需要采用 LCC 或 VSC，并通过辐射状、环状等网络结构实现比单纯由 LCC 或 VSC 构成的多端直流输电系统更为经济灵活的输电方式。

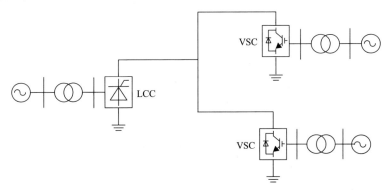

图 1-13　混合多端直流输电系统示意图

混合多端直流输电系统继承了 LCC 和 VSC 的优点，能够同时满足水电、火电和新能源等能源基地的电力送出需求，并可用于孤岛及弱交流系统的互联，从而实现多电源供电、多落点受电。此外，通过接入 VSC 换流站，在 LCC-HVDC 输电线路中间接入分支负荷或电源，构成混合多端直流输电系统，可增加已有 LCC-HVDC 工程的输电灵活性。然而，混合多端直流输电技术仍然面临着一些挑战，如快速直流故障清除与恢复、混合多端直流控制保护策略的设计与优化等。基于 LCC 和 VSC 的混合多端直流输电系统在海上风电场接入、可再生能源并网、城市供电、孤岛供电等领域有广泛的应用前景。南方电网公司于 2020 年投运的乌东德特高压混合三端直流输电工程，其送端采用 LCC、两个受端均采用 MMC，可分别向广东广西输送 5000MW 和 3000MW 的功率，从而满足云南水电开发外送需要，进一步提升云南电力外送通道能力。

参 考 文 献

[1] 赵畹君. 高压直流输电工程技术[M]. 2 版. 北京: 中国电力出版社, 2011.

[2] 浙江大学发电教研组直流输电科研组. 直流输电[M]. 北京: 电力工业出版社, 1982.

[3] 郭春义, 王烨, 赵成勇. 直流输电系统的小信号稳定性[M]. 北京: 科学出版社, 2019.

[4] 何朝荣, 李兴源. 影响多馈入高压直流换相失败的耦合导纳研究[J]. 中国电机工程学报, 2008, 28(7): 51-57.

[5] 阮思烨, 徐凯, 刘丹, 等. 直流输电系统换相失败统计分析及抵御措施建议[J]. 电力系统自动化, 2019, 43(18): 13-17, 34.

[6] 王春明, 刘兵. 区域互联多回直流换相失败对送端系统的影响[J]. 电网技术, 2013, 37(4): 1052-1057.

[7] 汤广福. 基于电压源换流器的高压直流输电技术[M]. 北京: 中国电力出版社, 2010.

[8] 徐政, 肖晃庆, 张哲任, 等. 柔性直流输电系统[M]. 2 版. 北京: 机械工业出版社, 2016.

[9] 赵成勇. 柔性直流输电建模和仿真技术[M]. 北京: 中国电力出版社, 2014.

[10] 袁海燕, 傅正财, 井巍, 等. CCC-HVDC 系统的故障恢复特性[J]. 高电压技术, 2009, 35(5): 1194-1199.

[11] 任震, 何畅炜, 高明振. HVDC 系统电容换相换流器特性分析（Ⅰ）：机理与特性[J]. 中国电机工程学报, 1999(03): 3-5.

[12] 周保荣, 洪潮, 金小明, 等. 南方电网同步运行网架向异步运行网架的转变研究[J]. 中国电机工程学报, 2016, 36(8): 2084-2092.

[13] ABB Group. Skagerrak HVDC Interconnections [EB/OL]. (2011-2-11)[2015-3-1]. http://new.abb.com/systems/ hvdc/references/Skagerrak.

[14] 郭春义, 赵成勇, 彭茂兰, 等. 一种具备直流故障穿越能力的高压直流输电系统: 中国, 201410222344.7CN103997033B[P]. 2016-6-29.

[15] 郭春义, 赵成勇, 彭茂兰, 等. 一种具有直流故障穿越能力的混合直流输电系统[J]. 中国电机工程学报, 2015, 35(17): 4345-4352.

[16] 郭春义, 吴张曦, 赵成勇. 特高压混合级联直流输电系统中多 MMC 换流器间不平衡电流的均衡控制策略[J]. 中国电机工程学报, 2020, 655(20): 268-278.

[17] Guo C Y, Wu Z X, Yang S, et al. Overcurrent suppression control for hybrid LCC/VSC cascaded HVDC system based on fuzzy clustering and identification approach[J]. IEEE Transactions on Power Delivery, 2021, doi: 10.1109/ TPWRD.2021.3096954.

第一篇　多直流组合型直流输电系统

随着 LCC-HVDC 的广泛应用和 VSC-HVDC 的快速发展，在我国电网的多个区域形成了两类直流系统落点接近的多直流组合型直流输电系统。VSC-HVDC 在实现新能源消纳、功率快速调控等功能的同时，可以为受端落点接近的 LCC-HVDC 提供动态无功补偿，改善交流电压动态特性，从而在一定程度上降低同一区域内多条 LCC-HVDC 后续或级联换相失败的概率。本篇分为两章，分别阐述了混合多馈入直流输电系统和混合并联直流输电系统的拓扑结构、工作原理和运行特性。

第 2 章以混合双馈入直流输电系统为例，介绍系统结构及基本控制策略，建立系统的稳态数学模型，推导 LCC-HVDC 和 VSC-HVDC 稳态运行极限的计算方法，研究不同控制模式下 LCC-HVDC 和 VSC-HVDC 稳态运行极限的相互制约关系，提出二者交互作用的定量评估指标。

第 3 章针对混合并联直流输电系统，介绍该系统的结构及基本控制策略，针对 LCC-HVDC 低负荷和交流滤波器投切辅助控制策略的不足及交流故障下的换相失败问题，提出混合并联直流输电系统的暂稳态无功功率协调控制策略，有效改善系统的暂稳态特性并降低换相失败概率。

第2章 混合多馈入直流输电系统

在混合多馈入直流输电系统中，VSC-HVDC 可以等效提高交流系统的短路比，进而在一定程度上降低多馈入直流系统换相失败的概率。本章以混合双馈入直流输电系统为例，建立混合双馈入直流输电系统的数学模型，研究 LCC-HVDC 与 VSC-HVDC 稳态运行极限的交互制约关系，提出二者之间相互作用关系的定量评估方法。

2.1 混合双馈入直流输电系统的结构和数学模型

2.1.1 系统结构

当多条 LCC-HVDC 和 VSC-HVDC 馈入同一交流系统，或彼此之间电气距离接近时，便构成了混合多馈入直流输电系统。其中，典型代表是由一条 LCC-HVDC 和一条 VSC-HVDC 组成的混合双馈入直流输电系统，图 2-1 给出了两种不同类型的混合双馈入直流输电系统的结构示意图及其逆变侧等效电路。图 2-1(a) 所示为由一条 LCC-HVDC 和一条 VSC-HVDC 馈入同一交流母线向系统供电(即不存在电气距离)的混合双馈入直流输电系统(类型 I)；图 2-1(b) 所示为更为普遍的，LCC-HVDC 与 VSC-HVDC 彼此之间存在电气距离的混合双馈入直流输电系统(类型 II)。

图中各符号的含义分别解释如下。P_{d1}、Q_{d1}、U_{dc1}、I_{dc1} 为 VSC-HVDC 的有功功率和无功功率、直流电压和直流电流；X_{t1}、k_1 为 VSC-HVDC 联结变压器的漏抗和变比；P_{d2}、Q_{d2}、U_{dc2}、I_{dc2} 为 LCC-HVDC 的有功功率和无功功率、直流电压和直流电流；X_{t2}、k_2 为 LCC-HVDC 换流变压器的漏抗和变比；Q_c、B_c 为 LCC-HVDC 无功补偿装置的等值电纳和无功补偿容量；P_s、Q_s 为 VSC-HVDC 和 LCC-HVDC 共同向交流系统馈入的有功和无功功率；X_s、R_s 为交流系统的等值感抗和等值电阻；$U_s \angle \theta_s$、$U_t \angle \theta_t$ 为交流系统等值电动势、交流母线电压；P_{s1}、Q_{s1} 为馈入交流系统 1 的有功和无功功率；X_{s1}、R_{s1} 为交流系统 1 的等值感抗和等值电阻；P_{s2}、Q_{s2} 为馈入交流系统 2 的有功和无功功率；X_{s2}、R_{s2} 为交流系统 2 的等值感抗和等值电阻；$U_{s1} \angle \theta_{s1}$、$U_{s2} \angle \theta_{s2}$ 为交流系统 1 和交流系统 2 的等值电动势；$U_{t1} \angle \theta_{t1}$、$U_{t2} \angle \theta_{t2}$ 为 VSC-HVDC 和 LCC-HVDC 的交流母线电压；X_{tie}、R_{tie} 为联络线等值感抗和等值电阻；P_{tie1}、Q_{tie1}、P_{tie2}、Q_{tie2} 为联络线上交换的有功功率和无功功率。

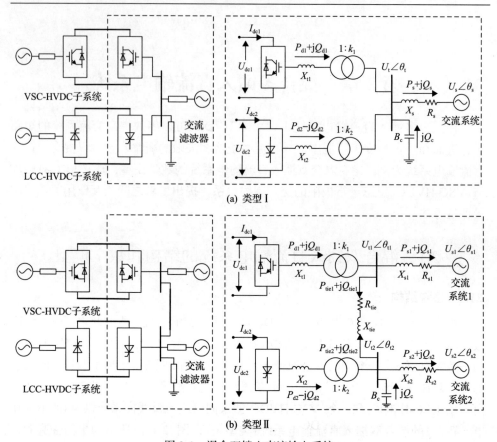

(a) 类型 I

(b) 类型 II

图 2-1　混合双馈入直流输电系统

2.1.2　数学模型

本节基于图 2-1 所示的混合双馈入直流输电系统，推导其稳态数学模型，作为后续小节分析的模型基础[1]。

1. 混合双馈入直流输电系统(类型 I)

对于图 2-1(a)混合双馈入直流输电系统(类型 I)，其中 VSC-HVDC 子系统的有功功率 P_{d1} 和无功功率 Q_{d1} 可表示为

$$\begin{cases} P_{d1} = \dfrac{U_t U_c \sin(\theta_c - \theta_t)}{k_1 X_{t1}} \\ Q_{d1} = \dfrac{U_t \left[k_1 U_c \cos(\theta_c - \theta_t) - U_t \right]}{k_1^2 X_{t1}} \end{cases} \qquad (2\text{-}1)$$

式中，U_c 和 θ_c 为 VSC 换流器出口电压的幅值和相角。

LCC-HVDC 子系统的直流电流 I_{dc2}、直流电压 U_{dc2}、有功功率 P_{d2} 和无功功率 Q_{d2} 的表达式为

$$\begin{cases} I_{dc2} = \dfrac{U_t\left[\cos\gamma - \cos(\gamma + \mu)\right]}{\sqrt{2}k_2 X_{t2}} \\ U_{dc2} = 2\left(\dfrac{3\sqrt{2}U_t\cos\gamma}{\pi k_2} - \dfrac{3X_{t2}I_{dc2}}{\pi}\right) \end{cases} \tag{2-2}$$

$$\begin{cases} P_{d2} = U_{d2}I_{d2} \\ Q_{d2} = P_{d2}\tan\phi \end{cases} \tag{2-3}$$

式(2-2)和式(2-3)中，γ 为 LCC 关断角；μ 和 ϕ 分别为 LCC 的换相重叠角和功率因数角，具体表达式为

$$\begin{cases} \phi = \arccos\left(\cos\gamma - \dfrac{k_2 X_{t2}I_{dc2}}{\sqrt{2}U_t}\right) \\ \mu = \arccos\left(\cos\gamma - \dfrac{\sqrt{2}k_2 X_{t2}I_{dc2}}{U_t}\right) - \gamma \end{cases} \tag{2-4}$$

LCC-HVDC 子系统的无功补偿装置所提供的无功功率 Q_c 可表示为

$$Q_c = B_c U_{t2}^2 \tag{2-5}$$

图 2-1(a)中 VSC-HVDC 和 LCC-HVDC 向交流系统共同馈入的有功功率 P_s 和无功功率 Q_s 可表示为

$$\begin{cases} P_s = \dfrac{R_s U_t^2 - U_t U_s\left[R_s\cos(\theta_t - \theta_s) - X_s\sin(\theta_t - \theta_s)\right]}{R_s^2 + X_s^2} \\ Q_s = \dfrac{X_s U_t^2 - U_t U_s\left[R_s\sin(\theta_t - \theta_s) + X_s\cos(\theta_t - \theta_s)\right]}{R_s^2 + X_s^2} \end{cases} \tag{2-6}$$

根据图 2-1(a)所标注的功率方向，混合双馈入直流输电系统(类型 I)的逆变侧潮流方程可表示为

$$\begin{cases} P_{d1} + P_{d2} - P_s = 0 \\ Q_{d1} - Q_{d2} + Q_c - Q_s = 0 \end{cases} \tag{2-7}$$

式(2-1)~式(2-7)共同构成了混合双馈入直流输电系统(类型 I)的稳态数学模型。

2. 混合双馈入直流输电系统(类型 II)

图 2-1(b)所示混合双馈入直流输电系统(类型 II)中 VSC-HVDC 和 LCC-

HVDC 的有功功率及无功功率表达式与式(2-1)～式(2-5)相同, 只需将 VSC-HVDC 子系统和 LCC-HVDC 子系统中的交流母线电压 $U_t \angle \theta_t$ 分别用 $U_{t1} \angle \theta_{t1}$ 和 $U_{t2} \angle \theta_{t2}$ 替代即可。其中, 馈入交流系统 1 的有功功率 P_{s1} 和无功功率 Q_{s1} 可表示为

$$
\begin{cases}
P_{s1} = \dfrac{R_{s1}U_{t1}^2 - U_{t1}U_{s1}\left[R_{s1}\cos(\theta_{t1}-\theta_{s1}) - X_{s1}\sin(\theta_{t1}-\theta_{s1})\right]}{R_{s1}^2 + X_{s1}^2} \\[4mm]
Q_{s1} = \dfrac{X_{s1}U_{t1}^2 - U_{t1}U_{s1}\left[R_{s1}\sin(\theta_{t1}-\theta_{s1}) + X_{s1}\cos(\theta_{t1}-\theta_{s1})\right]}{R_{s1}^2 + X_{s1}^2}
\end{cases} \tag{2-8}
$$

馈入交流系统 2 的有功功率 P_{s2} 和无功功率 Q_{s2} 为

$$
\begin{cases}
P_{s2} = \dfrac{R_{s2}U_{t2}^2 - U_{t2}U_{s2}\left[R_{s2}\cos(\theta_{t2}-\theta_{s2}) - X_{s2}\sin(\theta_{t2}-\theta_{s2})\right]}{R_{s2}^2 + X_{s2}^2} \\[4mm]
Q_{s2} = \dfrac{X_{s2}U_{t2}^2 - U_{t2}U_{s2}\left[R_{s2}\sin(\theta_{t2}-\theta_{s2}) + X_{s2}\cos(\theta_{t2}-\theta_{s2})\right]}{R_{s2}^2 + X_{s2}^2}
\end{cases} \tag{2-9}
$$

根据图 2-1(b)所标注的功率方向, 联络线上交换的有功功率及无功功率可表示为

$$
\begin{cases}
P_{\text{tie1}} = \dfrac{R_{\text{tie}}U_{t1}^2 - U_{t1}U_{t2}\left[R_{\text{tie}}\cos(\theta_{t1}-\theta_{t2}) - X_{\text{tie}}\sin(\theta_{t1}-\theta_{t2})\right]}{R_{\text{tie}}^2 + X_{\text{tie}}^2} \\[4mm]
Q_{\text{tie1}} = \dfrac{X_{\text{tie}}U_{t1}^2 - U_{t1}U_{t2}\left[R_{\text{tie}}\sin(\theta_{t1}-\theta_{t2}) + X_{\text{tie}}\cos(\theta_{t1}-\theta_{t2})\right]}{R_{\text{tie}}^2 + X_{\text{tie}}^2} \\[4mm]
P_{\text{tie2}} = \dfrac{R_{\text{tie}}U_{t2}^2 - U_{t2}U_{t1}\left[R_{\text{tie}}\cos(\theta_{t2}-\theta_{t1}) - X_{\text{tie}}\sin(\theta_{t2}-\theta_{t1})\right]}{R_{\text{tie}}^2 + X_{\text{tie}}^2} \\[4mm]
Q_{\text{tie2}} = \dfrac{X_{\text{tie}}U_{t2}^2 - U_{t2}U_{t1}\left[R_{\text{tie}}\sin(\theta_{t2}-\theta_{t1}) + X_{\text{tie}}\cos(\theta_{t2}-\theta_{t1})\right]}{R_{\text{tie}}^2 + X_{\text{tie}}^2}
\end{cases} \tag{2-10}
$$

根据图 2-1(b), 混合双馈入直流输电系统(类型 II)的逆变侧潮流方程满足

$$
\begin{cases}
P_{d1} - P_{s1} - P_{\text{tie1}} = 0 \\
P_{d2} - P_{s2} - P_{\text{tie2}} = 0 \\
Q_{d1} - Q_{s1} - Q_{\text{tie1}} = 0 \\
Q_{d2} + Q_{s2} - Q_c + Q_{\text{tie2}} = 0
\end{cases} \tag{2-11}
$$

式(2-1)～式(2-5)和式(2-8)～式(2-11)共同构成了混合双馈入直流输电系统(类型 II)的稳态数学模型。

2.2　混合双馈入直流输电系统的稳态运行极限

2.2.1　LCC-HVDC 对 VSC-HVDC 稳态运行极限的影响

2.2.1.1　混合双馈入直流输电系统中 VSC-HVDC 稳态运行范围的计算方法

VSC-HVDC 的稳态运行极限可用其有功功率和无功功率的运行范围进行描述。本小节针对图 2-1 所示两种不同类型混合双馈入直流输电系统，通过计算 VSC-HVDC 子系统的稳态运行范围，评估 LCC-HVDC 对 VSC-HVDC 稳态运行极限的影响。以下将针对图 2-1 中混合双馈入直流输电系统的两种模型，详细介绍 VSC-HVDC 子系统稳态运行范围的计算方法。

1. 混合双馈入直流输电系统（类型 I）

针对图 2-1(a)中的 VSC-HVDC 子系统，其稳态运行范围需考虑多种约束条件，以下将对限制 VSC-HVDC 子系统稳态运行范围的约束条件进行详细阐述[2]。

1)潮流约束条件

假设已知图 2-1(a)中混合双馈入直流输电系统向交流侧馈入的有功功率 P_s 和 Q_s，以及交流系统等值电动势 $U_s \angle 0$（以 $\theta_s=0$ 为电压参考相角），并设交流母线电压在旋转坐标系下表示为

$$U_t = u_{tx} + ju_{ty} \tag{2-12}$$

式中，$u_{tx}=U_t\cos\theta_t$；$u_{ty}=U_t\sin\theta_t$。

将式(2-12)代入式(2-6)，通过联立化简，可得到混合双馈入直流输电系统的交流母线电压表达式

$$\begin{cases} U_t = \sqrt{u_{tx}^2 + u_{ty}^2} \\ u_{tx} = \dfrac{U_s \pm \sqrt{U_s^2 - 4\left(u_{ty}^2 - P_sR_s - Q_sX_s\right)}}{2} \\ u_{ty} = \dfrac{P_sX_s - Q_sR_s}{U_s} \end{cases} \tag{2-13}$$

根据式(2-13)，可推导得到混合双馈入直流输电系统向交流侧馈入功率需满足的潮流约束条件

$$\Delta = U_s^2 - 4\left[\left(\dfrac{P_sX_s - Q_sR_s}{U_s}\right)^2 - P_sR_s - Q_sX_s\right] > 0 \tag{2-14}$$

2)静态电压稳定约束条件

在满足潮流约束条件的基础上，根据式(2-13)计算得到的交流母线电压需使混合双馈入直流输电系统保持静态电压稳定。通过建立混合双馈入直流输电系统的潮流雅可比方程，可得到静态电压稳定约束条件。

根据图 2-1(a)所标注的潮流正方向，建立混合双馈入直流输电系统的潮流雅可比方程如下：

$$\begin{bmatrix} \Delta P \\ \Delta Q \end{bmatrix} = \begin{bmatrix} J_{P\theta} & J_{PU} \\ J_{Q\theta} & J_{QU} \end{bmatrix} \begin{bmatrix} \Delta \theta_t \\ \Delta U_t / U_t \end{bmatrix} \tag{2-15}$$

式中，$J_{P\theta}$、J_{PU}、$J_{Q\theta}$、J_{QU} 为雅可比矩阵的元素；$\Delta\theta_t$、$\Delta U_t/U_t$ 为交流母线电压的相角和幅值修正量；ΔP、ΔQ 为系统有功功率和无功功率修正量，可表示为

$$\begin{cases} \Delta P = P_s - P_{d1} - P_{d2} \\ \Delta Q = Q_s - Q_{d1} + Q_{d2} - Q_c \end{cases} \tag{2-16}$$

式(2-16)中的各变量可根据 2.1.2 小节中建立的稳态数学模型得到，其中式(2-3)给出了 LCC-HVDC 子系统有功和无功功率的通用表达式，考虑 LCC 控制模式不同，其具体表达式略有不同。实际工程中，LCC 整流站通常有定直流电流或定直流功率两种控制方式，而逆变站通常配置定关断角或定直流电压两种控制方式[3]。根据整流站和逆变站的不同控制组合方式，将 LCC-HVDC 子系统的控制模式分为：①定直流电流-定关断角(C-E 控制)，②定直流电流-定直流电压(C-U 控制)和③定直流功率-定关断角(P-E 控制)。这里需指出的是，基于 P-E 控制模式的 LCC-HVDC 系统在假设控制系统具有理想动态调节特性的前提下，与基于 C-U 控制模式的 LCC-HVDC 系统具有相同的特性[3]，因此并未单独分析。3 种不同控制模式下 LCC-HVDC 子系统的有功功率和无功功率具体表达式如下所述。

(1)C-E 控制模式下 LCC-HVDC 子系统的有功和无功功率。

C-E 控制模式下，LCC-HVDC 的直流电流 I_{dc2} 在整流侧定电流控制器调节作用下维持在设定值 I_{dcref}，逆变侧关断角 γ 在定关断角控制器调节作用下维持在设定值 γ_{ref}，将 I_{dcref} 和 γ_{ref} 代入式(2-2)和式(2-3)即可得到 C-E 控制模式下 LCC-HVDC 的有功功率 P_{d2} 和无功功率 Q_{d2}。

(2)C-U 控制模式下 LCC-HVDC 子系统的有功和无功功率。

C-U 控制模式下，LCC-HVDC 的直流电流 I_{dc2} 在整流侧定电流控制器调节作用下维持在设定值 I_{dcref}，逆变侧直流电压 U_{dc2} 在定电压控制器作用下维持在设定值 U_{dcref}。将式(2-3)中的直流电压 U_{dc2} 和直流电流 I_{dc2} 用 U_{dcref} 和 I_{dcref} 替代，便可得到 LCC-HVDC 的有功功率 P_{d2} 和无功功率 Q_{d2}。

(3)P-E 控制模式下 LCC-HVDC 子系统的有功和无功功率。

P-E 控制模式下，LCC-HVDC 整流侧直流功率 P_{dr} 在定直流功率控制器调节

作用下维持在设定值 P_{dref}，逆变侧关断角 γ 在定关断角控制器调节作用下维持在设定值 γ_{ref}。在 P-E 控制模式下，LCC-HVDC 子系统输出的功率可表示为

$$
\begin{cases}
I_{dc2} = \left(-U_{dc20}\cos\gamma_{ref} + \sqrt{d_m} \right) / 2\left(R_1 - \dfrac{6}{\pi}X_{t2} \right) \\[2mm]
P_{d2} = P_{dref} - I_{dc2}^2 R_1 \\[2mm]
Q_{d2} = I_{dc2}\sqrt{U_{dc20}^2 - U_{dc2}^2} \\[2mm]
d_m = \left(U_{dc20}\cos\gamma_{ref} \right)^2 - 4P_{dref}\left(R_1 - \dfrac{6}{\pi}X_{t2} \right)
\end{cases}
\tag{2-17}
$$

式中，R_1 为 LCC-HVDC 的直流线路等值电阻。

将不同控制模式下 LCC-HVDC 子系统输出的功率 P_{d2} 和 Q_{d2} 代入式 (2-7)，便可得到相应控制模式下 VSC-HVDC 子系统输出的有功功率 P_{d1} 和无功功率 Q_{d1}。将 P_{d1} 和 Q_{d1} 代入式 (2-1)，可求得 VSC 出口侧电压幅值 U_c 和相角 θ_c 的表达式

$$
\begin{cases}
U_c = \dfrac{k_1\sqrt{\left(P_{d1}X_{t1} \right)^2 + \left(Q_{d1}X_{t1} + U_t / k_1 \right)^2}}{U_t} \\[3mm]
\theta_c = \arcsin\left(\dfrac{k_1 P_{d1} X_{t1}}{U_t U_c} \right) + \theta_t
\end{cases}
\tag{2-18}
$$

将式 (2-1)～式 (2-6) 及式 (2-17)、式 (2-18) 代入式 (2-16)，并对变量 $\Delta\theta_t$ 和 $\Delta U_t / U_t$ 求偏导，可推导得到三种不同 LCC-HVDC 控制模式下，式 (2-15) 雅可比矩阵中各元素的具体表达式。

C-E 控制模型下雅可比矩阵的各元素表达式为

$$
\begin{cases}
J_{P\theta} = \dfrac{U_t U_s \left(R_s\sin\theta_t + X_s\cos\theta_t \right)}{Z_s^2} + \dfrac{U_t U_c\cos\left(\theta_c - \theta_t \right)}{k_1 X_{t1}} \\[3mm]
J_{PU} = \dfrac{2R_s U_t^2 - U_t U_s\left(R_s\cos\theta_t - X_s\sin\theta_t \right)}{Z_s^2} - \dfrac{6\sqrt{2}U_t I_{dcref}\cos\gamma_{ref}}{\pi k_2} - \dfrac{U_t U_c\sin\left(\theta_c - \theta_t \right)}{k_1 X_{t1}} \\[3mm]
J_{Q\theta} = \dfrac{U_t U_s\left(X_s\sin\theta_t - R_s\cos\theta_t \right)}{Z_s^2} - \dfrac{U_t U_c\sin\left(\theta_c - \theta_t \right)}{k_1 X_{t1}} \\[3mm]
J_{QU} = \dfrac{2X_s U_t^2 - U_t U_s\left(R_s\sin\theta_t + X_s\cos\theta_t \right)}{Z_s^2} + \dfrac{6\sqrt{2}I_{dcref}U_t\left(U_{dc20} - U_{dc2}\cos\gamma_{ref} \right)}{\pi k_2\sqrt{U_{dc20}^2 - U_{dc2}^2}} \\[3mm]
\qquad - \dfrac{k_1 U_t U_c\cos\left(\theta_c - \theta_t \right) - 2U_t^2}{k_1^2 X_{t1}} + 2U_t^2 B_c
\end{cases}
$$

$$
\tag{2-19}
$$

式中，$Z_s = R_s + jX_s$ 为交流系统等值阻抗；$U_{dc20} = 1.35U_t/k_2$ 为 LCC 逆变站理想空载直流电压。

C-U 控制模式下雅可比矩阵的各元素表达式为

$$
\begin{cases}
J_{P\theta} = \dfrac{U_t U_s \left(R_s \sin\theta_t + X_s \cos\theta_t \right)}{Z_s^2} + \dfrac{U_t U_c \cos\left(\theta_c - \theta_t\right)}{k_1 X_{t1}} \\[3mm]
J_{PU} = \dfrac{2R_s U_t^2 - U_t U_s \left(R_s \cos\theta_t - X_s \sin\theta_t \right)}{Z_s^2} - \dfrac{U_t U_c \sin\left(\theta_c - \theta_t\right)}{k_1 X_{t1}} \\[3mm]
J_{Q\theta} = \dfrac{U_t U_s \left(X_s \sin\theta_t - R_s \cos\theta_t \right)}{Z_s^2} - \dfrac{U_t U_c \sin\left(\theta_c - \theta_t\right)}{k_1 X_{t1}} \\[3mm]
J_{QU} = \dfrac{2X_s U_t^2 - U_t U_s \left(R_s \sin\theta_t + X_s \cos\theta_t \right)}{Z_s^2} + \dfrac{6\sqrt{2} I_{dcref} U_t U_{dc20}}{\pi T_1 \sqrt{U_{dc20}^2 - U_{dcref}^2}} \\[3mm]
\qquad - \dfrac{k_1 U_t U_c \cos\left(\theta_c - \theta_t\right) - 2U_t^2}{k_1^2 X_{t1}} + 2U_t^2 B_c
\end{cases}
\tag{2-20}
$$

P-E 控制模式下雅可比矩阵的各元素表达式为

$$
\begin{cases}
J_{P\theta} = \dfrac{U_t U_s \left(R_s \sin\theta_t + X_s \cos\theta_t \right)}{Z_s^2} + \dfrac{U_t U_c \cos\left(\theta_c - \theta_t\right)}{k_1 X_{t1}} \\[3mm]
J_{PU} = \dfrac{2R_s U_t^2 - U_t U_s \left(R_s \cos\theta_t - X_s \sin\theta_t \right)}{Z_s^2} + 2U_t R_1 I_{dc2} \left(\dfrac{\partial I_{dc2}}{\partial U_t} \right) - \dfrac{U_t U_c \sin\left(\theta_c - \theta_t\right)}{k_1 X_{t1}} \\[3mm]
J_{Q\theta} = \dfrac{U_t U_s \left(X_s \sin\theta_t - R_s \cos\theta_t \right)}{Z_s^2} - \dfrac{U_t U_c \sin\left(\theta_c - \theta_t\right)}{k_1 X_{t1}} \\[3mm]
J_{QU} = \dfrac{2X_s U_t^2 - U_t U_s \left(R_s \sin\theta_t + X_s \cos\theta_t \right)}{Z_s^2} + U_t \sqrt{U_{dc20}^2 - U_{dc2}^2}\, \dfrac{\partial I_{dc2}}{\partial U_t} + 2U_t^2 B_c \\[3mm]
\qquad + \dfrac{3\sqrt{2} I_{dc2} U_t}{\pi k_2 \sqrt{U_{dc20}^2 - U_{dc2}^2}} \left(U_{dc20} - \cos\gamma_{ref} + \dfrac{k_2 X_{t2}}{\sqrt{2}} \dfrac{\partial I_{dc2}}{\partial U_t} \right) - \dfrac{k_1 U_t U_c \cos\left(\theta_c - \theta_t\right) - 2U_t^2}{k_1^2 X_{t1}}
\end{cases}
\tag{2-21}
$$

$$
\dfrac{\partial I_{dc2}}{\partial U_t} = \dfrac{3\cos\gamma_{ref}}{\sqrt{2}k_2 \left(\pi R_1 - 6X_{t2}\right)} \left(\dfrac{U_{dc20}\cos\gamma_{ref}}{\sqrt{d_m}} - 1 \right)
\tag{2-22}
$$

假设混合双馈入直流输电系统交流母线处有功功率保持不变，即 $\Delta P = 0$，由式 (2-15)可得到 $\Delta U_t/U_t$ 与 ΔQ 之间的关系为

$$\Delta Q = \left(J_{\mathrm{QU}} - J_{\mathrm{Q\theta}} J_{\mathrm{P\theta}}^{-1} J_{\mathrm{PU}} \right) \frac{\Delta U_{\mathrm{t}}}{U_{\mathrm{t}}} \tag{2-23}$$

根据式(2-23)可得到混合双馈入直流输电系统的静态电压稳定约束条件：

$$J_{\mathrm{QU}} - J_{\mathrm{Q\theta}} J_{\mathrm{P\theta}}^{-1} J_{\mathrm{PU}} > 0 \tag{2-24}$$

除上述两个约束条件以外，VSC-HVDC 子系统的运行范围还需考虑以下几个安全运行约束条件。

3)电压偏移约束条件

电压偏移约束条件主要考虑 VSC-HVDC 子系统的输出功率应满足维持系统交流母线电压在允许的偏移范围之内，即

$$U_{\min} \leqslant U_{\mathrm{t}} \leqslant U_{\max} \tag{2-25}$$

式中，$U_{\min}$ 一般取 0.95p.u.；$U_{\max}$ 一般取 1.05p.u.。

4)电流过载约束条件

换流器运行时，其输出电流应保持在器件允许的承受范围之内，否则将导致换流器元件及其他设备损坏，VSC-HVDC 子系统的电流过载约束条件可表示为

$$\frac{\sqrt{P_{\mathrm{d1}}^2 + Q_{\mathrm{d1}}^2}}{U_{\mathrm{t}}} \leqslant I_{\max} \tag{2-26}$$

式中，$I_{\max}$ 为 VSC 交流侧电流允许的最大值。

5)调制比约束条件

为防止 VSC-HVDC 子系统运行在过调制状态，需限制 VSC 输出电压 U_{c}，使其满足调制比 m 约束条件：

$$m = \frac{2\sqrt{2}U_{\mathrm{c}}}{\sqrt{3}U_{\mathrm{dc1}}} \leqslant 1 \tag{2-27}$$

根据上述对 VSC-HVDC 子系统稳态运行范围的约束条件分析,可以得到针对混合双馈入直流输电系统(类型 I)中 VSC-HVDC 子系统稳态运行范围的具体计算步骤如下。

步骤 1：确定混合双馈入直流输电系统与交流系统之间允许交换的有功功率极限 P_{smax} 和无功功率极限 Q_{smax}（P_{smax} 和 Q_{smax} 可根据文献[4]、[5]求得），从而确定混合双馈入直流输电系统的广义运行区间[$-P_{\mathrm{smax}} \leqslant P_{\mathrm{s}} \leqslant P_{\mathrm{smax}}$, $-Q_{\mathrm{smax}} \leqslant Q_{\mathrm{s}} \leqslant Q_{\mathrm{smax}}$]。

步骤 2：选取广义运行区域内交流系统功率运行点$(P_{\mathrm{s}}, Q_{\mathrm{s}})$，根据式(2-14)判

断功率运行点(P_s, Q_s)是否满足潮流约束条件，若满足则进入步骤 3，否则扫描下一个功率运行点。

步骤 3：根据式(2-13)求解交流母线电压幅值 U_t 和相角 θ_t，并根据式(2-24)判断运行点(P_s, Q_s)是否使混合双馈入直流输电系统满足静态电压稳定约束条件，若满足则进入步骤 4，否则返回步骤 2。

步骤 4：计算 LCC-HVDC 子系统的有功功率 P_{d2} 和无功功率 Q_{d2}，根据式(2-7)、式(2-18)计算 VSC-HVDC 子系统输出的有功功率 P_{d1}、无功功率 Q_{d1}、出口侧电压幅值 U_c 及相角 θ_c，并判断 VSC-HVDC 子系统是否满足约束条件式(2-25)～式(2-27)，若满足则运行点(P_{d1}, Q_{d1})为 VSC-HVDC 子系统稳态运行范围内的运行点，并进入步骤 5，否则返回步骤 2。

步骤 5：判断广义运行区间内的运行点是否已扫描完毕，若完毕则输出所有满足条件的(P_{d1}, Q_{d1})，得到 VSC-HVDC 子系统的稳态运行范围，否则返回步骤 2。

2. 混合双馈入直流输电系统(类型 II)

针对图 2-1(b)中的 VSC-HVDC 子系统，考虑到 LCC-HVDC 子系统与 VSC-HVDC 子系统之间存在电气距离，相应 VSC-HVDC 子系统稳态运行范围的计算方法与混合双馈入直流输电系统(类型 I)类似，具体计算步骤如下。

步骤 1：确定 VSC-HVDC 子系统与交流系统 2 之间允许交换的最大有功功率 P_{s1max} 和最大无功功率 Q_{s1max}，从而确定 VSC-HVDC 子系统的广义运行区间 $[-P_{s1max} \leqslant P_{s1} \leqslant P_{s1max}, -Q_{s1max} \leqslant Q_{s1} \leqslant Q_{s1max}]$。

步骤 2：选取广义运行区域内 VSC-HVDC 子系统运行点(P_{s1}, Q_{s1})，判断(P_{s1}, Q_{s1})是否满足 VSC-HVDC 子系统的潮流约束条件

$$\Delta = U_{s1}^2 - 4\left[\left(\frac{P_{s1}X_{s1} - Q_{s1}R_{s1}}{U_{s1}}\right)^2 - P_{s1}R_{s1} - Q_{s1}X_{s1}\right] > 0 \tag{2-28}$$

若满足则进入步骤 3，否则扫描下一个功率运行点。

步骤 3：计算 VSC-HVDC 侧交流母线电压的幅值 U_{t1} 和相角 θ_{t1}(具体计算步骤与式(2-13)相同)，根据计算得到 U_{t1} 和 θ_{t1} 判断(P_{s1}, Q_{s1})是否使混合双馈入直流输电系统满足静态电压稳定约束条件，具体判断方法如下所述。

根据图 2-1(b)和式(2-11)建立混合双馈入直流输电系统的潮流雅可比方程，如下所示。

$$\begin{bmatrix} \Delta P \\ \Delta Q \end{bmatrix} = \begin{bmatrix} J_{P\theta} & J_{PU} \\ J_{Q\theta} & J_{QU} \end{bmatrix} \begin{bmatrix} \Delta U \\ \Delta \theta \end{bmatrix} \tag{2-29}$$

$$
\begin{cases}
\Delta \boldsymbol{U} = \begin{bmatrix} \Delta U_{t1}/U_{t1} \\ \Delta U_{t2}/U_{t2} \end{bmatrix}, \ \Delta \boldsymbol{\theta} = \begin{bmatrix} \Delta \theta_{t1} \\ \Delta \theta_{t2} \end{bmatrix} \\[2mm]
\Delta \boldsymbol{P} = \begin{bmatrix} \Delta P_1 \\ \Delta P_2 \end{bmatrix}, \ \Delta \boldsymbol{Q} = \begin{bmatrix} \Delta Q_1 \\ \Delta Q_2 \end{bmatrix} \\[2mm]
\Delta P_1 = P_{s1} - P_{d1} + P_{tie1}, \ \Delta P_2 = P_{s2} - P_{d2} + P_{tie2} \\[1mm]
\Delta Q_1 = Q_{s1} - Q_{d1} + Q_{tie1}, \ \Delta Q_2 = Q_{s1} + Q_{d2} + Q_{tie2} - Q_c
\end{cases}
\tag{2-30}
$$

$$
\begin{cases}
\boldsymbol{J_{P\theta}} = \begin{bmatrix} \dfrac{\partial \Delta P_1}{\partial \theta_{t1}} & \dfrac{\partial \Delta P_1}{\partial \theta_{t2}} \\[3mm] \dfrac{\partial \Delta P_2}{\partial \theta_{t1}} & \dfrac{\partial \Delta P_2}{\partial \theta_{t2}} \end{bmatrix}, \
\boldsymbol{J_{PU}} = \begin{bmatrix} U_{t1}\dfrac{\partial \Delta P_1}{\partial U_{t1}} & U_{t2}\dfrac{\partial \Delta P_1}{\partial U_{t2}} \\[3mm] U_{t1}\dfrac{\partial \Delta P_2}{\partial U_{t1}} & U_{t2}\dfrac{\partial \Delta P_2}{\partial U_{t2}} \end{bmatrix} \\[8mm]
\boldsymbol{J_{Q\theta}} = \begin{bmatrix} \dfrac{\partial \Delta Q_1}{\partial \theta_{t1}} & \dfrac{\partial \Delta Q_1}{\partial \theta_{t2}} \\[3mm] \dfrac{\partial \Delta Q_2}{\partial \theta_{t1}} & \dfrac{\partial \Delta Q_2}{\partial \theta_{t2}} \end{bmatrix}, \
\boldsymbol{J_{QU}} = \begin{bmatrix} U_{t1}\dfrac{\partial \Delta Q_1}{\partial U_{t1}} & U_{t2}\dfrac{\partial \Delta Q_1}{\partial U_{t2}} \\[3mm] U_{t1}\dfrac{\partial \Delta Q_2}{\partial U_{t1}} & U_{t2}\dfrac{\partial \Delta Q_2}{\partial U_{t2}} \end{bmatrix}
\end{cases}
\tag{2-31}
$$

令式(2-29)中的 $\Delta \boldsymbol{P}=0$，得到混合双馈入直流输电系统的降阶雅可比矩阵 $\boldsymbol{J_R}$ 表达式：

$$
\boldsymbol{J_R} = \boldsymbol{J_{QU}} - \boldsymbol{J_{Q\theta}}\boldsymbol{J_{P\theta}^{-1}}\boldsymbol{J_{PU}}
\tag{2-32}
$$

根据式(2-24)得到混合双馈入直流输电系统的静态电压稳定约束条件：

$$
\det(\boldsymbol{J_R}) > 0
\tag{2-33}
$$

若计算结果满足式(2-33)则进入步骤 4，否则返回步骤 2。

步骤 4：根据式(2-11)计算 VSC-HVDC 子系统输出的有功功率 P_{d1} 和无功功率 Q_{d1}，并判断 VSC-HVDC 子系统是否满足安全约束条件(2-25)~式(2-27)，若满足则运行点 (P_{d1}, Q_{d1}) 为 VSC-HVDC 子系统稳态运行范围内的运行点，并进入步骤 5，否则返回步骤 2。

步骤 5：判断广义运行区间内的运行点是否已扫描完毕，若完毕则输出所有满足条件的 (P_{d1}, Q_{d1})，得到 VSC-HVDC 子系统的稳态运行范围，否则返回步骤 2。

综上所述，VSC-HVDC 子系统稳态运行范围的计算流程如图 2-2 所示。

2.2.1.2　交流系统强度变化时 LCC-HVDC 对 VSC-HVDC 稳态运行范围的影响

针对图 2-1(a)所示混合双馈入直流输电系统(类型 I)，设置 LCC-HVDC 子系统的额定功率为 1000MW，VSC-HVDC 子系统的额定功率为 500MW，考虑 LCC-HVDC 的不同控制模式，设置 3 组案例。

案例 1：LCC-HVDC 子系统基于 C-E 控制模式。

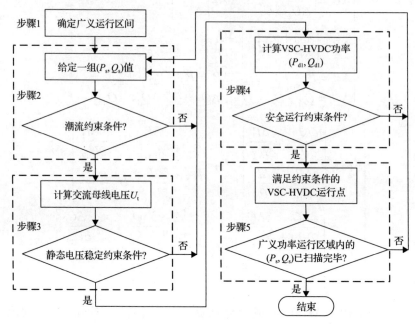

图 2-2　VSC-HVDC 子系统稳态运行范围的计算流程图

案例 2：LCC-HVDC 子系统基于 C-U 控制模式。

案例 3：LCC-HVDC 子系统基于 P-E 控制模式。

选取交流系统短路比(short circuit ratio，SCR)分别为 2.0、3.0 和 4.0，根据前述关于混合双馈入直流输电系统(类型 I)的计算方法，得到 VSC-HVDC 子系统的稳态运行范围如图 2-3 所示，图中阴影部分为满足所有约束条件的可行运行区域。

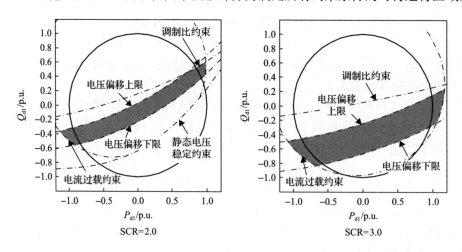

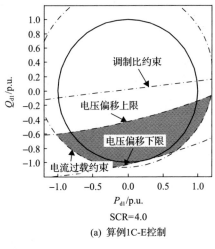

SCR=4.0

(a) 算例1C-E控制

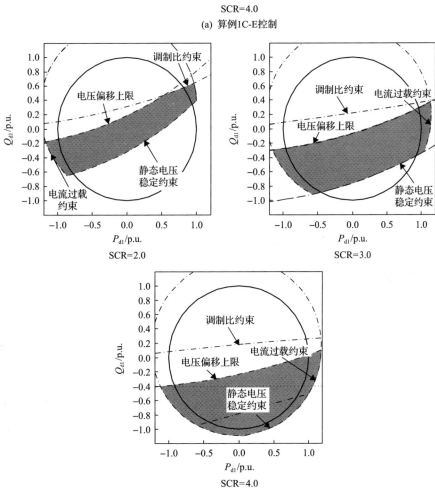

SCR=2.0　　　　　　　　　　　　　　　SCR=3.0

SCR=4.0

(b) 算例2C-U控制

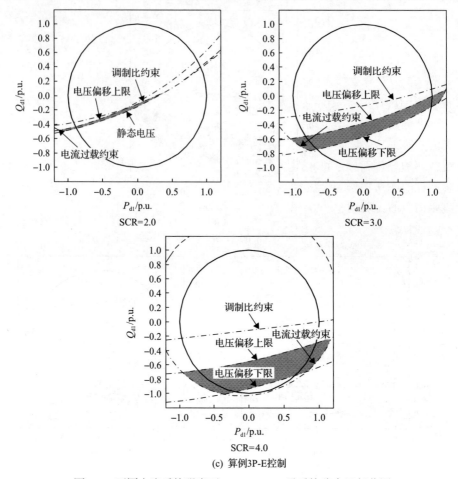

(c) 算例3P-E控制

图 2-3　不同交流系统强度下 VSC-HVDC 子系统稳态运行范围

　　根据图 2-3 可知，当交流系统强度较弱(SCR=2.0)时，VSC-HVDC 的稳态运行范围受电压偏移约束、电流过载约束、调制比约束和静态电压稳定约束限制。VSC 工作在逆变状态时，相比整流状态允许输出的有功功率区间更小，这是由于 VSC 工作在整流状态时，减小了混合双馈入直流输电系统向交流侧馈入的功率，从而等效增加了交流系统短路比[6]。

　　当交流系统相对较强(SCR=4.0)时，VSC-HVDC 子系统的稳态运行范围不再受调制比约束条件的限制，允许输出的有功功率区间主要由电流过载约束条件决定，电压偏移约束条件则决定了无功功率区间。从图 2-3 可知，VSC-HVDC 子系统的稳态运行范围在功率平面上呈现不对称结构，即随着 VSC-HVDC 向交流系统传输有功功率的提升，对应的无功功率区间在功率平面上逐渐向左上方偏移。对比图中 3 个不同案例，在 VSC-HVDC 输出相同有功功率的条件下，对应无功功率运行区间的限值满足

$$\begin{cases} Q_{d1max}\big|_{C-U} > Q_{d1max}\big|_{C-E} > Q_{d1max}\big|_{P-E} \\ Q_{d1min}\big|_{P-E} > Q_{d1min}\big|_{C-E} > Q_{d1min}\big|_{C-U} \end{cases} \tag{2-34}$$

图 2-4 为混合双馈入系统交流侧及 LCC-HVDC 子系统的无功特性变化曲线。随着 VSC-HVDC 子系统向交流侧传输的有功功率提升，混合双馈入直流输电系统向交流侧馈入的功率也逐渐增加。根据图 2-4(a)所示，满足电压偏移约束条件的交流系统无功功率运行区间的变化趋势，与图 2-3 所示的 VSC-HVDC 无功功率运行区间的变化趋势一致。图 2-4(b)给出了 3 种不同控制模式下 LCC-HVDC 子系统消耗的无功功率与交流母线电压之间的关系，在混合双馈入直流输电系统向交流侧馈入的无功功率 Q_s 不变的前提下，根据图 2-4(b)可知，采用 C-E 和 C-U

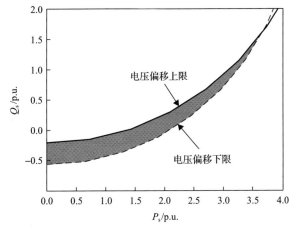

(a) 混合双馈入系统交流侧有功–无功特性

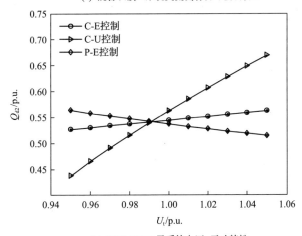

(b) LCC-HVDC子系统电压–无功特性

图 2-4　混合双馈入直流输电系统无功特性

控制模式的 LCC-HVDC 子系统，消耗的无功功率随着交流母线电压的降低而减少，相较之下采用 P-E 控制模式的 LCC-HVDC 子系统消耗的无功功率呈现相反的变化趋势，由此也解释了式(2-34)所描述的不同 LCC-HVDC 控制模式对 VSC-HVDC 子系统无功功率运行区间的影响。

　　结合上述分析可以得出如下结论。①当混合双馈入直流输电系统所连接的交流系统较弱时，从提升 VSC-HVDC 子系统允许输出的有功功率角度考虑，LCC-HVDC 子系统适宜采用 C-E 或 C-U 控制模式；从提升 VSC-HVDC 子系统允许输出的无功功率角度考虑，LCC-HVDC 子系统应选取 C-U 控制模式。②当混合双馈入直流输电系统所连接的交流系统较强时，LCC-HVDC 子系统的控制模式主要影响 VSC-HVDC 子系统的无功功率运行区间，从提升 VSC-HVDC 子系统无功功率运行区间的角度考虑，LCC-HVDC 子系统适宜选取 C-U 控制模式。

2.2.1.3　不同容量配比时 LCC-HVDC 对 VSC-HVDC 稳态运行范围的影响

　　为了研究 VSC-HVDC 与 LCC-HVDC 容量配比不同时 VSC-HVDC 子系统的稳态运行范围，设置 SCR=2.5，混合双馈入直流输电系统(类型 I)额定直流功率为 2000MW，选取 VSC-HVDC 子系统与 LCC-HVDC 子系统容量配比分别为 500：1500，750：1250 和 1000：1000，计算得到不同 VSC 与 LCC 容量配比下 VSC-HVDC 子系统的稳态运行范围如图 2-5 所示。

　　从图 2-5 可知，VSC-HVDC 子系统的稳态运行范围主要受电压偏移约束、电流过载约束和静态电压稳定约束条件限制。在相同 LCC 与 VSC 容量配比下，3 个案例中的 VSC-HVDC 子系统的无功功率运行区间随有功功率运行点变化的趋势与图 2-3 所描述的情况相似。随着 VSC-HVDC 子系统所占容量比例的提高，相应无功功率运行区间有所减小；此外，受电流过载约束条件限制的 VSC-HVDC

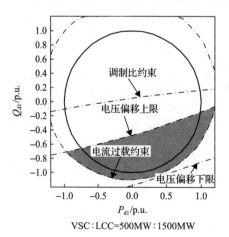

VSC：LCC=500MW：1500MW

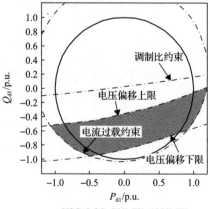

VSC：LCC=750MW：1250MW

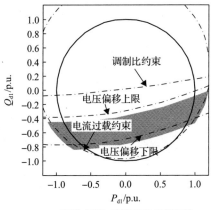

VSC：LCC=1000MW：1000MW

(a) 算例1C-E控制

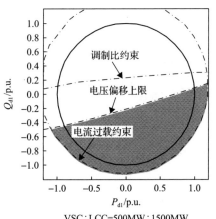

VSC：LCC=500MW：1500MW

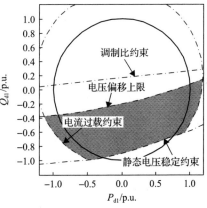

VSC：LCC=750MW：1250MW

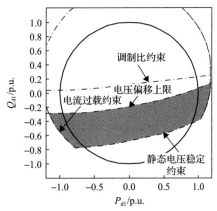

VSC：LCC=1000MW：1000MW

(b) 算例2C-U控制

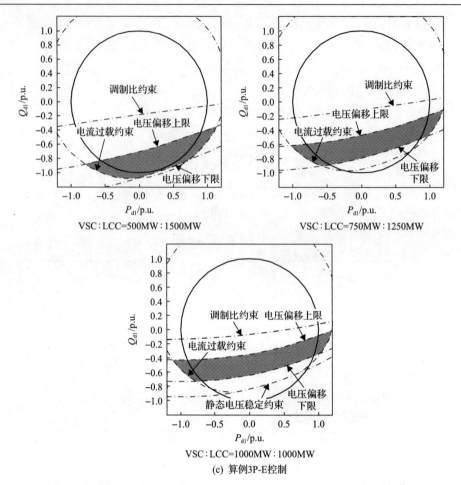

图 2-5　不同 LCC 与 VSC 容量配比下 VSC-HVDC 子系统的稳态运行范围

子系统有功功率运行区间随着 VSC-HVDC 所占容量配比的增加而有所提升。对比图 2-5 中 3 个不同案例可知：①当 LCC-HVDC 子系统所占容量配比较高时，从改善 VSC-HVDC 子系统有功功率运行区间的角度考虑，LCC-HVDC 子系统适宜选取 C-E 或 C-U 控制模式；②当 VSC/LCC 容量配比相当时，从改善 VSC-HVDC 子系统无功功率运行区间的角度考虑，LCC-HVDC 子系统适宜选取 C-U 控制模式。

2.2.1.4　不同电气距离时 LCC-HVDC 对 VSC-HVDC 稳态运行范围的影响

本小节将针对图 2-1(b)所示混合双馈入直流输电系统(类型 II)，分析不同电气距离下 LCC-HVDC 子系统对 VSC-HVDC 子系统稳态运行范围的影响。根据以上小节分析可知，从改善 VSC-HVDC 有功功率和无功功率运行区间的角度考虑，LCC-HVDC 子系统适宜选取 C-E 或 C-U 控制模式。

以 LCC-HVDC 子系统选取 C-E 控制模式为例，设置混合双馈入直流输电系统中 LCC-HVDC 额定功率为 1000MW，VSC-HVDC 额定功率为 500MW，两个子系统之间的联络线电阻为 0.068Ω/km，阻抗比为 5.94，交流系统强度 $SCR_1=SCR_2=2.5$。根据 2.2.1 节所介绍的混合双馈入直流输电系统(类型 II)的计算方法，求得联络线长度分别为 30km、50km、70km 和 100km 时，VSC-HVDC 子系统的稳态运行范围如图 2-6 所示。

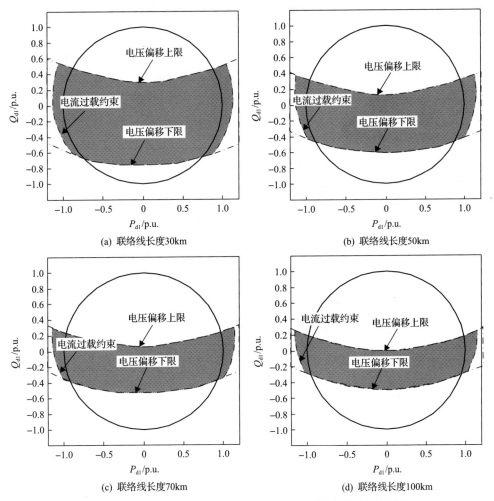

图 2-6　不同电气距离工况下 VSC-HVDC 子系统的稳态运行范围

从图 2-6 可知，VSC-HVDC 子系统的稳态运行范围主要受电流过载约束条件和电压偏移约束条件的限制，其中电流过载约束条件决定了 VSC-HVDC 子系统允许输出的最大有功功率，电压偏移约束条件则决定了 VSC-HVDC 子系统允许输出的无功功率范围。LCC-HVDC 子系统与 VSC-HVDC 子系统之间的电气距离主要影响 VSC-HVDC 子系统的无功运行区间，对 VSC-HVDC 子系统允许输出的最大有功功率影响很小；随着两个子系统之间电气距离的增加，VSC-HVDC 子系统输出相同有功功率时，对应的无功功率运行区间逐渐减小。

2.2.1.5　VSC-HVDC 稳态运行范围计算方法有效性的仿真验证

为了验证本小节所给出的 VSC-HVDC 子系统稳态运行范围计算方法的有效性，在 PSCAD/EMTDC 下搭建了基于图 2-1(a)所示的混合双馈入直流输电系统仿真模型。其中 LCC-HVDC 子系统的额定功率为 1000MW，VSC-HVDC 子系统的额定功率为 500MW，交流系统强度 SCR=2.5，根据 2.2.1.1 小节所介绍的计算方法求得三个不同案例下 VSC-HVDC 子系统的稳态运行范围。

图 2-7 为采用 C-E 控制模式的 LCC-HVDC 子系统作用下，VSC-HVDC 子系统的稳态运行范围，图中标注的各点为根据 PSCAD/EMTDC 仿真得到的各约束条件下 VSC-HVDC 子系统的临界运行点。

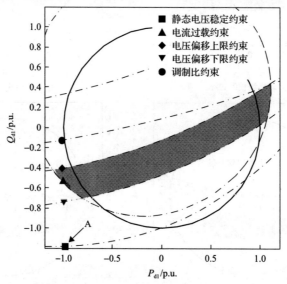

图 2-7　LCC-HVDC 采用 C-E 控制模式下 VSC-HVDC 的稳态运行范围

以图 2-7 中所标注的"A"点为例，维持 VSC-HVDC 子系统输出有功功率恒定 $P_{d1}=-1.0$p.u.，连续缓慢地改变无功功率 Q_{d1} 的输出值，观测并记录系统交流母线电压恰好发生失稳时的无功功率数值 $Q_{d1}=-1.19$p.u.，即为对应静态电压稳定约束条件下的临界 Q_{d1} 仿真值。

图 2-8 为对应图 2-7 所标注的"A"点的 PSCAD/EMTDC 仿真波形，从中可知 VSC-HVDC 子系统输出有功功率 $P_{d1}=-1.0$p.u.，无功功率 Q_{d1} 在 5.0s 时由-1.18p.u. 阶跃至-1.19p.u.。在无功功率阶跃扰动下，VSC-HVDC 子系统输出的无功功率和

交流母线电压逐渐失稳，从而验证了图 2-7 中理论计算的正确性。以此类推，可得到其他案例中各安全稳定约束条件下的临界 Q_{d1} 理论值与仿真值，结果如表 2-1 所示。从表 2-1 中可以看出，3 个案例下根据本节所提计算方法得到的临界 Q_{d1} 理论值与 PSCAD/EMTDC 仿真值之间的最大误差绝对值不超过 4%，可以证明本节所提出的混合双馈入直流输电系统中 VSC-HVDC 子系统稳态运行范围计算方法的有效性。

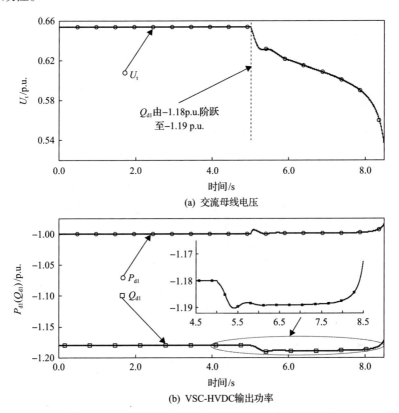

(a) 交流母线电压

(b) VSC-HVDC 输出功率

图 2-8　C-E 控制模式下静态电压稳定约束仿真验证

表 2-1　临界 Q_{d1} 理论值与临界 Q_{d1} 仿真值对比表（$P_{d1} = -1.0\text{p.u.}$）

案例	约束条件	Q_{d1} 理论值/p.u.	Q_{d1} 仿真值/p.u.	误差/%
	电压偏移上限	−0.415	−0.419	0.96
	电压偏移下限	−0.716	−0.721	0.70
案例 1	调制比约束	−0.131	−0.126	−3.81
	过载电流约束	−0.539	−0.540	0.19
	静态电压稳定约束	−1.175	−1.190	1.26

案例	约束条件	Q_{d1} 理论值/p.u.	Q_{d1} 仿真值/p.u.	误差/%
案例 2	调制比约束	−0.089	−0.090	1.12
	电压偏移上限	−0.226	−0.223	−1.33
	过载电流约束	−0.515	−0.512	−0.58
	静态电压稳定约束	−0.839	−0.850	1.31
案例 3	调制比约束	−0.331	−0.319	−3.63
	电压偏移上限	−0.538	−0.531	−1.30
	电压偏移下限	−0.632	−0.635	0.47
	过载电流约束	−0.563	−0.562	−0.18
	静态电压稳定约束	−0.641	−0.653	1.87

2.2.2　VSC-HVDC 对 LCC-HVDC 稳态运行极限的影响

LCC-HVDC 系统的最大传输功率（maximam available power，MAP）是用来衡量交直流相互影响的重要指标[7]，本小节针对 LCC-HVDC 和 VSC-HVDC 不存在电气距离的混合双馈入直流输电系统（类型 I），采用 MAP 指标评估不同交流系统强度和不同容量配比工况下 VSC-HVDC 对 LCC-HVDC 稳态运行极限的影响；针对 LCC-HVDC 和 VSC-HVDC 存在电气距离的混合双馈入直流输电系统（类型 II），评估不同电气距离工况下 VSC-HVDC 对 LCC-HVDC 稳态运行极限的影响。其中，LCC-HVDC 的 MAP 指标可通过在 MATLAB 中联立求解式（2-1）～式（2-11）得到，具体求解方法可参考文献[7]，在这里不再赘述。

1. 交流系统强度不同时 LCC-HVDC 的最大传输功率

针对混合双馈入直流输电系统（类型 I），研究不同交流系统强度时 LCC-HVDC 子系统的最大传输功率，其中 LCC-HVDC 子系统的额定功率为 1000MW，VSC-HVDC 子系统的额定功率为 1000MW。

考虑 VSC-HVDC 不同无功控制模式对 LCC-HVDC 稳态运行极限的影响，设置如下两组案例进行对比。

案例 1：VSC-HVDC 采用定有功功率-定无功功率（APC-RPC）控制模式（P_{ref}=1.0p.u.，Q_{ref}=0p.u.）。

案例 2：VSC-HVDC 采用定有功功率-定交流电压（APC-AVC）控制模式（P_{ref}=1.0p.u.，U_{ref}=1.0p.u.）。

改变交流系统强度，使 SCR 在 2.0～4.0 范围内变化，两种控制模式下 LCC-HVDC 的 MAP 变化曲线如图 2-9 所示。

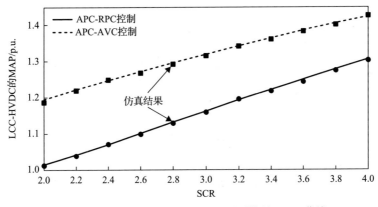

图 2-9　不同 SCR 下 LCC-HVDC 子系统的 MAP 曲线

从图 2-9 可知，两种 VSC-HVDC 控制模式下，LCC-HVDC 子系统的 MAP 值随着 SCR 的增大逐渐增大，且基于 APC-AVC 控制模式的 VSC-HVDC 较 APC-RPC 控制模式，能够使 LCC-HVDC 子系统具有更高的 MAP 值。这是由于 VSC 采用定交流电压控制时，能为 LCC-HVDC 提供动态无功支撑，使其具有较高的交流母线电压水平，从而能够输送更多的功率。基于 PSCAD/EMTDC 搭建如图 2-1(a) 所示的混合双馈入直流输电系统，相应的 MAP 仿真结果见图 2-9 中"圆形"和"正方形"所标注的实点，仿真结果与理论计算曲线变化趋势一致，两者之间误差很小，验证了理论分析的正确性。

2. 容量配比不同时 LCC-HVDC 的最大传输功率

针对图 2-1(a) 所示混合双馈入直流输电系统(类型 I)，研究 LCC 和 VSC 容量配比不同时，VSC-HVDC 对 LCC-HVDC 稳态运行极限的影响。在交流系统 SCR=2.5 工况下，以 LCC-HVDC 子系统额定容量(1000MW)为基准，改变 VSC-HVDC 子系统额定容量，使 VSC 与 LCC 的容量配比在 0.2～1.0 范围内变化，通过 MATLAB 计算得到不同 VSC-HVDC 控制模式下 LCC-HVDC 子系统的 MAP 变化曲线如图 2-10 所示。从图 2-10 中可知，随着 VSC-HVDC 所占容量比的增加，LCC-HVDC 最大传输功率逐渐增加。这是由于随着 VSC-HVDC 额定容量的提升，VSC-HVDC 对交流母线电压支撑能力也得到了增强，特别是当 VSC-HVDC 采用 APC-AVC 控制模式时，随着额定容量的提升，VSC 能够输出更多的无功功率对交流母线电压进行动态调节。因此，相比 VSC-HVDC 采用 APC-RPC 控制模式时，LCC-HVDC 子系统可以得到更高的 MAP 值。

图 2-10 中"圆形"和"正方形"所标注的实点分别为两组案例的 PSCAD/EMTDC 仿真验证结果，其与理论计算曲线之间误差很小，验证了理论分析的正确性。

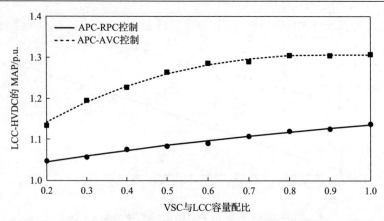

图 2-10 VSC 与 LCC 不同容量配比下 LCC-HVDC 子系统的 MAP 曲线

3. 电气距离不同时 LCC-HVDC 的最大传输功率

针对图 2-1(b) 所示的混合双馈入直流输电系统(类型 II),研究 VSC-HVDC 子系统与 LCC-HVDC 子系统之间电气距离(即联络线长度)不同时,LCC-HVDC 的最大传输功率。设置联络线电阻为 0.068Ω/km,阻抗比为 5.94,交流系统强度 $SCR_1=SCR_2=2.5$。改变 LCC-HVDC 与 VSC-HVDC 两者之间联络线的长度,使其在 10~200km 范围内变化,通过 MATLAB 计算得到两组不同案例的 LCC-HVDC 子系统的 MAP 变化曲线如图 2-11 所示。

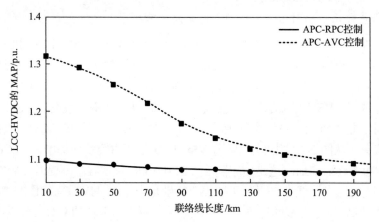

图 2-11 LCC-HVDC 和 VSC-HVDC 不同电气距离下 LCC-HVDC 子系统的 MAP 曲线

从图 2-11 可知,随着联络线长度的增加,LCC-HVDC 子系统允许输出的最大传输功率逐渐减小,这是因为随着电气距离的增加,VSC-HVDC 对 LCC-HVDC 的无功支撑能力逐渐减弱,导致 LCC-HVDC 子系统的 MAP 随电气距离的增加而逐渐减小。当 LCC-HVDC 与 VSC-HVDC 电气距离较近时,VSC 采用 APC-AVC 控制模式相较 APC-RPC 控制模式能更为显著地提高 LCC-HVDC 子系统的 MAP 值；随着两者电气距离的继续增加，采用两种不同无功控制模式的 VSC-HVDC 对 LCC-HVDC 稳态运行极限的影响差别逐渐减小，但总体上，采用定交流电压控制模式的 VSC-HVDC 对提高 LCC-HVDC 稳态运行极限的能力要优于定无功功率控制模式。图中所标注的"圆形"和"正方形"实点为基于 PSCAD/EMTDC 的仿真验证结果，与理论计算曲线对比可知，两者之间误差较小，验证了理论分析的正确性。

从上述对比结果可知，从提升混合双馈入直流输电系统中 LCC-HVDC 子系统传输功率极限的角度考虑，VSC-HVDC 子系统宜选取定有功功率-定交流电压的控制模式。

2.3　混合双馈入直流输电系统中相互作用关系的定量评估方法

2.3.1　视在短路比增加量的定义

当交流系统只有一个直流落点时，可用短路比 SCR 或有效短路比（effective SCR，ESCR）来衡量交流系统的强弱程度，短路比的计算公式为

$$\text{SCR} = \frac{S_{\text{ac}}}{P_{\text{dN}}} \tag{2-35}$$

式中，S_{ac} 为换流站母线的短路容量；P_{dN} 为直流系统额定直流功率。当系统的短路比一定时，LCC-HVDC 直流功率随着直流电流变化的曲线称为最大功率曲线（maximum power curve，MPC），其最大值称为最大传输有功功率（MAP）[9]。

文献[9]基于最大功率曲线和最大传输有功功率的概念，提出了视在短路比增加量（apparent increase in SCR，AISCR）指标，用以定量评估混合双馈入直流输电系统中 VSC-HVDC 对 LCC-HVDC 运行特性的影响程度。

AISCR 的计算可以分为以下 3 个步骤。

步骤 1：针对单馈入 LCC-HVDC 系统，逐渐改变 SCR，得到 LCC-HVDC 系统 MAP 值相对于 SCR 的变化趋势。

步骤 2：针对混合双馈入直流系统，逐渐改变 VSC-HVDC 子系统的有功功率输出，求解在每个运行状态下 LCC-HVDC 的 MAP 值相对于 VSC-HVDC 子系统有功功率输出的变化趋势。

步骤 3：基于等效 MAP 的思想，通过插值即可获得在 VSC-HVDC 输出不同有功功率时，混合双馈入直流输电系统中 LCC-HVDC 受端交流系统短路比的视在增加量，即 AISCR 值。

以下将基于该指标对图 2-1 所示的混合双馈入直流输电系统中的相互作用关系进行定量分析，包括如下两种工况：①VSC-HVDC 的有功功率输送方向不

同(类型Ⅰ);②LCC-HVDC 子系统和 VSC-HVDC 子系统之间联络线长度不同[6](类型Ⅱ)。

2.3.2　VSC 整流/逆变运行时对 LCC-HVDC 受端交流系统强度的影响

1. VSC 整流/逆变运行时受端交流系统的视在短路比增加量 AISCR

为方便叙述,以下"VSC 作整流站"或者"VSC 作逆变站"的表述均针对如图 2-1(a)所示的混合双馈入直流输电系统(类型Ⅰ)中的 VSC 换流站。

为得到 AISCR 值,需计算得到单馈入 LCC-HVDC 系统中 MAP 随着 SCR 变化的曲线,以及混合双馈入系统中 MAP 随着 VSC-HVDC 有功功率变化的趋势。

本小节利用 Matlab 计算和 PSCAD/EMTDC 仿真验证相结合的方式得到以下 3 种情况下 LCC-HVDC 系统的 MAP 值。案例 1:单馈入直流输电系统,无 VSC-HVDC 馈入交流系统;案例 2:双馈入直流输电系统,其中 VSC 作整流器运行;案例 3:双馈入直流输电系统,其中 VSC 作逆变器运行。

以上 3 种情况中混合双馈入直流输电系统如图 2-1(a),其中 LCC-HVDC 采用 CIGRE 标准测试模型,额定功率 1000MW,额定直流电压 500kV,系统短路比为 2.5,整流侧定直流电流控制,逆变侧 γ 角控制(γ 角整定值为 15°);VSC-HVDC 采用定有功功率、定交流电压控制方式,额定有功功率 300MW,无功功率范围为 ±133Mvar(视在功率为 328MV·A)。

1)案例 1 中 LCC-HVDC 的 MAP

在不同的短路比条件下,针对单馈入 LCC-HVDC,利用 2.1.2 节中的公式计算得到 LCC-HVDC 的 MAP 值相对于受端交流系统短路比 SCR 的变化曲线,如图 2-12 所示(基准功率均为 1000MW)。

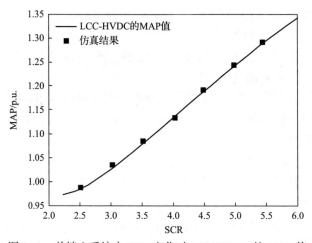

图 2-12　单馈入系统中 SCR 变化时 LCC-HVDC 的 MAP 值

图 2-12 中黑色的方块为基于 PSCAD/EMTDC 的仿真结果，仿真值与理论计算值能够很好地吻合，证明了理论计算的正确性。

2）案例 2 中 LCC-HVDC 的 MAP

混合双馈入系统中 VSC-HVDC 子系统作为整流器运行，其有功功率从 0p.u. 逐渐增大至 0.328p.u.，其无功控制方式采用定交流电压控制，当换流器交流电流超过极限值 $I_{\max}$ 时，无功电流分量 $I_{qmax} = \sqrt{I_{\max}^2 - I_d^2}$（$I_d$ 为换流器有功电流分量）。利用 2.1.2 节的公式（此时 P_{d1} 为负值）计算得到 LCC-HVDC 的 MAP 随 VSC-HVDC 有功功率的变化曲线，如图 2-13 所示。

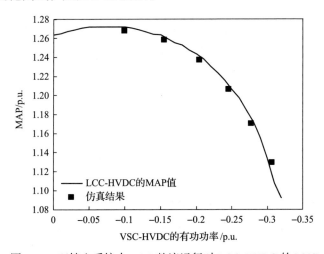

图 2-13　双馈入系统中 VSC 整流运行时 LCC-HVDC 的 MAP

由图 2-13 可知，LCC-HVDC 的 MAP 值基本随着 VSC-HVDC 有功功率的增大而逐渐减小，但是当 VSC-HVDC 有功功率从 0 增加到 0.05p.u.时，LCC-HVDC 的 MAP 值略有增加。这种现象是以下 2 个因素综合作用的结果：①在容量一定的情况下，随着 VSC-HVDC 有功功率的增加，其无功功率储备减小，导致 VSC-HVDC 对 LCC-HVDC 的电压支撑能力减弱，LCC-HVDC 的 MAP 有减小的趋势；②注入交流系统的功率是 VSC-HVDC 和 LCC-HVDC 的功率之和，VSC-HVDC 从交流系统吸收的有功功率逐渐增加，等效地减小了 LCC-HVDC 注入交流系统的功率，系统的等效短路比有所增加。以上两个因素对 MAP 的影响作用恰巧相反，当 VSC-HVDC 有功功率较小时，因素②所起的作用较大；而当有功功率较大时，因素①所起的作用较大，因而导致 MAP 值先增大后减小。

3）案例 3 中 LCC-HVDC 的 MAP

混合双馈入系统中 VSC-HVDC 子系统作为逆变器运行，其有功功率从 0 逐渐增大至 0.328p.u.，利用 2.1.2 节的公式（此时 P_{d1} 为正值）计算得到 LCC-HVDC 的

MAP 随 VSC-HVDC 有功功率的变化曲线，如图 2-14 所示。

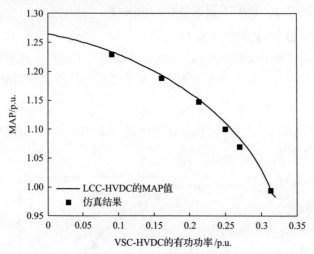

图 2-14　双馈入系统中 VSC 逆变运行时 LCC-HVDC 的 MAP

由图 2-14 可知，当 VSC-HVDC 逆变运行时，随着有功功率的逐渐增大，LCC-HVDC 的 MAP 值逐渐减小。图中黑色的方块为基于 PSCAD/EMTDC 的仿真结果，仿真结果和理论计算值的一致性验证了理论计算的正确性。

4) 混合双馈入直流输电系统的 AISCR

利用 2.3.1 节所述的 AISCR 的定义及计算方法，结合图 2-12～图 2-14 可以得到混合双馈入系统中当 VSC 分别整流和逆变运行时的 AISCR 值，如图 2-15 所示。

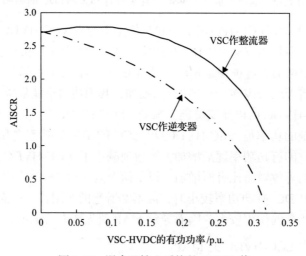

图 2-15　混合双馈入系统的 AISCR 值

由图 2-15 可得，随着 VSC-HVDC 有功功率的逐渐增大，混合双馈入系统的

AISCR 值基本上逐渐减小。当 VSC-HVDC 作整流器运行时,可以为 LCC-HVDC 提供更强的电压支撑,进而获得更大的 AISCR 值,此时即使 VSC-HVDC 传输最大有功功率 328MW 时,混合双馈入系统的 AISCR 值依然大于 0。VSC-HVDC 作整流器运行且有功功率约为 0.05p.u.时,受端系统的 AISCR 存在最大值,其原因与图 2-13 的解释类似,这里不再赘述。

2. VSC 整流/逆变运行时 LCC-HVDC 的暂态特性

在上一节中计算得到了混合双馈入系统中 VSC-HVDC 功率传输方向不同时系统的 AISCR 值,为了进一步研究 LCC-HVDC 的运行特性,本小节将从暂态过电压、换相失败抵御能力、故障恢复特性等 3 个方面进行分析。

1)LCC-HVDC 的暂态过电压

当 LCC-HVDC 的无功功率过剩时,会导致换流站交流母线电压升高,进而引起暂态过电压。造成暂态过电压 TOV 的原因有换流器丢失触发脉冲、紧急停运、逆变侧甩负荷等。

通过混合双馈入系统的准稳态数学模型,得到了上一节所述 3 种案例中,LCC-HVDC 系统甩掉全部负荷时,暂态过电压 TOV 达到稳定状态时的值,结果如表 2-2 所示。

表 2-2 LCC 闭锁时交流母线电压的 TOV 值

案例	母线 TOV 值
无 VSC 馈入	1.22
VSC 作整流站	1.08
VSC 作逆变站	1.15

由表 2-2 可知,混合双馈入系统中 VSC-HVDC 的存在有利于改善 LCC-HVDC 的暂态过电压特性。相比 VSC 作逆变器,VSC 作整流器时 LCC-HVDC 的暂态过电压可以从 1.15p.u.进一步降低到 1.08p.u.。

2)LCC-HVDC 的换相失败抵御能力

采用换相失败免疫指标(commutation failure immunity index,CFII)来衡量 LCC-HVDC 的换相失败免疫能力,CFII 定义为[9]

$$CFII = \frac{U^2}{\omega L_{min} P_d} \times 100\% \tag{2-36}$$

式中,U 为受端交流母线额定电压;L_{min} 为不会使 LCC-HVDC 发生换相失败的最小接地电感;P_d 为 LCC-HVDC 的额定输送功率。

基于 PSCAD/EMTDC 对上节所述的 3 种案例进行仿真，得到 LCC-HVDC 的 CFII 值，结果如表 2-3 所示。

表 2-3　LCC-HVDC 的 CFII 值

案例	CFII 值
无 VSC 馈入	13.3
VSC 作整流站	20.1
VSC 作逆变站	16.5

由表 2-3 可知，VSC-HVDC 的馈入提高了 LCC-HVDC 的换相失败免疫能力，VSC 作为整流器时可以更大程度地抑制 LCC-HVDC 的换相失败，该结论可以进一步验证图 2-15 所得到的 AISCR 结果。

3）LCC-HVDC 的故障恢复特性

针对上一节所述的 3 种案例，基于 PSCAD/EMTDC 分析了在单相和三相直接接地故障下 LCC-HVDC 的故障恢复时间。故障发生在 0.2s，故障持续时间为 0.1s，仿真结果如图 2-16 和图 2-17 所示。

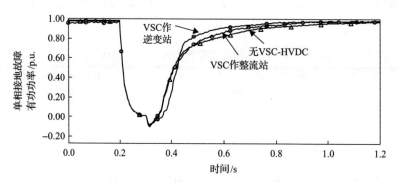

图 2-16　单相故障下 LCC-HVDC 的故障恢复特性

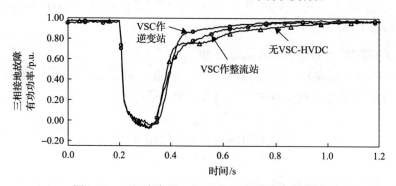

图 2-17　三相故障下 LCC-HVDC 的故障恢复特性

由图 2-16 和图 2-17 可知，由于故障较严重，无论有无 VSC-HVDC 馈入，LCC-HVDC 在单相和三相接地故障条件下均发生了换相失败，其有功功率在故障期间跌落至 0。但相比无 VSC 馈入的情况，虽然故障仍比较严重，VSC 作为整流站或逆变站运行时，LCC-HVDC 的故障恢复时间也有一些改善，但改善效果不是很明显。这里需要强调的是，本小节设置的故障比较严重，LCC-HVDC 均发生了换相失败，所以有 VSC 馈入时对 LCC-HVDC 的故障恢复特性改善效果不太明显；如果故障不是很严重，VSC-HVDC 可以在一定程度上抑制 LCC-HVDC 的换相失败[10]，因而在该情况下 VSC-HVDC 的馈入也能改善 LCC-HVDC 的故障恢复特性。

2.3.3　不同电气距离对视在短路比增加量的影响

1. 电气距离不同时系统的 AISCR

以上理论计算和仿真分析所针对的混合双馈入直流输电系统，LCC-HVDC 和 VSC-HVDC 两者间不存在电气距离，本节将分析更为普遍的两子系统之间存在电气距离的情况，此时混合双馈入直流输电系统如图 2-1(b) 所示 (类型 II)。其中，LCC 换流器、VSC 换流器和等值交流系统 1 与图 2-1(a) (类型 I) 具有相同的参数，交流系统 2 的短路比也为 2.5。

LCC-HVDC 子系统和 VSC-HVDC 子系统之间的联络线电阻为 0.068Ω/km，电抗为 0.404Ω/km。当线路长度为 10km、50km、100km 时，采用 2.3.1 节所述的方法，计算各电气距离下系统的 AISCR 值，结果如图 2-18 所示。

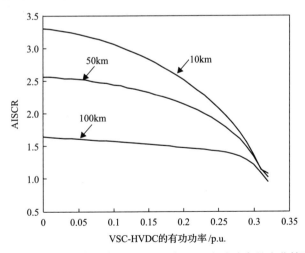

图 2-18　不同电气距离下 AISCR 随 VSC 有功功率的变化情况

由图 2-18 可得，当 LCC-HVDC 子系统和 VSC-HVDC 子系统之间存在电气距离时，AISCR 值将会减小，且电气距离越大，AISCR 值越小。这是由于电气距离的存在削弱了 VSC-HVDC 与 LCC-HVDC 之间的电气联系,因而弱化了 VSC-HVDC 对 LCC-HVDC 受端交流系统的支撑作用。

2. VSC-HVDC 单独作用时对 AISCR 的影响

由于 VSC-HVDC 为 LCC-HVDC 提供了无功支撑,且图 2-1(b)中交流系统 Ⅱ 也会对视在短路比有一定影响,故图 2-18 计算所得 AISCR 为交流系统 2 和 VSC-HVDC 共同作用的结果。为了进一步将交流系统与 VSC-HVDC 对 LCC-HVDC 视在短路比增加量的耦合作用进行解耦,进行如下分析来近似得到 VSC-HVDC 单独作用时 AISCR 随电气距离的变化特征。

采用如图 2-1(b)所示的系统,VSC-HVDC 闭锁,此时当电气距离变化时计算得到在两个等值交流系统作用下的系统短路比,记作 SCR_E。为了方便叙述,将仅考虑交流系统 Ⅰ 时的 SCR 值记作 SCR_1。基于图 2-1(b)的混合双馈入系统,SCR_E 随着电气距离变化的结果如图 2-19 所示。

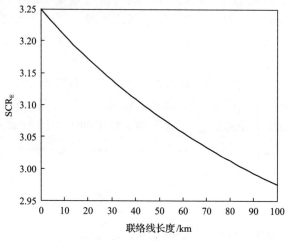

图 2-19　电气距离不同时等值交流系统的短路比

在特定电气距离情况下,利用前述方法可以得到 VSC-HVDC 运行在额定状态时 LCC-HVDC 的视在短路比增加量为 $AISCR_1$,如果将此种工况下 LCC-HVDC 的视在短路比(apparent short circuit ratio, ASCR)记作 $ASCR_1$,则依据 AISCR 的定义可得 $ASCR_1$ 为

$$ASCR_1 = SCR_1 + AISCR_1 \qquad (2\text{-}37)$$

视在短路比 $ASCR_1$ 是由交流系统作用 SCR_E 和 VSC-HVDC 对 LCC-HVDC 视在短路比的独立影响(记作 $AISCR_2$)共同作用而成的,因此可依据公式(2-38)计算 $AISCR_2$。

$$AISCR_2 = ASCR_1 - SCR_E \tag{2-38}$$

SCR_E 考虑了交流系统 I、II 及联络线对短路比的影响，因此 $AISCR_2$ 可以视为仅考虑 VSC-HVDC 影响下 LCC-HVDC 的视在短路比增加量。当 VSC-HVDC 运行在额定运行状态时，图 2-1(b) 所示混合双馈入直流系统的 $AISCR_1$ 和 $AISCR_2$ 的计算结果如图 2-20 所示。

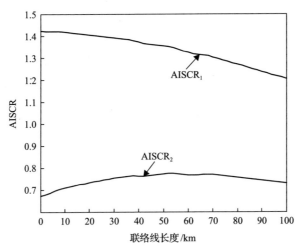

图 2-20　电气距离不同时混合双馈入系统的 AISCR 值

由图 2-20 可知，当电气距离变化时，VSC-HVDC 对视在短路比增加量的独立作用 $AISCR_2$ 比双馈入系统的视在短路比增加量 $AISCR_1$ 小；$AISCR_2$ 是由 VSC-HVDC 提供无功支撑的能力和联络线的长度共同决定的。

参 考 文 献

[1] 刘炜. 混合双馈入直流输电中电流源和电压源换流器交互作用机理研究[D]. 北京: 华北电力大学, 2019.

[2] 刘炜, 赵成勇, 郭春义, 等. 混合双馈入直流系统中 LCC-HVDC 对 VSC-HVDC 稳态运行区域的影响[J]. 中国电机工程学报, 2017, 37(13): 3764-3774.

[3] 陈修宇, 韩民晓, 刘崇茹. 直流控制方式对多馈入交直流系统电压相互作用的影响[J]. 电力系统自动化, 2012, 36(2): 58-63.

[4] Zhou J Z, Gole A M. VSC transmission limitations imposed by AC system strength and AC impedance characteristics[C]. IET International Conference on Ac and Dc Power Transmission, Birmingham, UK: IET, 2012: 1-6.

[5] Zhou J Z, Gole A M. Rationalization of DC Power Transfer Limits for VSC Transmission[C]. IET International Conference on Ac and Dc Power Transmission, Birmingham, UK: IET, 2015: S191-S192.

[6] 郭春义, 倪晓军, 赵成勇. 混合多馈入直流输电系统相互作用关系的定量评估方法[J]. 中国电机工程学报, 2016, 36(07): 1772-1780.

[7] 赵成勇, 郭春义, 刘文静. 混合直流输电[M]. 北京: 科学出版社, 2014.

[8] Szechtman M, Wess T, Thio C V. A benchmark model for HVDC system studies[C]. International Conference on Ac and DC Power Transmission. IET, 1991: 374-378.

[9] Guo C Y, Zhang Y, Gole A M, et al. Analysis of dual-Infeed HVDC with LCC-HVDC and VSC-HVDC[J]. IEEE Transactions on Power Delivery, 2012, 27(3): 1529-1537.

[10] Guo C Y, Zhao C Y, Chen X Y. Analysis of dual-infeed HVDC with LCC inverter and VSC rectifier[C]. 2014 IEEE in PES General Meeting, 2014: 1-4.

第3章 混合并联直流输电系统

混合并联直流输电系统包含 LCC-HVDC 单元和 VSC-HVDC 单元，不同直流之间在整流站(逆变站)的交流侧并联，而在直流侧无直接的电气联系。本章以一条 LCC-HVDC 与一条 VSC-HVDC 组成的混合并联直流输电系统为例，介绍其结构和控制策略，提出稳态及暂态下的无功功率协调控制，并进行有效性验证[1]。

3.1 混合并联直流输电系统的结构和控制策略

3.1.1 系统结构

混合并联直流输电系统的结构如图 3-1 所示，其由 LCC-HVDC 单元和 VSC-HVDC 单元组成，且 LCC-HVDC 和 VSC-HVDC 在整流侧和逆变侧分别共用交流母线。需要说明的是，考虑到目前在建或计划建设的 VSC-HVDC 工程绝大部分都基于 MMC-HVDC 技术，本章探讨的混合并联直流输电系统的 VSC-HVDC 也采用 MMC 拓扑。

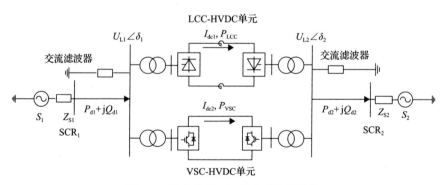

图 3-1 混合并联直流输电系统的结构

图 3-1 中，P_{d1}、Q_{d1}、P_{d2}、Q_{d2} 分别为整流侧和逆变侧的有功功率和无功功率；P_{LCC}、I_{dc1} 分别为 LCC-HVDC 的直流功率和直流电流；P_{VSC}、I_{dc2} 分别为 VSC-HVDC 的直流功率和直流电流；$U_{L1}\angle\delta_1$、$U_{L2}\angle\delta_2$ 分别为整流侧和逆变侧的交流母线电压和相角；Z_{S1}、Z_{S2} 分别为整流侧和逆变侧交流系统的等值阻抗；SCR_1、SCR_2 分别为整流侧和逆变侧交流系统的短路比。

3.1.2　控制策略

混合并联直流输电系统的控制策略包括 LCC-HVDC 单元的控制策略和
VSC-HVDC 单元的控制策略。

1. LCC-HVDC 单元的控制策略

本章混合并联直流输电系统中的 LCC-HVDC 单元采用了 CIGRE 标准测试模
型的控制策略，即逆变侧主要包括定关断角控制、定电流控制、电流偏差控制
（current error control，CEC），整流侧采用定电流控制[2]，控制系统框图如图 3-2
所示。

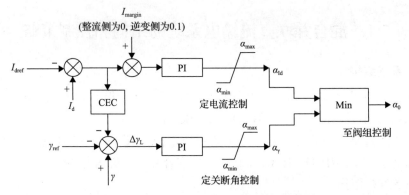

图 3-2　LCC-HVDC 单元的控制策略框图

图 3-2 中，I_{dref}、I_d 分别为直流电流的参考值和测量值；γ_{ref}、γ 分别为逆变站
关断角的参考值和测量值；I_{margin} 为直流电流修正量；$\Delta\gamma_L$ 为关断角偏差量；α_{max}、
α_{min} 分别为经 PI 环节计算后得到的触发角 α 的最大、最小限值；α_{Id}、α_γ 分别为经
限幅后定电流控制值和定关断角控制的输出值；α_0 为经最小值选取环节后得到的
触发角给定值（注意此处 α_0 只针对逆变站，整流站的额定参考值为 α_{Id}）。

2. VSC-HVDC 单元的控制策略

混合并联直流输电系统中 VSC-HVDC 单元的控制采用电流矢量控制，如
图 3-3 所示，主要包括定直流电压控制、定有功功率控制、定无功功率控制、定
交流电压控制等。

图 3-3 中，Q_{ref}、Q_s 分别为换流器的无功功率参考值和测量值；P_{ref}、P_s 分别
为换流器的有功功率参考值和测量值；U_{dcref}、U_{dc} 分别为直流电压参考值和测量
值；I_{qref0}、I_{dref0} 分别为外环输出的无功电流参考值和有功电流参考值；I_{max}、I_{min}
分别为电流参考值的最大限值和最小限值；I_{qref}、I_{dref} 分别为限幅后的 q 轴电流和

d 轴电流参考值；I_q、I_d 分别为交流电流的 q 轴和 d 轴分量；V_{tq}、V_{td} 分别为 PCC 点电网电压 q 轴和 d 轴分量；V_{cq}、V_{cd} 分别为换流器期望输出正弦参考基波电压的 q 轴和 d 轴分量；u_a、u_b、u_c 分别为换流器交流侧出口的三相参考电压。

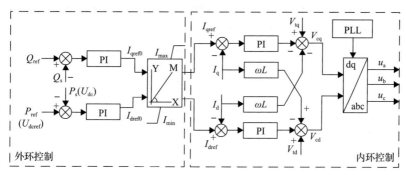

图 3-3　VSC-HVDC 单元的控制策略框图

3.2　混合并联直流输电系统的稳态无功协调控制

3.2.1　LCC-HVDC 的稳态无功控制

LCC-HVDC 的稳态无功控制是在多种运行工况下，通过对无功补偿设备及直流系统的运行参数进行合理控制，来满足 LCC-HVDC 对无功功率的需求，并维持换流母线电压在允许范围内。LCC-HVDC 中已有的稳态无功控制策略可以分为两类：LCC-HVDC 的基本无功控制策略和辅助无功控制策略。

1. LCC-HVDC 的基本无功控制策略

LCC-HVDC 的基本无功控制策略主要包括绝对最小滤波器组控制、最小滤波器组控制、极限电压控制、最大无功功率限制及交流滤波器组的定无功或定电压控制。其中，绝对最小滤波器组控制、最小滤波器组控制、极限电压控制和最小无功功率限制主要是为了系统正常运行而设置的限定条件。上述控制策略的优先级从高到低排列如下[3]。

（1）绝对最小滤波器组控制：为了防止滤波器的运行应力超过稳态额定值及滤波器谐波过负荷，所必须投入的最少滤波器组数与类型。

（2）极限电压控制：保证 LCC-HVDC 运行中换流母线电压不超过规定的最高限值和最低限值，确保交直流系统运行在合理的范围内。

（3）最大无功功率限制：以换流站送入所联交流系统的最大感性无功功率为判据，当其超过设定的最大值时发出切除滤波器的指令[5]，确保换流站送入交流系统的无功在规定范围内。

（4）最小滤波器组控制：在相应的功率水平及运行方式下，必须投入一定的滤波器组数，否则无法满足将换流站产生并注入所联交流系统的谐波控制在一定范围内的要求。

（5）交流滤波器组定无功或定电压控制：该控制包含两种控制目标，其一是定无功功率控制，控制运行中 LCC-HVDC 换流站与交流系统交换的无功功率在规定范围内；其二是定交流电压控制，控制换流母线电压在规定的范围内。

2. LCC-HVDC 的辅助无功控制策略

为了满足特殊工况下的无功控制需求，LCC-HVDC 一般还配备 2 种辅助无功控制功能：低负荷无功功率辅助控制和交流滤波器投切辅助控制。

1）低负荷无功功率辅助控制

LCC-HVDC 在低负荷工况下，其换流器消耗的无功较少，因此不需要投入太多组数的滤波器。但是由于受到最小滤波器组控制或绝对最小滤波器组控制的限制，投入的滤波器数量将超过无功补偿所需要的数量，进而造成无功功率的过补偿，导致滤波器提供的无功有一部分馈入到交流系统中，引起交流电压升高。

为了解决上述问题，LCC-HVDC 一般会配备低负荷无功辅助控制功能，即在低负荷工况下，通过增大整流器的触发角或逆变器的关断角来增加换流器的无功消耗，从而减少交直流系统之间的无功交换，优化交直流系统的无功平衡。

LCC-HVDC 低负荷无功辅助控制框图如图 3-4 所示，其原理为：通过实时测量 LCC-HVDC 换流器注入到交流系统的无功功率 Q_{ac}，并将其与系统设定的限值 Q_{refmax} 作差得到两者之间的差值，而后将差值送入 PI 控制环节，经限幅后得到输送至整流器控制系统的触发角附加值 $\Delta\alpha$ 或逆变器控制系统的关断角附加值 $\Delta\gamma$，增加换流器的无功消耗，减小交直流系统间的无功交换。

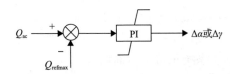

图 3-4　LCC-HVDC 低负荷无功辅助控制框图

虽然低负荷无功辅助控制功能可以有效消耗滤波器提供的过剩无功，优化低负荷下交直流系统间的无功平衡，但该方案使换流器工作在较大的触发角或关断角状态下，对换流阀造成较大的电气应力，长时间运行在该工况下可能导致换流阀的寿命降低。

2）交流滤波器投切辅助控制

随着 LCC-HVDC 的容量越来越大，运行所需的无功补偿也越来越多，每组滤波器提供的无功功率也越来越大，目前每组滤波器的无功补偿容量已经达到了350Mvar。由此，滤波器投切对交直流系统(特别是较弱交流系统)造成较大的扰动。为了减小滤波器投切对交直流系统的冲击，工程中一般配备交流滤波器投切辅助控制功能。

　　交流滤波器投切辅助控制示意图如图 3-5(以逆变侧为例)所示，其原理为：当滤波器收到投入或切除指令时，在滤波器投切过程中，通过快速调节 LCC-HVDC 整流器的触发角 α 或逆变器的关断角 γ 来补偿无功功率的突变，从而减小滤波器投切造成的电压波动。

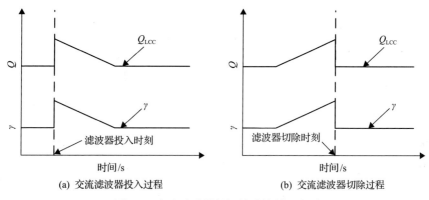

图 3-5　交流滤波器投切辅助控制示意图

　　在滤波器投入时，交流滤波器投切辅助控制检测到投入滤波器的指令，在发出指定滤波器组断路器合闸命令后的较短时间内，将整流器触发角 α 或逆变器关断角 γ 的整定值快速增大，使换流器消耗更多的无功来抵消滤波器突然投入造成的影响；然后在数秒内，将触发角 α 或关断角 γ 的整定值逐渐恢复到正常值。

　　在滤波器切除时，交流滤波器投切辅助控制检测到切除滤波器的指令，先在数秒时间内，将整流器触发角 α 或逆变器关断角 γ 的整定值逐渐增加；在发出指定滤波器组断路器跳闸命令后，快速将触发角 α 或关断角 γ 的整定值恢复到正常值。

　　LCC-HVDC 中配置交流滤波器投切辅助控制可以有效降低滤波器投切时的电压波动，但是由于 LCC-HVDC 输送的有功与消耗的无功之间存在较强的耦合，当交流滤波器投切辅助控制动作时，会导致 LCC-HVDC 直流功率的波动，从而对直流功率的稳定传输有一定影响。

3.2.2　混合并联直流系统的无功协调控制

　　针对 LCC-HVDC 的低负荷无功辅助控制和交流滤波器投切辅助控制存在的不足，并考虑到混合并联直流输电系统中 LCC-HVDC 单元和 VSC-HVDC 单元并联运行的优势，本节提出了适用于混合并联直流输电系统的低负荷无功协调控制策略和滤波器投切协调控制策略。利用 VSC-HVDC 的无功功率可以快速、连续调节的特点，协助 LCC-HVDC 进行无功控制，达到平衡交直流系统间无功交换、改善 LCC-HVDC 运行特性的目的。

1. 低负荷无功协调控制策略

低负荷无功协调控制策略的原理框图如图 3-6 所示。当 LCC-HVDC 单元在低负荷工况下运行时，利用 VSC-HVDC 单元消耗因最小滤波器组控制或绝对最小滤波器组控制导致的过剩无功 Q_Δ，从而防止交直流系统无功交换超过限值，导致交流电压升高。

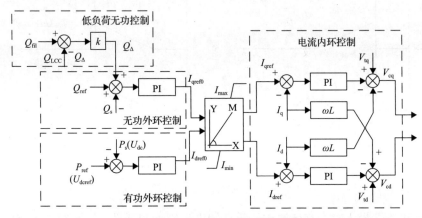

图 3-6　低负荷无功协调控制策略框图

图 3-6 中，Q'_Δ 为低负荷无功协调控制的附加无功功率量，可通过计算 LCC-HVDC 换流站无功功率的不平衡分量 Q_Δ 得到，并通过附加系数 $k(0 \leqslant k \leqslant 1)$ 来实现交直流系统不平衡无功的连续动态补偿及低负荷无功协调控制功能的投退，计算原理可由式(3-1)表示。

$$Q'_\Delta = kQ_\Delta = k(Q_{\text{fil}} - Q_{\text{LCC}}) \tag{3-1}$$

式中，Q_{fil} 为滤波器提供的无功功率补偿量；Q_{LCC} 为 LCC-HVDC 换流器消耗的无功功率，可由式(3-2)~式(3-4)计算得到。

$$Q_{\text{LCC}} = P_{\text{LCC}} \tan \phi \tag{3-2}$$

$$P_{\text{LCC}} = N(1.35 U \cos \gamma - \frac{3}{\pi} X_{\text{T}} I_{\text{d}}) \tag{3-3}$$

$$\phi = \arccos \left[\frac{\cos \gamma + \cos(\gamma + \mu)}{2} \right] \tag{3-4}$$

式中，P_{LCC} 为 LCC-HVDC 单元的有功功率；ϕ 为换流器的功率因素角；U 为换流变压器阀侧交流母线空载线电压有效值；X_T 为换相电抗；I_d 为 LCC-HVDC 的直流电流；γ 为 LCC-HVDC 逆变器的关断角；μ 为 LCC-HVDC 换流器的换相角；N 为 6 脉动的个数。

详细控制方案如下。

(1) 当系数 k 取 0 时，低负荷无功协调控制功能退出。

(2) 当 LCC-HVDC 单元输送的有功功率较低(例如小于 0.4p.u.)时，将 k 的取值从 0 逐步增大至 1，无功协调控制功能柔性投入。

(3) 当 LCC-HVDC 单元输送的有功功率较大(例如大于 0.4p.u.)时，将 k 的取值从 1 逐步减小至 0，无功协调控制功能柔性退出。

需要说明的是，当 LCC-HVDC 单元输送的有功功率在 0.1～0.4p.u.时，受绝对最小滤波器组限制和最小滤波器组限制的影响，必须保持一定组数的滤波器处于投入状态，此时滤波器发出的无功功率一般是过剩的。因此，本节取 0.4p.u.为临界值，实际应用中可以视工程设计规范灵活取值。

2. 滤波器投切无功协调控制策略

滤波器投切无功协调控制策略的原理如图 3-7 所示，其中 Q_{kick} 为滤波器投切协调控制附加无功功率量，$Q_{\Delta fil}$ 为滤波器投切造成的 LCC-HVDC 单元最大不平衡无功(可以取单个滤波器的额定容量)，该值可通过检测并比较换流站上一个采样周期与当前采样周期内滤波器投切数目的变化情况得到。

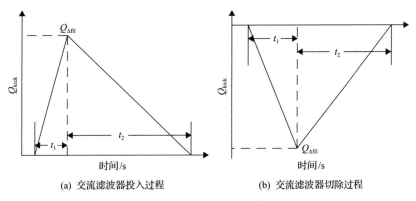

(a) 交流滤波器投入过程　　　　　　　(b) 交流滤波器切除过程

图 3-7　滤波器投切无功协调控制原理图

交流滤波器投入时的无功协调控制原理如图 3-7(a) 所示。当检测到 LCC-HVDC 单元控制系统发出滤波器组断路器合闸信号后，在 t_1 时间内，迅速将滤波器投切协调控制附加无功功率量 Q_{kick} 增大到设定值 $Q_{\Delta fil}$，使 VSC-HVDC 单元迅速增加无功来吸收滤波器投入瞬间引入的过剩无功，然后在 t_2 时间内，将 Q_{kick} 缓慢减小至 0。

需注意的是，时间 t_1 的设定要考虑到滤波器从投入到发出额定无功所需的时间，而 VSC-HVDC 单元调节迅速，因此需合理设置此值来最大程度发挥 VSC-HVDC 的作用。可通过仿真或实测滤波器的无功特性来设定该时间，这里 t_1 设定为 30ms。时间 t_2 的设定要考虑到 LCC-HVDC 单元及交流系统对无功功率变化的吸收速度，这里设定为 0.5s。

交流滤波器切除时的无功协调控制原理如图 3-7(b) 所示。当检测到 LCC-HVDC 单元控制系统发出滤波器组断路器跳闸信号后，在 t_1 时间内，迅速将滤波器投切协调控制附加无功功率量 Q_{kick} 减小到设定值 $Q_{\Delta fil}$，使 VSC-HVDC 单元迅速发出无功来补偿滤波器切除瞬间造成的无功缺额，然后在 t_2 时间内，将 Q_{kick} 缓慢增加至 0。这里设定 t_1 和 t_2 分别为 20ms 和 0.5s。

滤波器投切无功协调控制策略的控制框图如图 3-8 所示。自定义模块的功能是基于前述原理设定滤波器投切无功协调控制的无功补偿曲线，Q_{kick1} 为滤波器投入过程无功协调控制补偿值，Q_{kick2} 为滤波器切除过程无功协调控制补偿值，通过信号选择来确定滤波器投切无功协调控制的补偿值 Q_{kick}。

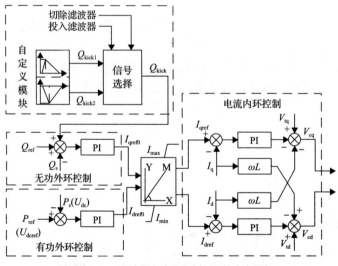

图 3-8　滤波器投切无功协调控制框图

3.2.3　稳态无功协调控制的有效性验证

在 PSCAD/EMTDC 中基于某实际工程参数搭建了如图 3-1 所示的混合并联直流输电系统，由一条 ±160kV/1000MW 的 LCC-HVDC 单元和一条 ±350kV/1000MW 的 VSC-HVDC 单元构成。LCC-HVDC 单元的控制系统采用图 3-2 所示的控制系统，VSC-HVDC 单元的控制系统采用图 3-3 所示的控制系统，详细参数如表 3-1 和

表 3-2 所示。

表 3-1　LCC-HVDC 单元参数

参数类型	整流侧	逆变侧
换流母线电压/kV	525	525
额定容量/MW	1000	1000
换流变压器变比/(kV/kV)	525/235	525/235
换流变压器漏抗/p.u.	0.09	0.09
滤波器无功容量/Mvar	550	550
交流系统阻抗角/(°)	80	78
平波电抗器电感值/H	0.15	0.15
延迟触发角/关断角/(°)	15	17

表 3-2　VSC-HVDC 单元参数

参数类型	整流侧	逆变侧
换流母线电压/kV	525	525
额定容量/MW	1000	1000
换流变压器变比/(kV/kV)	525/375	525/375
换流变压器漏抗/p.u.	0.14	0.14

以下针对混合并联直流输电系统的低负荷工况及滤波器投切工况，分析并验证所提无功协调控制策略的有效性。

1. 低负荷无功协调控制策略的验证

为了验证所提低负荷无功协调控制策略的有效性，设定以下 3 个案例。

案例 1：无低负荷无功控制策略。

案例 2：仅投入 LCC-HVDC 的低负荷无功辅助控制策略。

案例 3：投入所提低负荷无功协调控制策略。

针对上述 3 个案例，分析混合并联直流输电系统在直流功率分别为 0.4p.u.、0.3p.u.、0.2p.u. 和 0.1p.u. 的低负荷运行工况下(直流功率在 0.1p.u.～0.3p.u. 时，绝对最小滤波器组控制起作用)，交直流系统间的无功交换及关键电气量波动大小，结果(以整流侧为例)如表 3-3～表 3-6 所示。其中，U_{ac} 为整流侧换流母线电压有效值，U_{dc} 为 LCC-HVDC 单元的直流电压，α 为触发角，Q_{LCC} 为 LCC-HVDC 单元整流器消耗的无功功率，Q_{fil} 为整流侧滤波器发出的无功功率，ΔQ_{ac} 为

LCC-HVDC 整流站注入交流系统的不平衡无功，Q_{VSC} 为 VSC-HVDC 单元整流站吸收的无功功率。

表 3-3   有功功率为 0.1p.u.时系统特性

案例	U_{ac}/p.u.	U_{dc}/p.u.	α/(°)	Q_{LCC}/Mvar	Q_{fil}/Mvar	ΔQ_{ac}/Mvar	Q_{VSC}/Mvar
案例 1	1.008	1.00	19.5	32.4	223.6	191.6	0.0
案例 2	1.006	0.58	55.3	83.6	222.5	139.1	0.0
案例 3	0.998	1.00	17.6	29.1	218.8	0.0	189.7

表 3-4   有功功率为 0.2p.u.时系统特性

案例	U_{ac}/p.u.	U_{dc}/p.u.	α/(°)	Q_{LCC}/Mvar	Q_{fil}/Mvar	ΔQ_{ac}/Mvar	Q_{VSC}/Mvar
案例 1	1.004	1.00	17.1	64.7	217.7	150.5	0.0
案例 2	1.000	0.76	41.5	142.1	219.9	78.1	0.0
案例 3	0.996	1.00	16.1	65.2	217.7	0.0	151.9

表 3-5   有功功率为 0.3p.u.时系统特性

案例	U_{ac}/p.u.	U_{dc}/p.u.	α/(°)	Q_{LCC}/Mvar	Q_{fil}/Mvar	ΔQ_{ac}/Mvar	Q_{VSC}/Mvar
案例 1	0.999	1.00	16.5	113.7	219.4	105.7	0.0
案例 2	0.997	0.93	25.7	156.3	219	62.7	0.0
案例 3	0.998	1.00	17.6	29.1	218.8	0.0	189.7

表 3-6   有功功率为 0.4p.u.时系统特性

案例	U_{ac}/p.u.	U_{dc}/p.u.	α/(°)	Q_{LCC}/Mvar	Q_{fil}/Mvar	ΔQ_{ac}/Mvar	Q_{VSC}/Mvar
案例 1	0.994	1.00	16.0	161.4	217.2	56.1	0.0
案例 2	0.992	0.976	19.3	185.4	217.1	31.8	0.0
案例 3	0.991	1.00	15.4	158.1	215.8	0.2	57.7

由表 3-3～表 3-6 可知，不投入任何无功控制策略时(案例 1)，LCC-HVDC 单元滤波器的过剩无功全部馈入到交流系统中，导致交流母线电压升高。投入 LCC-HVDC 低负荷无功辅助控制策略时(案例 2)，需要通过控制 α 角来增加低负荷时的无功消耗，从而减小注入到交流系统的无功功率。虽然利用该辅助控制可以有效降低交直流系统之间交换的无功功率，但是却大幅增加了 α 角(例如，在 0.2p.u.功率下，α 角增加到 41.5°)，导致直流电压降低，且长期运行在较大的 α 角条件下将增加换流阀电气应力，减少设备寿命。

案例 3 中，投入所提出的协调控制策略后，可以使 LCC-HVDC 单元滤波器提供的过剩无功由 VSC-HVDC 单元消耗，使得交直流系统间交换的无功维持在 0

左右，弱化了交直流系统间的无功耦合，提高了交直流系统运行的灵活性。同时，通过低负荷无功协调控制策略来实现 LCC-HVDC 单元与交流系统间的无功平衡，使得 LCC-HVDC 单元无需进行相应调节，α 角可以维持在正常运行范围内，不会增大换流阀的电气应力。

2. 滤波器投切无功协调控制策略的验证

为了验证所提滤波器投切无功协调控制策略的有效性，设定以下 3 个案例。

案例 1：无滤波器投切无功控制策略。

案例 2：仅投入 LCC-HVDC 单元的滤波器投切无功辅助控制策略。

案例 3：投入所提滤波器投切无功协调控制策略。

当混合并联直流输电系统达到稳定运行状态后，投入 1 组滤波器或切除 1 组滤波器，分析滤波器投切时不同案例下电气量的波动特性。设置运行直流功率为 0.9p.u.，且在该功率下恰好满足投入或切除 1 组滤波器的条件。滤波器投入时系统响应特性如图 3-9 所示，滤波器退出时系统响应特性如图 3-10 所示，部分电气量的波动幅度如表 3-7 和表 3-8 所示(以逆变侧为例)。

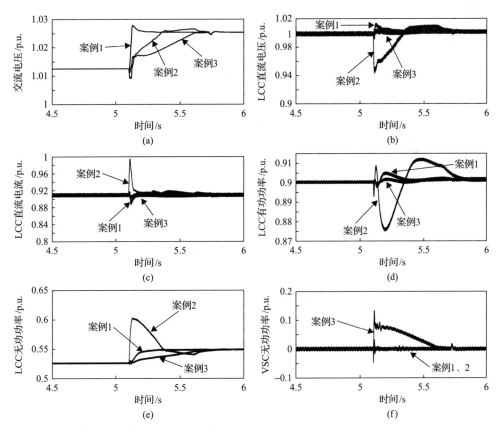

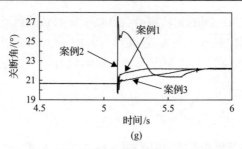

图 3-9　滤波器投入时的系统响应特性图

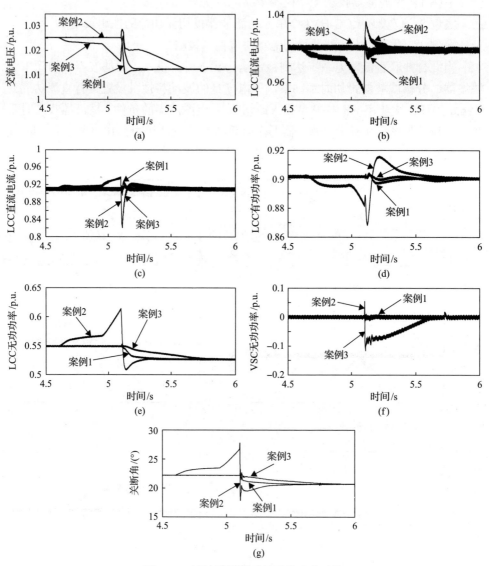

图 3-10　滤波器切除时的系统响应对比

表 3-7　滤波器投入时 LCC-HVDC 部分电气量的波动幅度

案例	U_{dc}/%	I_{dc}/%	P_{LCC}/%	Q_{LCC}/%
案例 1	1.30	2.64	0.45	0.00
案例 2	5.76	9.36	2.95	9.95
案例 3	0.50	1.20	0.16	0.00

表 3-8　滤波器切除时 LCC-HVDC 部分参数的波动幅度

案例	U_{dc}/%	I_{dc}/%	P_{LCC}/%	Q_{LCC}/%
案例 1	1.14	2.15	0.49	0.00
案例 2	5.16	9.69	3.55	3.46
案例 3	1.05	1.30	0.39	0.00

由图 3-9 及表 3-7 可知,仅投入 LCC-HVDC 的滤波器投切无功辅助控制时(案例 2),可以有效改善滤波器投入过程中交流母线电压的波动幅值及上升陡度,减小滤波器投入对交流电压的影响;但是,由于该控制功能的实现需要快速调节 LCC-HVDC 单元逆变器的关断角,使得 LCC-HVDC 单元的直流电压、直流电流、有功功率及无功功率在滤波器投入过程中产生较大的波动,对 LCC-HVDC 单元的稳定运行造成一定的影响。因此,投入 LCC-HVDC 的滤波器投切无功辅助控制策略,在改善交流系统运行特性的同时也给直流系统的运行引入了扰动。

在案例 3 中,LCC-HVDC 单元和交流参数波动幅值最小,也更为平缓。但是,由图 3-9 (f) 可知,VSC-HVDC 单元的无功波动较大,这是因为投入所提滤波器投切协调控制策略后,VSC-HVDC 单元快速改变无功输出,抵消了滤波器投入所造成的无功波动。相较案例 2,在实现相同功能的前提下,所提协调控制可以同时改善 LCC-HVDC 单元的直流电压、直流电流及有功功率的波动,有利于混合并联直流输电系统的稳定运行。

由图 3-10 及表 3-8 可知,仅投入 LCC-HVDC 的滤波器投切无功辅助控制策略时(案例 2),可以有效改善滤波器切除过程中交流电压的波动幅度,减小滤波器切除对交流系统电压的影响;但是,同样由于该控制功能的实现需要快速调节 LCC-HVDC 单元的关断角,使 LCC-HVDC 单元的直流电压、直流电流、有功功率及无功功率在滤波器切除过程中产生较大的波动,对系统的稳定运行造成一定影响。

在案例 3 中,LCC-HVDC 单元和交流参数波动幅值最小,也是由于滤波器切除过程中,VSC-HVDC 单元快速改变无功功率,抵消了滤波器切除所造成的无功波动。

3.3 混合并联直流输电系统的暂态无功协调控制

3.3.1 混合并联直流系统的暂态无功协调控制

1. 暂态无功协调控制策略的思路

为了提高混合并联直流输电系统中 LCC-HVDC 单元的换相失败抵御能力及改善故障恢复特性，本节提出一种基于 LCC-HVDC 逆变器关断角的暂态无功协调控制策略，即在故障期间，根据 γ 角得出无功功率补偿值，附加至 VSC-HVDC 逆变器的外环无功控制环节，调节 VSC-HVDC 发出的无功功率，从而在故障时对换流母线电压进行支撑，达到提高 LCC-HVDC 换相失败抵御能力及改善故障恢复特性的目的。

基于 LCC-HVDC 逆变器 γ 角的暂态无功协调控制框图如图 3-11 所示。

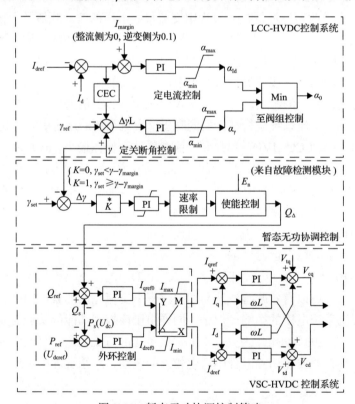

图 3-11 暂态无功协调控制策略

图 3-11 中，LCC-HVDC 单元和 VSC-HVDC 单元的控制系统已在前文中介绍，所提暂态协调控制策略各参数物理含义如下：γ 为 LCC-HVDC 的关断角实测值；

γ_{set} 为所提协调控制中的关断角整定值；K 为比例环节增益，K=0 或 1；E_n 为使能环节，用于投入或退出协调控制策略，该值来自故障检测模块；Q_Δ 为 VSC-HVDC 单元的无功功率附加值。

所提协调控制策略主要包括以下功能：①LCC-HVDC 逆变器关断角测量及比较功能；②PI 控制功能；③速率限制功能；④使能控制功能；⑤无功功率补偿值输出功能。通过以上功能环节的整合，暂态无功协调控制策略可以在故障时改变 VSC-HVDC 输出的无功功率，提高 LCC-HVDC 的换相失败抵御能力，并改善故障恢复特性。

2. 暂态无功协调控制策略的工作过程

本节所提出的暂态无功协调控制策略的工作过程如下。

(1)通过比较 LCC-HVDC 的关断角实测值 γ 和关断角整定值 γ_{set}，得到两者之间的差值 $\Delta\gamma$，作为下一环节的输入量。考虑到关断角在逆变侧交流系统故障时会减小，因此关断角整定值 γ_{set} 应该小于关断角额定值 γ_N。γ_{set} 和 γ_N 的差值设置为动作阈值 γ_{margin}，引入逻辑判断环节 K，通过判断动作阈值 γ_{margin} 的大小来确定差值 $\Delta\gamma$ 是否输出到下一个环节，具体过程为

$$\begin{cases} K = 0, & \gamma_{\text{set}} < \gamma - \gamma_{\text{margin}} \\ K = 1, & \gamma_{\text{set}} \geqslant \gamma - \gamma_{\text{margin}} \end{cases} \tag{3-5}$$

引入逻辑判断环节后，在正常运行工况下，因为 γ_{set} 小于 γ，所以逻辑判断环节 K 值为 0，输出到下一个环节的差值 $\Delta\gamma$ 也为 0；在逆变侧交流系统故障时，当 γ 小于 γ_{set} 时，K 值变为 1，$\Delta\gamma$ 输出到下一环节。

关断角整定值 γ_{set} 的设定原则为：①考虑可靠性，在正常运行工况下协调控制策略应该不动作，因此阈值 γ_{margin} 应该尽量大以确保协调控制策略不误动；②考虑灵敏性，逆变侧交流系统故障时协调控制策略应能够快速动作，因此阈值 γ_{margin} 应该尽量小以保证协调控制策略动作的灵敏性。一般来说，在正常运行工况下，LCC-HVDC 关断角的波动范围在 ±2.5° 之间，考虑上述两个因素，建议阈值 γ_{margin} 设置为 2.5°，即 $\gamma_{\text{set}}=\gamma_N-2.5°$。

(2)将(1)中通过关断角测量和比较环节得到的关断角差值 $\Delta\gamma$ 作为输入量输入到 PI 控制环节，可以得到初始无功功率补偿值 Q'_Δ。PI 控制环节同时具有输出限制功能，通过合理的设置使得 Q'_Δ 不超过 VSC-HVDC 的最大容量限制。Q'_Δ 作为输入量输入到速率限制器环节，最终作为 VSC-HVDC 外环无功控制环节的无功功率补偿量，使 VSC-HVDC 发出无功支撑逆变侧交流母线电压。

需要注意，在速率限制器环节中，仅设置速率下降限制，对速率上升不设限

制，也就是说，交流系统故障发生时 Q'_Δ 增加，此时速率限制器不起作用，从而使 VSC-HVDC 尽快增发无功功率；而当 Q'_Δ 减小时，速率限制器投入工作，用于改善故障恢复特性。

速率限制器的参数设计原则为：①交流故障清除后，为了提高系统恢复速度，应使 VSC-HVDC 继续提供一定容量的无功功率，因此速率限制器的整定值不宜过大；②如果速率限制器取值过小，当故障清除后 VSC-HVDC 仍然输出大量无功功率注入交流系统，可能会引起交流母线电压升高。综合考虑上述两个因素，速率限制器的整定值推荐为 $0.6\sim1.0\text{p.u./s}$。

依照前述参数设置原则，后续仿真验证中，速率限制器的参数设定为 0.85p.u./s，γ_set 设定为 $14.5°$（额定关断角为 $17°$）。

3.3.2　暂态无功协调控制的有效性验证

考虑到故障检测时间会影响协调控制策略的效果，故在如下案例中设置不同延时 t_fd 来模拟故障检测时间。

案例 1：不投入暂态无功协调控制策略。

案例 2：投入暂态无功协调控制策略（延时 $t_\text{fd}=0\text{ms}$）。

案例 3：投入暂态无功协调控制策略（延时 $t_\text{fd}=2\text{ms}$）。

案例 4：投入暂态无功协调控制策略（延时 $t_\text{fd}=3\text{ms}$）。

以下针对单相接地故障及三相故障的仿真分析均基于上述四个案例进行。

1. 单相接地短路故障下的协调控制策略验证

1）单相接地故障下四个案例的暂态特性对比

混合并联直流输电系统初始运行在额定工况下，即 $P_\text{LCC}=P_\text{VSC}=1.0\text{p.u.}$，$U_\text{L1}=U_\text{L2}=1.0\text{p.u.}$，$\text{SCR}_1=3$，$\text{SCR}_2=4$。$t=2.0\text{s}$ 时在逆变侧换流母线处设置单相接地故障，故障经 1.56H（案例 1LCC-HVDC 在单相接地故障下恰巧不发生换相失败的临界电感值）电感接地，故障持续时间为 0.1s，四个案例中 LCC-HVDC 单元和 VSC-HVDC 单元的暂态特性如图 3-12 所示。

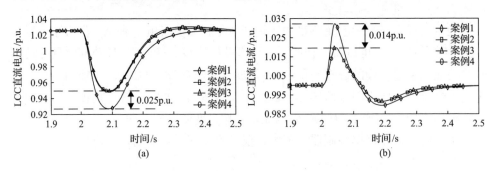

(a)　　　　　　　　　　　　　　(b)

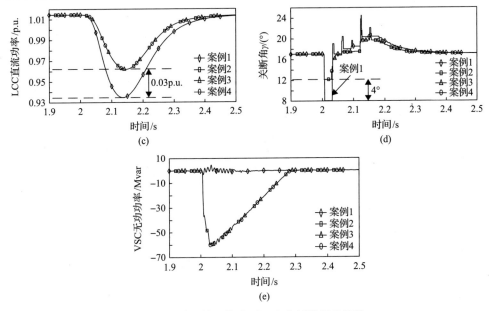

图 3-12　单相接地故障下四个案例的暂态特性

由图 3-12 可知，当逆变侧换流母线发生单相接地故障时，2、3 和 4 三种案例下 LCC-HVDC 单元和 VSC-HVDC 单元关键参数的暂态特性仅有微小差别，由此可以说明逆变侧换流母线处发生单相接地故障时，当延时环节 t_{fd} 不大于 3ms 时对协调控制策略的影响很小。

通过比较图 3-12 中案例 1 和案例 2~4 的暂态特性可知，故障期间 VSC-HVDC 发出的最大无功功率约为 60Mvar，使得直流电压降落幅值减小了 33%，直流电流上升幅值减小了 42%，逆变器关断角降落幅值减小了 44%。因此，故障期间暂态无功协调控制策略可以有效调节 VSC-HVDC 发出的无功功率，改善系统暂态特性。

2) 单相接地故障下四个案例中系统换相失败抵御能力的对比

这里，仍然采用换相失败免疫力指标 CFII[4]，来衡量暂态无功协调控制策略对混合并联直流系统中 LCC-HVDC 单元换相失败抵御能力的改善效果。

交流系统 S_1 的 $SCR_1=3$，交流系统 S_2 的 SCR_2 在 2~8 变化时，单相接地故障下前述四个案例的 CFII 值如图 3-13 所示。

由图 3-13 可知，案例 2、3 和 4 的 CFII 曲线是完全重合的，因此单相接地故障下，延时 t_{fd} 不大于 3ms 时，所提暂态无功协调控制策略对抑制 LCC-HVDC 单元换相失败的效果基本不受延时的影响。通过比较案例 2~4 与案例 1 的 CFII 曲线可知，当逆变侧交流系统 SCR_2 在 2~8 变化时，投入所提暂态无功协调控制策略后可以使 LCC-HVDC 单元的 CFII 值增加到原先的 1.4~3.1 倍，即投入暂态无功协调控制策略可以显著提高 LCC-HVDC 单元的换相失败抵御能力。

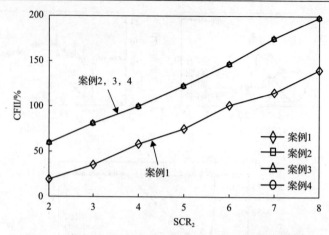

图 3-13　单相接地故障下 SCR_2 改变时不同案例的 CFII 值

　　类似地，$SCR_2=4$，SCR_1 从 2 到 8 变化时，单相接地故障下，4 个案例的 CFII 曲线如图 3-14 所示。

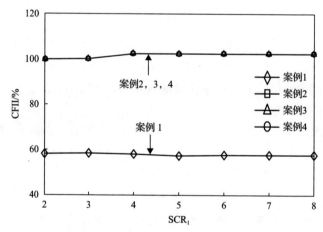

图 3-14　单相接地故障下 SCR_1 改变时不同案例的 CFII 值

　　由图 3-14 可知，逆变侧换流母线单相接地故障下，当逆变侧短路比 SCR_2 不变时，随着整流侧短路比 SCR_1 的变化，4 个案例下 LCC-HVDC 单元的 CFII 值基本保持不变。由此可知，在逆变侧短路比保持不变时，整流侧短路比的变化对 LCC-HVDC 单元的换相失败抵御能力的影响很小。从图中可以看出，案例 2～4 的 CFII 曲线完全重合，并且案例 2～4 的 CFII 值明显高于案例 1 的 CFII 值(约为 1.7 倍)。因此，所提的暂态无功协调控制策略可以降低 LCC-HVDC 单元换相失败的风险。

　　3) 单相接地故障下四个案例中系统故障恢复性能的对比

　　可以采用故障恢复时间衡量故障恢复特性，即故障清除后系统功率恢复至故障前功率水平 90%所需要的时间[5]。

设置 0.45H 的感性单相接地故障，SCR_1=3，SCR_2 在 2～8 变化时，前述 4 个案例中 LCC-HVDC 单元的故障恢复时间如图 3-15 所示。

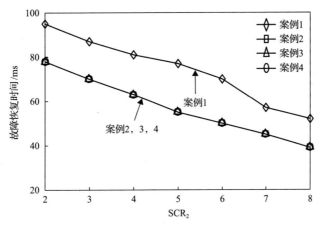

图 3-15　单相接地故障下不同案例的故障恢复时间

由图 3-15 可知，故障清除后，随着逆变侧短路比增加，前述 4 个案例中，LCC-HVDC 单元的故障恢复时间逐渐减小，因此逆变侧交流系统强度的增加可以改善 LCC-HVDC 单元的故障恢复特性。案例 2～4 的故障恢复时间特性曲线基本重合，即 t_{fd} 不大于 3ms 时，故障检测延时对协调控制策略改善 LCC-HVDC 故障恢复速度方面的影响很小。通过对比案例 2～4 与案例 1 的曲线可知，投入所提协调控制策略后，LCC-HVDC 单元的故障恢复时间减小 18%～25%，故障恢复特性得到明显改善。

2. 三相接地短路故障下的协调控制策略验证

1) 三相接地故障下四个案例的暂态特性对比

混合并联直流输电系统初始运行在额定工况下，即 $P_{LCC}=P_{VSC}=1.0$p.u.，$U_{L1}=U_{L2}=1.0$p.u.，SCR_1=3，SCR_2=4。t=2.0s。在逆变侧换流母线处设置三相接地故障，故障经 1.73H(案例 1 LCC-HVDC 在三相接地故障下恰巧不发生换相失败的临界电感值)电感接地，故障持续时间为 0.1s，系统在前述四个案例下的暂态特性如图 3-16 所示。

由图 3-16 可知，当逆变侧换流母线处发生三相接地短路故障时，案例 2 和 3 的暂态特性曲线几乎一致，因此当延时 t_{fd} 不大于 2ms 时，故障检测延时对所提协调控制策略的影响可以忽略。然而，对比案例 2、案例 3 与案例 4 之间的暂态特性曲线发现，与单相接地故障不同，案例 4 条件下的系统暂态特性与案例 2、案例 3 的暂态特性有一些差异，案例 2、案例 3 的暂态特性曲线处于案例 1 和案例 4

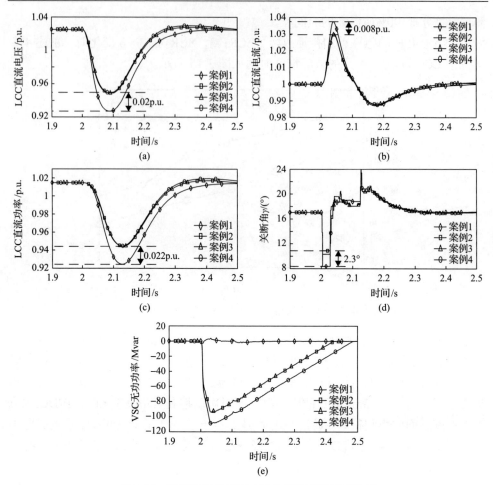

图 3-16　三相接地故障下 4 种案例暂态特性对比图

的暂态特性曲线之间，特别是 LCC-HVDC 单元逆变器关断角的暂态特性，即案例 4 关断角下降程度比案例 2、案例 3 稍微大些。

　　对比图 3-16 中四个案例的暂态特性可知，在所提协调控制策略作用下，VSC-HVDC 单元提供了最大约 90Mvar 的无功功率，使 LCC-HVDC 单元的直流电压降落幅值减小约 22%，直流电流上升幅值减小约 21%，同时使案例 2、案例 3 条件下 LCC-HVDC 单元逆变器关断角降落幅值减小约 26.4%。对于案例 4，虽然延时环节为 3ms 时，对所提协调控制策略的作用效果产生了一定程度的不利影响，但相对于案例 1 来说，系统暂态特性依然有很好的改善效果，在 VSC-HVDC 单元提供了最大约 110Mvar 的无功功率后，使 LCC-HVDC 单元的直流电压降落幅值减小约 22%，直流电流上升幅值减小约 21%，同时使关断角降落幅值减小约 21%。因此，在三相短路故障下，所提出的基于 LCC-HVDC 逆变器关断角的暂态无功协调控制策略，也可以有效改善混合并联直流输电系统的暂态特性。

2）三相接地故障下四个案例中系统换相失败抵御能力的对比

交流系统 S_1 的短路比 $SCR_1=3$，而交流系统 S_2 的短路比 SCR_2 在 2～8 变化时，三相接地短路故障下，前述 4 个案例的 CFII 值如图 3-17 所示。

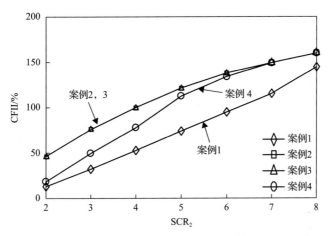

图 3-17　三相接地故障下 SCR_2 改变时不同案例的 CFII 值

由图 3-17 可知，三相接地短路故障下，相对于未采用协调控制的案例 1 而言，投入暂态无功协调控制策略后的案例 2～4 的 CFII 值更大，表明三相接地短路故障下协调控制策略也可以有效改善 LCC-HVDC 单元的换相失败免疫能力。案例 2 和案例 3 的仿真曲线基本重合，但是案例 2～3 的 CFII 曲线和案例 4 的 CFII 曲线有较大差异，当逆变侧短路比为 8 时，案例 2～4 的 CFII 值是相同的，但当逆变侧短路比逐渐由 7 减小到 2 时，案例 2 和案例 3 的 CFII 曲线开始与案例 4 的曲线表现出较大的差异，且随着 SCR_2 的值减小，差值逐渐增大。由此可知，当延时 t_{fd} 不大于 2ms 时，三相接地短路故障下延时 t_{fd} 对协调控制策略的作用效果几乎无影响；当 t_{fd} 达到 3ms 时，三相接地短路故障下，延时 t_{fd} 对协调控制策略作用效果产生了不利影响，且 SCR_2 越小，延时 t_{fd} 的影响越显著，但协调控制策略依然可以在一定程度上改善 LCC-HVDC 单元的换相失败抵御能力。

类似地，$SCR_2=4$，SCR_1 在 2～8 变化时，三相接地故障下前述四个案例的 CFII 值如图 3-18 所示。

由图 3-18 可知，三相接地短路故障下，当逆变侧短路比 SCR_2 不变时，整流侧短路比的变化对 LCC-HVDC 单元 CFII 值几乎无影响，与单相接地故障下的结论相同。从图中也可以看出，投入协调控制策略后，案例 2～4 的 CFII 值均大于案例 1 的 CFII 值，但当延时 t_{fd} 达到 3ms 时，延时 t_{fd} 对所提协调控制策略的作用效果会有一定的不利影响。

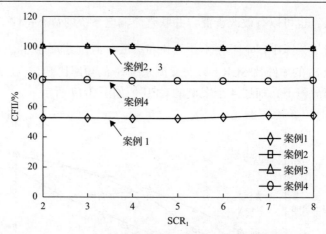

图 3-18　三相接地故障下 SCR_1 改变时不同案例的 CFII 值

3) 三相接地故障下四个案例中系统故障恢复性能的对比

$SCR_1=3$，SCR_2 在 2～8 变化，设置 0.58H 的感性三相接地短路故障，前述 4 个案例中 LCC-HVDC 单元的故障恢复时间如图 3-19 所示。

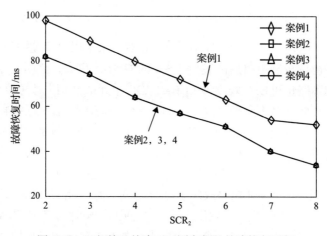

图 3-19　三相接地故障下不同案例的故障恢复时间

由图 3-19 可知，随着逆变侧短路比的增加，4 个案例中 LCC-HVDC 单元的故障恢复时间均呈现逐渐减少的趋势，表明逆变侧交流系统强度的增加可以改善 LCC-HVDC 单元的故障恢复特性。案例 2～4 的故障恢复特性曲线基本重合，表明延时 t_{fd} 不超过 3ms 时，对协调控制策略改善 LCC-HVDC 单元故障恢复时间的效果几乎没有影响。对比案例 2～4 与案例 1 的故障恢复时间特性曲线可见，投入协调控制策略后，LCC-HVDC 单元的故障恢复时间减小约 16%～34%，故障恢复特性得到明显改善。

4）三相接地故障下四个案例中系统换相失败概率的对比

针对三相接地短路故障工况，采用换相失败概率指标（commutation failure probability index，CFPI）[4]对所提协调控制策略的作用效果做进一步评估。

CFPI 的计算步骤如下。

步骤 1：取交流电压的一个周期（0.02s），将其平均分为 N_{total} 个时刻。

步骤 2：在逆变侧换流母线处设置故障，保持故障水平不变，改变故障时刻，直至取遍 N_{total} 个时刻，并记录 N_{total} 个时刻中发生换相失败的时刻个数 N_{CF}。

步骤 3：根据步骤 1 和 2 的结果，可得

$$CFPI = \frac{N_{CF}}{N_{total}} \cdot 100\% \tag{3-6}$$

步骤 4：改变逆变侧换流母线处设置的故障水平，并重复以上 3 个步骤，即可得到不同故障水平下的换相失败概率。

步骤 5：以故障水平（fault level，FL）为横轴、以换相失败概率为纵轴作图，即可得到 CFPI 曲线。

其中，故障水平用来衡量故障的严重程度，其值越大，代表故障越严重，其定义如（3-7）所示：

$$FL = \frac{U_N^2}{Z_F \cdot P_N} \cdot 100\% \tag{3-7}$$

式中，U_N 为故障点的额定电压；Z_F 为故障点的接地阻抗；P_N 为额定直流功率。

混合并联直流输电系统初始运行在额定状态，$SCR_1=3$，$SCR_2=4$，N_{total} 取 100，即相邻两个故障时刻的时间间隔为 20ms/100=200μs。通过仿真得到三相接地短路故障水平 FL 在 23%～57%时，前述 4 个案例中 LCC-HVCD 单元的 CFPI 值，结果如图 3-20 所示。

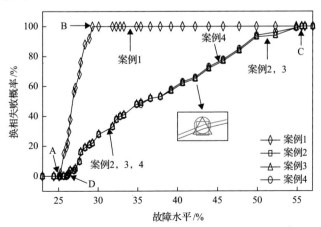

图 3-20　三相接地故障下不同案例的 CFPI 曲线

　　由图 3-20 可知，随着故障水平逐渐增加，4 个案例的 CFPI 值均逐渐增大，当故障水平增高到一定程度时，4 个案例的 CFPI 值先后达到 100%，即故障发生在任一时刻均会导致换相失败。

　　对于案例 1 的 CFPI 曲线，当故障水平小于 25%时（图中 A 点），LCC-HVDC 单元的 CFPI 值为 0，即当故障水平小于等于 25%时，任意时刻发生故障 LCC-HVDC 单元均不会发生换相失败。而当故障水平大于 29%时（图中 B 点），LCC-HVDC 单元的 CFPI 值为 100%，即当故障水平大于等于 29%时，任意时刻发生故障，LCC-HVDC 单元均会发生换相失败。当故障水平大于 25%而小于 29%时，LCC-HVDC 单元的换相失败概率在 0%到 100%之间，且随着故障水平的增高，换相失败概率也逐渐增大，即所取的一个周期的 100 个时刻中，只有部分时刻的故障会导致 LCC-HVDC 单元发生换相失败。

　　案例 2～3 的 CFPI 值曲线完全重合，而案例 2～3 的 CFPI 值曲线和案例 4 的 CFPI 值曲线有细微差别。由此可知，三相接地短路故障下，当延时环节的延时 t_{fd} 在 2ms 以内时，延时 t_{fd} 对所提协调控制策略在提高 LCC-HVDC 单元换相失败抵御能力方面的影响很小。当延时 t_{fd} 大于等于 3ms 时对协调控制策略的作用效果有一定的不利影响，但从 CFPI 曲线来看，不利影响并不大。当故障水平小于 26.5%时（图中 D 点），案例 2～4 的 CFPI 值均为 0，表明故障严重程度小于 D 点时，任意时刻投入故障，LCC-HVDC 单元均不会发生换相失败；而当故障水平大于 55%时（图中 C 点），案例 2～4 的 CFPI 值达到了 100%，即当故障严重程度大于 C 点时，在任意时刻投入故障，LCC-HVDC 单元均会发生换相失败；当故障水平在 26.5%和 55%之间时，案例 2～4 的换相失败概率在 0%和 100%之间变化，且三个案例的换相失败概率均小于案例 1 的换相失败概率。因此，所提出的暂态协调控制策略，可以降低 LCC-HVDC 单元换相失败的概率。

参 考 文 献

[1] 杨治中. 并联混合直流输电系统无功协调控制策略研究[D]. 北京: 华北电力大学, 2018.

[2] Szechtman M, Wess T, Thio C V. A benchmark model for HVDC system studies[J]. International Conference on AC and DC Power Transmission, 1991: 374-378.

[3] 赵畹君. 高压直流输电工程技术[M]. 北京: 中国电力出版社, 2011.

[4] Rahimi E, Gole A M, Davies J B, et al. Commutation failure analysis in multi-infeed HVDC systems[J]. IEEE Transactions on Power Delivery, 2010, 26(1): 378-384.

[5] Guo C Y, Zhang Y, Gole M A, et al. Analysis of dual-infeed HVDC with LCC–HVDC and VSC–HVDC[J]. IEEE Transactions on Power Delivery, 2012, 27(3): 1529-1537.

第二篇　换流器组合式混合直流输电系统

为增强 LCC-HVDC 系统的换相失败抵御能力，由 LCC 和 VSC 通过串/并联方式组成的换流器组合式混合直流输电系统，同样是一种重要的混合直流输电方式。本篇分为两章，分别介绍了混合双极直流输电系统和混合级联直流输电系统的拓扑结构、工作原理和运行特性。

第 4 章针对混合双极直流输电系统，设计正极 LCC-HVDC 与负极 VSC-HVDC 之间的协调配合控制策略，研究其稳态和暂态运行特性，重点分析该系统在增强 LCC 换相失败抵御能力方面的优势和效果。

第 5 章针对整流站为双 12 脉动 LCC、逆变站为 LCC 串联三个并联 MMC 组的特高压混合级联多端直流输电系统，设计多个不同类型换流器之间的协调控制策略；揭示并联 MMC 换流器间不平衡电流的产生机理，提出不平衡电流的均衡控制策略；基于模糊聚类和识别方法，提出逆变站 LCC 换相失败期间 MMC 暂态过电流的抑制方法。

第4章 混合双极直流输电系统

混合双极直流输电系统可以综合 LCC-HVDC 和 VSC-HVDC 的技术经济优势，提高系统的灵活运行能力。本章建立由 LCC-HVDC 正极和 VSC-HVDC 负极组成的混合双极直流输电系统的模型，推导稳态数学模型，设计正负极之间的协调控制策略，最后对混合双极直流输电系统的稳态和暂态运行特性进行分析[1]。

4.1 混合双极直流输电系统的结构和数学模型

4.1.1 系统结构

混合双极直流输电系统的结构如图 4-1 所示[1]，正极是 LCC-HVDC，负极是 VSC-HVDC。图中 S_r 和 Z_r 分别表示送端等值交流系统及其系统阻抗，S_i 和 Z_i 分别表示受端等值交流系统及其系统阻抗。换流变压器 T_{r1} 和 T_{i1} 分别是正极 LCC-HVDC 整流和逆变侧的换流变压器，T_{r2} 和 T_{i2} 分别是负极 VSC-HVDC 整流和逆变侧的联接变压器。

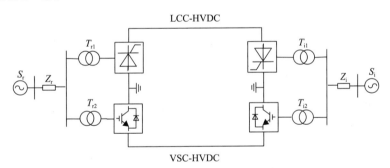

图 4-1 混合双极直流输电系统的结构图

4.1.2 数学模型

以逆变侧为例，系统等值模型如图 4-2 所示。

图中各变量表示含义如下。P_{ac}、Q_{ac} 为交流侧的有功和无功功率；$U\angle\delta$ 为交流母线电压；Z 为系统等效阻抗；$E\angle 0°$ 为交流系统电动势；P_{dp}、Q_{dp} 为 LCC 极有功和无功功率；U_{dp}、I_{dp} 为 LCC 极直流电压和直流电流；X_{i1}、T_{i1} 为 LCC 极换流变压器漏抗和变比；B_c、Q_c 为 LCC 极无功补偿装置的等效电纳和无功容量；U_{dn}、I_{dn} 为 VSC 极的直流电压和直流电流；P_{dn}、Q_{dn} 为 VSC 极的有功和无功功率；X_{i2}、

T_{i2} 为 VSC 极的联接变压器漏抗和变比。

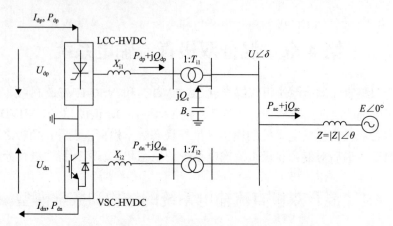

图 4-2　混合双极直流输电系统逆变侧的等值模型

稳态时，系统数学模型如下：

$$I_{dp} = \frac{U\left[\cos\gamma - \cos(\gamma + \mu)\right]}{\sqrt{2}T_{i1}X_{i1}} \tag{4-1}$$

$$U_{dp} = \frac{3\sqrt{2}U}{\pi T_{i1}}\cos\gamma - \frac{3}{\pi}X_{i1}I_{dp} \tag{4-2}$$

$$P_{dp} = U_{dp}I_{dp} \tag{4-3}$$

$$Q_{dp} = P_{dp}\tan\phi \tag{4-4}$$

$$\cos\phi = -\frac{\cos\gamma + \cos(\gamma + \mu)}{2} \tag{4-5}$$

$$Q_c = B_c U^2 \tag{4-6}$$

$$S_{dn} = P_{dn} + jQ_{dn} = \frac{U\angle\delta}{T_{i2}}\left(\frac{U_c\angle\delta_n - U\angle\delta/T_{i2}}{jX_{i2}}\right)^* \tag{4-7}$$

$$P_{ac} = 1\Big/\left\{|Z|\left[U^2\cos\theta - EU\cos(\delta+\theta)\right]\right\} \tag{4-8}$$

$$Q_{ac} = 1\Big/\left\{|Z|\left[U^2\sin\theta - EU\sin(\delta+\theta)\right]\right\} \tag{4-9}$$

$$P_{dn} + P_{dp} - P_{ac} = 0 \tag{4-10}$$

$$-Q_{\mathrm{dp}} + Q_{\mathrm{ac}} - Q_{\mathrm{c}} - Q_{\mathrm{dn}} = 0 \tag{4-11}$$

式中，μ 和 γ 分别是 LCC 极的换相重叠角和关断角；$U_{\mathrm{c}} \angle \delta_{\mathrm{n}}$ 为 VSC 极换流器交流输出电压。

4.2　混合双极直流输电系统的协调控制策略

4.2.1　协调控制策略

混合双极直流系统由正极 LCC-HVDC 和负极 VSC-HVDC 组成，需要有效的协调控制策略。对于正极 LCC-HVDC，整流侧采用定直流电流控制，逆变侧采用定关断角控制；此外，整流侧和逆变侧还分别配备了最小触发角控制、定直流电流控制及低压限流控制 VDCOL。对于负极 VSC-HVDC，整流侧采用定直流电压控制，逆变侧采用定直流电流控制，两侧的无功类控制可以采用定交流电压或定无功功率控制方式；需要注意的是，负极 VSC-HVDC 逆变侧采用定直流电流的控制方式是为了便于控制地电流为零。

4.2.2　运行特性分析

以下针对图 4-1 所示的混合双极直流输电系统，研究了启动过程、稳态及暂态特性，并对比分析了混合双极系统与独立运行 LCC-HVDC 的故障特性。系统参数如下。

额定功率：700MW。

整流侧交流系统：交流电动势 365kV，Z_{r}=43.3∠84.2°Ω，SCR=3.9。

逆变侧交流系统：交流电动势 215kV，Z_{i}=30.3∠75°Ω，SCR=2.5。

正极 LCC-HVDC：额定直流电压和直流电流分别为 500kV 和 1kA，换流变压器 T_{r1} 和 T_{i1} 的参数参照 CIGRE 标准测试模型[2]（容量为 50%），整流侧和逆变侧的无功补偿容量在额定状态下分别为 188Mvar 和 250Mvar，直流线路电阻为 5Ω。

负极 VSC-HVDC：额定直流电压和直流电流分别为–200kV 和–1kA，T_{r2} 变比为 345/115kV，T_{i2} 变比为 115/230kV，变压器漏电抗均为 0.15p.u.，直流线路电阻为 5Ω。

1. 启动和稳态特性

为了发挥 VSC 极对 LCC 极的支撑作用，先启动 VSC 极，然后再启动 LCC 极，最终使混合双极系统正常工作。因此，混合双极系统的启动过程为：先建立 VSC 极整流侧的直流电压，然后在 0.1s 解锁 VSC 极的逆变器，使其控制器发挥作用；LCC 极在 0.14s 解锁，再按照 CIGRE 标准测试模型的启动方法启动 LCC 极；最后混合双极系统正常工作，向受端系统输送大约 700MW 的有功功率，仿真结果如图 4-3 所示。

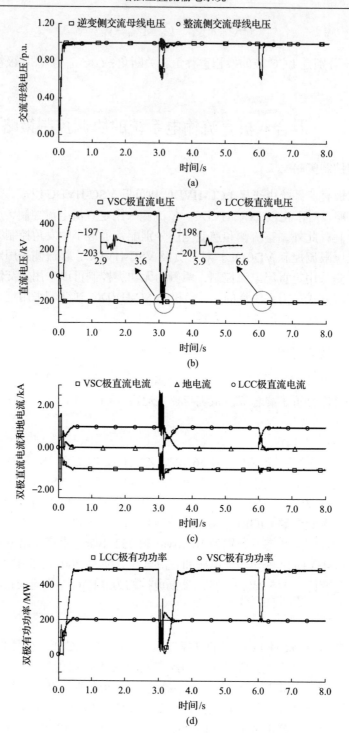

(a)

(b)

(c)

(d)

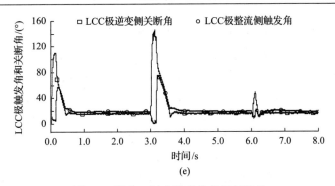

图 4-3　混合双极直流系统的运行特性

为了方便比较，把混合双极直流系统的启动、稳态和故障暂态特性在一起展示，3s 之前为混合双极系统启动和稳态特性，3s 和 6s 时分别在逆变侧和整流侧交流系统设置故障，以分析系统的暂态特性。

由图 4-3 可知，混合双极系统的启动过程较快，整个系统在 1.0s 后达到稳定运行状态，两侧交流母线电压很快稳定在额定值 1.0p.u.，正极 LCC-HVDC 和负极 VSC-HVDC 的直流电压在定直流电压控制的作用下分别稳定在 500kV 和–200kV；而在正极 LCC-HVDC 整流侧定电流控制和负极 VSC-HVDC 逆变侧定电流控制的共同作用下，地电流基本为 0；系统稳定后，正极 LCC-HVDC 整流侧的触发角和逆变侧的关断角分别稳定在 18° 和 15° 左右，正极 LCC-HVDC 和负极 VSC-HVDC 分别传输大约 500MW 和 200MW 的有功功率。

2. 暂态特性

以下针对混合双极直流系统，分别研究了逆变侧和整流侧交流母线发生单相接地故障时的系统暂态特性。

1) 逆变侧交流母线单相接地故障

$t=3$s 时，在混合双极直流系统逆变侧的交流母线处，设置了持续时间为 0.1s 的单相接地故障，仿真结果如图 4-3 所示。由于在故障发生时，VSC-HVDC 极相对于 LCC-HVDC 极的直流电压波动比较小，故特意在故障发生时（3s 和 6s 左右）将 VSC-HVDC 极的直流电压放大，如图 4-3(b) 所示。

从结果可以看到，故障发生时，逆变侧交流母线电压降低很多，而整流侧交流母线电压波动较小。对于 LCC-HVDC 极，故障期间逆变站发生换相失败，直流电压和直流电流都有较大的波动，LCC-HVDC 输送功率降低到零；但故障消除后，交流母线电压很快恢复到额定值附近，LCC-HVDC 极直流电压、直流电流和有功功率也很快得到恢复，同时在故障恢复期间 LCC-HVDC 极逆变侧并没有发生换相失败。对于 VSC-HVDC 极，直流电压、直流电流和功率波动都较小，而且故障消除后也很快恢复稳定。此外，故障发生时地电流的变化也较大，但是故障消除后，地电流通过混合双极系统的协调控制作用也很快恢复到零。

2) 整流侧交流母线单相接地故障

t=6s 时，在混合双极直流系统整流侧的交流母线处设置了持续时间为 0.1s 的单相接地故障，仿真结果如图 4-3 所示。

从结果可以看到，与逆变侧交流母线处发生单相接地故障时系统的暂态特性相比，整流侧交流母线发生单相接地故障对系统的暂态性能影响较小。故障发生时，整流侧交流母线电压降低较大，而逆变侧母线电压降低相对较小。对于 LCC-HVDC 极，虽然直流电压、直流电流和有功功率都有不同程度的波动，但是与逆变侧故障相比，LCC-HVDC 极在整流侧单相接地故障发生时，并没有发生换相失败，且可向逆变侧输送大约 200MW 的有功功率，而且故障恢复时间也相对较短。对于 VSC-HVDC 极，直流电压、直流电流和有功功率的波动相对于逆变侧故障而言都较小。对于地电流，由于在整流侧交流母线故障发生时 LCC-HVDC 极和 VSC-HVDC 极直流电流波动都较小，地电流的暂态峰值也明显减小。

3. 混合双极系统与独立运行 LCC-HVDC 的暂态特性对比

为了更进一步分析混合双极直流系统的暂态特性，以下仿真对比了无负极 VSC-HVDC 但具有相同系统参数的独立运行 LCC-HVDC，t=3s 时，在逆变侧交流母线处发生持续时间为 0.1s 的单相接地故障，故障特性如图 4-4 所示。

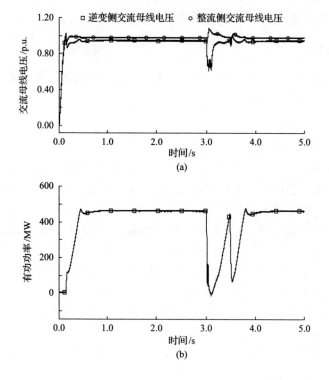

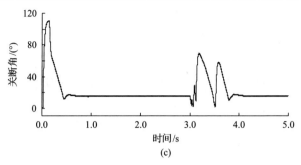

图 4-4　独立运行 LCC-HVDC 系统的故障特性

　　经对比可见,如果 LCC-HVDC 单独运行,逆变侧交流故障发生时出现了一次换相失败,故障消除后又发生了一次换相失败,故障恢复时间大约为 653ms;而混合双极直流系统在故障消除后并没有发生换相失败,且故障恢复暂态过程也比较平稳,故障恢复时间为 454ms。因此,与独立运行的 LCC-HVDC 系统相比,混合双极直流系统具有良好的交流母线电压调节能力和暂稳态特性。

参 考 文 献

[1] 郭春义, 赵成勇, Allan Montanari, 等. 混合双极高压直流输电系统的特性研究[J]. 中国电机工程学报, 2012, 32(10): 105-110.

[2] Szechtman M, Wess T, Thio C V. A benchmark model for HVDC system studies[C]. 1991 International Conference on AC and DC Power Transmission, 1991: 374-378.

第5章　混合级联多端直流输电系统

混合级联多端直流输电系统逆变站的 LCC 和 MMC 换流器在直流侧串联、交流侧并联，该拓扑联接方式使得 MMC 可以通过调节交流母线电压，以增强 LCC 换相失败的抵御能力。本章针对整流侧采用双 12 脉动 LCC、逆变侧采用三个并联 MMC 与 LCC 串联的特高压混合级联直流输电系统，设计多个不同类型换流器之间的协调控制策略，掌握并联 MMC 换流器之间不平衡电流的产生机理，并提出不平衡电流的均衡控制策略[1]；针对逆变站 LCC 换相失败期间在 MMC 换流器上产生的暂态过电流，基于模糊聚类和识别方法提出暂态过电流的抑制方法[2]；最后，通过电磁暂态仿真验证所提出控制方法的有效性。

5.1　混合级联多端直流输电系统的结构和控制策略

5.1.1　系统结构

混合级联多端直流输电系统的拓扑结构(仅展示正极结构，负极结构类似)如图 5-1 所示，其整流侧采用双 12 脉动 LCC 结构，逆变侧采用 LCC 与并联 MMC 组串联的结构，不仅可以满足 MMC 与 LCC 间容量和电流的匹配，而且可以实现多落点供电需求。其中，LCC_rec1、LCC_rec2 是整流侧 LCC 换流器；T_{s10} 和 T_{s11} 分别为 LCC_rec1、LCC_rec2 与交流系统联结的换流变压器；LCC_inv 是逆变侧 LCC 换流器；逆变侧三个并联的 MMC 分别为 MMC$_1$、MMC$_2$ 和 MMC$_3$；T_{s20} 是 LCC_inv 与交流系统之间的换流变压器；T_{s21}、T_{s22} 和 T_{s23} 分别为 MMC$_1$、MMC$_2$ 和 MMC$_3$

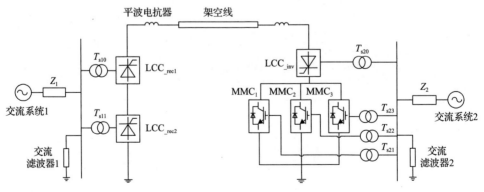

图 5-1　混合级联多端直流输电系统的拓扑结构

与交流母线之间的联接变压器。这里需要说明的是，本章均以单极为例进行研究，所提出的控制策略及得到的结论同样适用于双极系统。

5.1.2　控制策略

混合级联多端直流输电系统各换流站的控制方式如图 5-2 所示，其中，整流

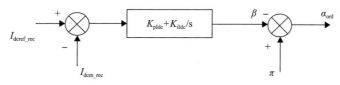

(a) 整流侧LCC_rec的定直流电流控制方式

(b) 逆变侧LCC_inv的定直流电压控制方式

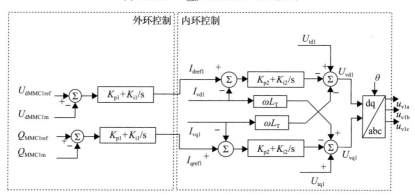

(c) MMC₁的定直流电压/无功控制方式

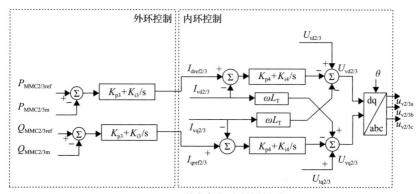

(d) MMC₂/₃的定有功/无功控制方式

图 5-2　混合级联多端直流输电系统的控制策略

侧 LCC$_{rec1/2}$ 采用定直流电流控制方式[图 5-2(a)]，逆变侧 LCC$_{inv}$ 采用定直流电压控制方式[图 5-2(b)]，MMC$_1$ 采用定直流电压/无功功率控制方式[图 5-2(c)]，MMC$_{2/3}$ 采用定有功/无功功率控制方式[图 5-2(d)]。

图中各电气量的物理含义如下。I_{dcref_rec}、I_{dcm_rec} 为整流侧 LCC$_{rec1/2}$ 直流电流的参考值和测量值；$U_{dLCCref\_inv}$、U_{dLCCm_inv} 为逆变侧 LCC$_{inv}$ 直流电压的参考值和测量值；α_{ord} 为触发角指令值；$U_{dMMC1ref}$、U_{dMMC1m} 为逆变站 MMC$_1$ 直流电压的参考值和测量值；$Q_{MMC1ref}$、Q_{MMC1m} 为逆变站 MMC$_1$ 无功功率的参考值和测量值；I_{dref1}、I_{qref1} 为逆变站 MMC$_1$ 外环输出的 d 轴电流和 q 轴电流参考值；I_{vd1}、I_{vq1} 为逆变站 MMC$_1$ 交流电流的 d 轴和 q 轴分量；U_{td1}、U_{tq1} 为逆变站 MMC$_1$ 交流母线电压的 d 轴和 q 轴分量；U_{vd1}、U_{vq1} 为逆变站 MMC$_1$ 换流器期望输出正弦参考基波电压的 d 轴和 q 轴分量；u_{v1a}、u_{v1b}、u_{v1c} 为逆变站 MMC$_1$ 换流器交流侧出口的三相参考电压；$P_{MMC2/3ref}$、$P_{MMC2/3m}$ 为逆变站 MMC$_{2/3}$ 有功功率的参考值和测量值；$Q_{MMC2/3ref}$、$Q_{MMC2/3m}$ 为逆变站 MMC$_{2/3}$ 无功功率的参考值和测量值；$I_{dref2/3}$、$I_{qref2/3}$ 为逆变站 MMC$_{2/3}$ 外环输出的 d 轴电流和 q 轴电流参考值；$I_{vd2/3}$、$I_{vq2/3}$ 为逆变站 MMC$_{2/3}$ 交流电流的 d 轴和 q 轴分量；$U_{td2/3}$、$U_{tq2/3}$ 为逆变站 MMC$_{2/3}$ 交流母线电压的 d 轴和 q 轴分量；$U_{vd2/3}$、$U_{vq2/3}$ 为逆变站 MMC$_{2/3}$ 换流器期望输出正弦参考基波电压的 d 轴和 q 轴分量；$u_{v2/3a}$、$u_{v2/3b}$、$u_{v2/3c}$ 为逆变站 MMC$_{2/3}$ 换流器交流侧出口的三相参考电压。

5.1.3　系统参数

本章基于白鹤滩-江苏特高压混合直流工程，在 PSCAD/EMTDC 下搭建了如图 5-1 所示的混合级联多端直流输电系统，系统参数如表 5-1 所示。

表 5-1　混合级联多端直流输电系统中的参数

LCC 参数		
参数	整流侧	逆变侧
交流系统额定电压/kV	525	525
交流系统短路比 SCR	5∠84°	5∠85°
换流变压器额定容量 S_{TN}/MV·A	1207(4 台)	1184(2 台)
换流变压器变比 k/(kV/kV)	525/176	525/169
漏抗/p.u.	0.18	0.18
平波电抗器 L_{dc}/H	0.3	0.3
12 脉动 LCC 直流电压/kV	400	400
12 脉动 LCC 额定有功功率/MW	2000	2000

MMC 参数（单个换流站）	
变压器额定容量 S_{TN}/MV·A	750
变压器变比 k/(kV/kV)	525/210
额定有功功率/MW	666.67
单个桥臂子模块数 N	200
桥臂电感 L_{arm}/H	0.0505
桥臂电阻 R_{arm}/Ω	0.4
子模块电容 C/F	0.011
架空线参数	
电阻 R_0/(Ω/km)	3.05×10^{-3}
电感 L_0/(mH/km)	0.717
电容 C_0/(μF/km)	6.19×10^{-3}
长度/km	2100

5.2　并联 MMC 间不平衡电流的均衡控制策略

5.2.1　并联 MMC 间不平衡电流的产生机理

混合级联多端直流输电系统中，采用定直流电压控制方式的 MMC 由于不具备直流电流或直流功率的控制功能，其直流电流大小将由直流侧的总电流与其余定功率控制方式 MMC 的直流电流确定。当逆变侧交流系统发生故障，使逆变侧 LCC_{inv} 的直流电压大幅度降低甚至由于换相失败降至零时，一方面直流电流快速升高，另一方面 MMC 直流电压也随之升高；定功率控制 MMC 换流站的直流电流降低，最终使定直流电压控制 MMC 的直流电流快速上升，由此产生多个并联 MMC 之间的电流不平衡现象，严重时甚至会导致过电流。以下将基于图 5-1 所示的混合级联多端直流输电系统，分析并联 MMC 间不平衡电流的产生机理。

混合级联多端直流输电系统逆变侧模型如图 5-3 所示。其中，U_{dc}、I_d 分别为逆变侧直流电压、直流电流；U_{dLCC}、U_{dMMC} 分别为逆变侧 LCC 和 MMC 直流电压，二者的额定值相等；I_1、I_2 和 I_3 分别为流过换流站 MMC_1、MMC_2 和 MMC_3 的直流电流。

考虑到所研究的混合级联多端直流系统逆变站，多个并联 MMC 换流站间的不平衡电流现象不仅存在于三个 MMC 并联的情况，在三个以上 MMC 并联的场景下也存在类似的不平衡电流现象，因此为了使机理分析更具一般性，这里假设

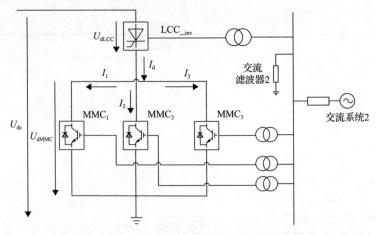

图 5-3　混合级联多端直流输电系统的逆变侧模型

有 n 个 MMC 换流站并联，所得到的结论同样适用于三个 MMC 并联的场景。其中，MMC$_1$ 为定直流电压控制方式，其余 MMC$_x$ 换流站（x=2,3,…,n）采用定有功功率控制方式；逆变侧 n 个并联的 MMC 换流站中，流入 MMC$_1$ 中的直流电流为 I_1，流入 MMC$_x$ 中的直流电流为 I_x。根据基尔霍夫电流定理，直流电流满足以下关系：

$$I_1 + \sum_{x=2}^{n} I_x = I_d \tag{5-1}$$

当逆变站交流侧或直流侧故障导致逆变侧 LCC_inv 直流电压大幅降低或者发生换相失败降至零时，逆变侧各换流站直流电流也会随之发生变化。假设 MMC$_1$ 站直流电流变化量为 ΔI_1，MMC$_x$ 直流电流变化量为 ΔI_x，直流总电流 I_d 的变化量为 ΔI_d，由式(5-1)可得

$$\Delta I_1 + \sum_{x=2}^{n} \Delta I_x = \Delta I_d \tag{5-2}$$

在混合级联多端直流系统中，采用定直流电压控制方式的 MMC$_1$ 不具备直流电流或直流功率的控制功能。由式(5-1)和式(5-2)可知，MMC$_1$ 站直流电流的变化量 ΔI_1 是由直流侧的总电流变化量 ΔI_d 和其余定功率控制方式的 MMC$_x$ 的直流电流变化量 ΔI_x 决定，即

$$\Delta I_1 = \Delta I_d - \sum_{x=2}^{n} \Delta I_x \tag{5-3}$$

当逆变站交流侧发生故障导致 LCC_inv 直流电压大幅降低或者发生换相失败降至零时，故障瞬间整流侧直流电压可认为基本不变，而逆变侧直流电压降低，

因此流入逆变站的直流电流 I_d 增大，即 ΔI_d 为正。直流电流 I_d 的增加量流入 MMC 换流器，导致其输入输出功率不平衡，进一步使得并联 MMC 的直流电压上升。而对于采用定有功功率控制的 MMC_x 站来说，各自有功功率 P_x 在其功率控制系统的调节作用下，可以保持在额定值附近，然而直流电压的升高使 MMC_x 各站的直流电流 I_x 减小($I_x=P_x/U_{\text{MMC}}$)，即 ΔI_x 为负。因此，由式(5-3)可知，ΔI_d 为正，ΔI_x 为负，ΔI_1 将为正且也将大于直流电流的总增量 ΔI_d，最终导致 MMC_1 直流电流 I_1 激增，由此产生了定直流电压控制站 MMC_1 与定功率控制站 MMC_x 之间电流的不平衡，严重时甚至可能产生过电流。

5.2.2　并联 MMC 间不平衡电流的均衡控制策略

为了有效抑制混合级联多端直流输电系统逆变侧并联 MMC 换流器间的不平衡电流，本节提出了一种基于并联 MMC 间电流不平衡量的有功功率补偿控制策略，用以均衡故障等情况下多个并联 MMC 之间的不平衡电流。

以 $n=3$ 为例，即以如图 5-3 所示三个 MMC 并联(MMC_1 定直流电压，MMC_2 和 MMC_3 定有功功率)的结构来说明 MMC 之间不平衡电流的求解及均衡控制思路。

由于 MMC_2 和 MMC_3 的系统参数和控制结构相同，所以流过 MMC_2 和 MMC_3 的直流电流相等。当系统发生扰动时，不平衡电流量也相等，即满足如下关系式：

$$\Delta I_x = \Delta I_2 = \Delta I_3 \tag{5-4}$$

将系统受到扰动后流经逆变站每个 MMC 的直流电流分为两个部分：一部分是与额定参考值 $I_{i\text{ref}}(i=1,2,3)$ 相同的直流电流；一部分是扰动后直流电流的变化量，即

$$I_1 = I_{1\text{ref}} + \Delta I_1 \tag{5-5}$$

$$I_2 = I_{2\text{ref}} + \Delta I_2 \tag{5-6}$$

$$I_3 = I_{3\text{ref}} + \Delta I_3 \tag{5-7}$$

将各个 MMC 直流电流以自身额定电流为基准进行标幺化处理，当系统运行于额定状态时，每个 MMC 直流电流的额定参考值均为 1.0p.u.，即 $I_{1\text{ref}}=I_{2\text{ref}}=I_{3\text{ref}}=1.0\text{p.u.}$。

综合式(5-5)～式(5-7)可得

$$I_2 + I_3 - 2I_1 = 2\Delta I_x - 2\Delta I_1 \tag{5-8}$$

将式(5-3)代入式(5-8)，可得到 MMC_2 和 MMC_3 的电流不平衡量为

$$\Delta I_x = \Delta I_2 = \Delta I_3 = \frac{1}{6}[I_2 + I_3 - 2(I_1 - \Delta I_d)] \tag{5-9}$$

将上述得到的 MMC_x 直流电流不平衡量 ΔI_x，通过 PI 环节转化为功率补偿量 ΔP，然后补偿到 MMC_x（MMC_2 和 MMC_3）的有功功率外环，从而实现基于电流不平衡量的有功功率补偿，控制系统结构如图 5-4 所示。

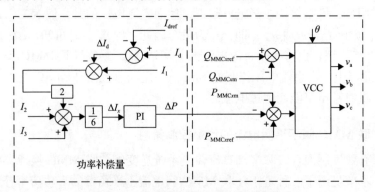

图 5-4　不平衡电流的均衡控制策略

由图 5-4 可知，通过式 (5-9) 得到 MMC_x（MMC_2 和 MMC_3）的直流电流不平衡量 ΔI_x，若 MMC_x 站直流电流增加，ΔI_x 为正，ΔP 也为正，然后通过 MMC_x 站的有功功率参考值减去这部分的功率偏差 ΔP 进行补偿，从而减小 MMC_x 换流器的直流电流。同理，若 MMC_x 站直流电流减小，有功功率补偿量 ΔP 将为负。

对于逆变站有 n 个 MMC 并联再与 LCC 串联的情况，同理可得 MMC_x 站的电流不平衡量为

$$\Delta I_x = \frac{1}{2n}[I_2 + I_3 + \cdots + I_n - (n-1)(I_1 - \Delta I_d)] \tag{5-10}$$

然后再将 ΔI_x 转化为 MMC_x 的功率补偿量，从而实现对不平衡电流的补偿，以达到最终均衡电流的目的。

5.2.3　不平衡电流均衡控制策略的有效性验证

1. 逆变站 LCC_{inv} 降压运行时均衡控制策略的有效性验证

由前述分析可知，当逆变侧 LCC_{inv} 电压降低时会引起并联 MMC 之间的不平衡电流，为验证该策略的有效性，使 LCC_{inv} 在额定电压的 70% 下降压运行。系统初始运行在额定状态，此时逆变侧总直流电压为 800kV，总直流电流为 5kA；每个 MMC 的直流电流为 1.67kA，直流电压为 400kV，有功功率为 666.67MW。在 0.5s 时，使 LCC_{inv} 定直流电压控制参考值从 1p.u. 阶跃下降至 0.7p.u.，对比未投入/投入不平衡电流均衡控制策略的系统的动态响应，结果如图 5-5 和图 5-6 所示。

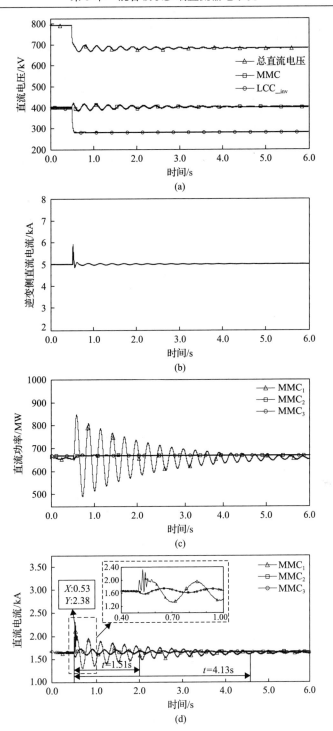

图 5-5　LCC$_{\text{inv}}$ 降压至 0.7p.u.时的系统特性(未投入电流均衡控制)

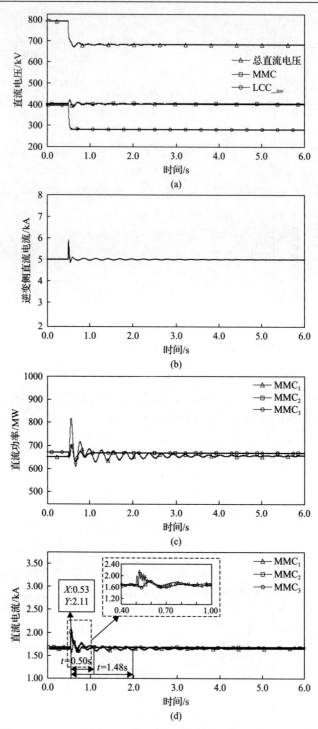

图 5-6　LCC$_{inv}$ 降压至 0.7p.u.时的系统特性(投入电流均衡控制)

　　由图 5-5（a）可知，当逆变侧 LCC$_{inv}$ 降压运行时，逆变侧直流电流瞬时升高［如图 5-5（b）］；直流总电流 I_d 的增加量流入 MMC 换流器，使得并联 MMC 的直流电压瞬时上升［如图 5-5（a）］，采用定有功功率控制的 MMC$_2$ 和 MMC$_3$，有功功率 P_2 和 P_3 在其功率控制系统的调节作用下，如图 5-5（c）所示稳定在额定值附近，故 MMC$_2$ 和 MMC$_3$ 直流电流 I_2 和 I_3 减小［如图 5-5（d）］。由于 MMC$_1$ 的直流电流 I_1 是由直流总电流 I_d 和 I_2、I_3 决定［见公式（5-3）］，所以最终导致 MMC$_1$ 直流电流 I_1 激增［如图 5-5（d）］，其最大值达到 1.43p.u.（2.38kA），由此产生了定直流电压控制站 MMC$_1$ 与定功率控制站 MMC$_2$ 和 MMC$_3$ 之间直流电流的不平衡，不平衡电流产生的系统特性发展过程如图 5-7（a）。如图 5-5 所示，MMC 换流器间电流不均衡导致电压、电流、功率也有较大波动，系统需要较长时间才能恢复到稳定状态。

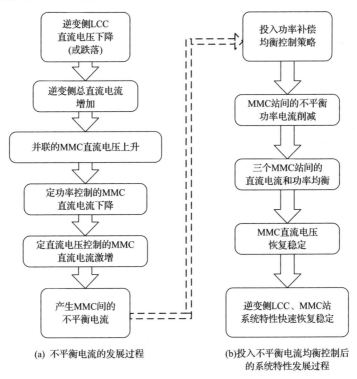

(a) 不平衡电流的发展过程　　(b)投入不平衡电流均衡控制后的系统特性发展过程

图 5-7　逆变侧 LCC$_{inv}$ 电压降低（或跌落）时系统特性的发展过程

　　当投入所提出的不平衡电流均衡控制策略后，LCC$_{inv}$ 在额定值 70% 下降压运行，系统将得到的 MMC$_2$ 和 MMC$_3$ 之间电流不平衡量转化为功率量，补偿至 MMC$_2$ 和 MMC$_3$ 的有功功率参考值（降压瞬间 $\Delta I_{2/3}$ 为负，$\Delta P_{2/3}$ 也为负）；补偿后的 MMC$_2$ 和 MMC$_3$ 有功功率波动幅度减小，MMC$_2$ 和 MMC$_3$ 不平衡电流 ΔI_2 和 ΔI_3 绝对值也减小，因此 ΔI_1 绝对值减小，即 I_1 的增加量减小，MMC$_1$ 的过电流得到抑制。如图 5-6（c）（d）所示，三个 MMC 有功功率和直流电流的不平衡量均减小，与未投入均衡控制相比，MMC$_1$直流电流 I_1 的最大值由 1.43p.u.减小到 1.26p.u.，过电流程度降低了 17%。此外，由于均衡控制补偿了不平衡电流，减小了 MMC 直流电流的波动幅度，从而也加快了直流电流恢复稳定的速度。对比图 5-5 和图 5-6 可知，相比于未投入控制策略，投入均衡控制策略后的 MMC 电压、电流、功率的波动幅度和时间均明显减小，LCC$_{inv}$ 降压后 MMC$_1$ 直流电流恢复至额定值的时间从 4.13s 减小到 1.48s，MMC$_2$ 和 MMC$_3$ 的恢复时间从 1.51s 减小到 0.50s，系统可以更快地达到稳定状态。因此，所提出的均衡控制策略在逆变站 LCC$_{inv}$ 降压运行时，可以有效均衡不平衡电流，投入均衡控制策略后系统特性的发展过程如图 5-7(b)所示。

2. 逆变侧交流故障引发 LCC$_{inv}$ 换相失败时均衡控制策略的有效性验证

逆变侧交流系统发生故障时逆变侧 LCC$_{inv}$ 易发生换相失败，引发的不平衡电流及过电流可能会更加严重，威胁设备的安全运行。以下针对逆变侧 LCC$_{inv}$ 发生换相失败的工况，验证所提电流均衡控制策略的有效性，系统初始运行在额定状态，0.5s 时在 LCC$_{inv}$ 换流站交流母线处设置单相直接接地短路故障，故障持续时间为 20ms，图 5-8 和图 5-9 分别为 LCC$_{inv}$ 换相失败时未投入/投入均衡控制策略的暂态特性。

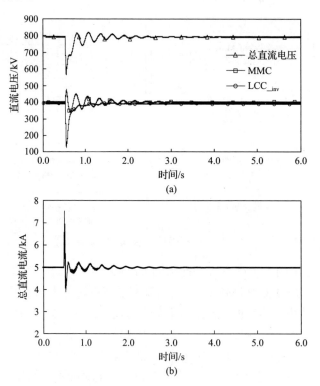

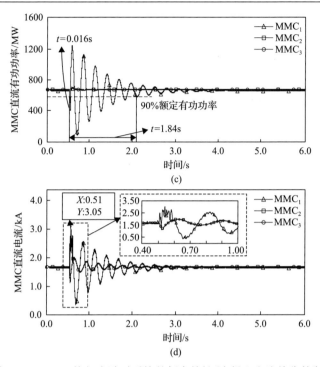

图 5-8　LCC_inv 换相失败时系统的暂态特性(未投入电流均衡控制)

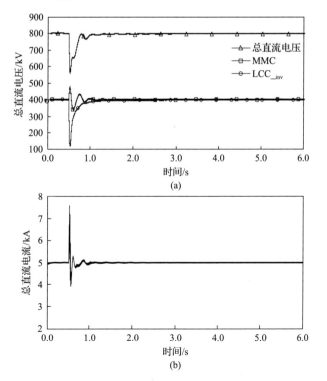

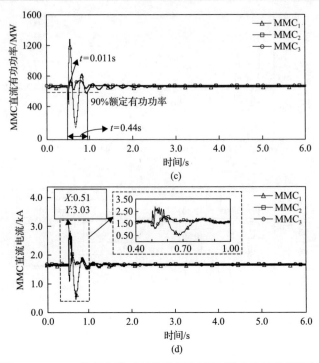

图 5-9　LCC$_{inv}$ 换相失败时系统的暂态特性(投入电流均衡控制)

　　当逆变侧 LCC$_{inv}$ 发生换相失败时,如图 5-8(a)和(b),逆变侧直流电压跌落,直流电流瞬时升高;直流总电流 I_d 的增加量流入 MMC 换流器,进一步使得并联 MMC 的直流电压上升[如图 5-8(a)],MMC$_2$ 和 MMC$_3$ 在其有功功率控制作用下,使 P_2 和 P_3 在额定值附近小幅波动[如图 5-8(c)],故 MMC$_2$ 和 MMC$_3$ 的直流电流 I_2 和 I_3 减小[如图 5-8(d)],由于 MMC$_1$ 的直流电流 I_1 是由直流总电流 I_d 和 I_2、I_3 决定[见公式(5-3)],所以最终导致 MMC$_1$ 直流电流 I_1 激增[如图 5-8(d)],由此产生了 MMC$_1$ 与 MMC$_2$ 和 MMC$_3$ 之间直流电流的不平衡。如图 5-8 所示,MMC 换流站间直流电流的不均衡现象导致故障时 MMC 的电压、电流、功率波动剧烈,故障恢复时间增长,易影响设备的使用寿命。

　　当投入不平衡电流均衡控制策略后,如图 5-9 所示,系统将 MMC$_2$ 和 MMC$_3$ 的电流不平衡量转化为功率补偿量,输出至 MMC$_2$ 和 MMC$_3$ 的有功外环控制,从而减小 MMC 的有功功率振幅,三个 MMC 直流电流的不平衡量也随之减小,如图 5-9(c)(d)所示。在故障恢复期间,由于 MMC 间不平衡电流得到补偿,MMC 直流电流的故障恢复速度也明显加快。这里定义故障恢复时间为故障清除后,MMC-HVDC 有功功率恢复到故障发生前 90% 有功功率所消耗的时间。如图 5-8(c)和图 5-9(c),当 LCC$_{inv}$ 发生换相失败且未投入均衡控制策略时,MMC$_1$ 故障恢复时间为 1.84s,MMC$_{2/3}$ 故障恢复时间为 0.016s;投入均衡控制策略后,MMC$_1$ 故障恢复时间为 0.44s，MMC$_{2/3}$ 故障恢复时间为 0.011s。因此，所提出的电流均衡控制策略，不仅可以有效平衡多 MMC 换流器间的不平衡电流，而且可以改善系统的故障恢复特性。

5.3　暂态过电流抑制方法

5.3.1　暂态过电流现象及原因分析

在混合级联多端直流输电系统的逆变站中，一个 12 脉动 LCC 与三个并联 MMC 直接串联，当逆变侧交流系统发生故障时，LCC$_{\_inv}$ 直流电压会下降。虽然 MMC 能给 LCC 提供一定的无功功率支撑，来减小 LCC$_{\_inv}$ 发生换相失败的概率，但在严重交流故障下 LCC$_{\_inv}$ 仍然会发生换相失败，致使 LCC$_{\_inv}$ 直流电压跌落为零。而整流侧电压 U_{dcr} 在故障发生初期基本不变，送受端出现较大的直流电压差，由此造成直流过电流现象。若故障未能及时清除，直流过电流现象将持续存在，严重时甚至可能导致 MMC 闭锁退出运行。

若可快速降低整流站电压，便可以有效抑制上述过电流现象。以下将介绍一种过电流抑制方法，通过整流站的本地信息量来识别逆变站故障的不同阶段，进而快速调节整流站直流电压，以实现直流过电流抑制的目的。

5.3.2　基于整流站多电气量模糊聚类识别的暂态过电流抑制方法

逆变站不同交流故障导致 LCC 换相失败时，LCC 直流侧相当于短路。因此，当系统参数和控制策略确定后，在故障初期整流站直流端口电气量变化特征仅与直流网络结构和参数密切相关，而与逆变站交流故障类型关系不大。根据这个特点，可以提前获得逆变站 LCC 换相失败时整流站直流电气量的变化特征，从而为整流站直流电压的快速调节提供参考。同时，考虑到故障期间直流网络的电压和电流变化规律复杂，可通过对整流站多电气量进行模糊聚类，根据聚类结果识别逆变站不同暂态阶段的特征，并提前设计获得各阶段整流站触发角指令值；当交流故障发生时，根据整流站本地电气量的变化规律快速识别逆变站所处暂态阶段，然后根据事先设计的整流站触发角指令调节方案，调节不同阶段的触发角指令，从而实现不同交流故障致使逆变站 LCC 换相失败时对整流站直流电压的快速调整，达到抑制直流过电流的目的。

本节提出一种基于整流站本地多电气量模糊聚类识别逆变站故障特征的直流电压调控方法。首先建立整流站电气量信息与逆变站暂态阶段的映射关系，然后在故障发生后根据整流站本地信息识别不同暂态阶段，采用事先设计的不同阶段触发角指令对整流站直流电压进行快速调节，从而有效抑制直流过电流。所提出的暂态过电流抑制方法流程图如图 5-10 所示。

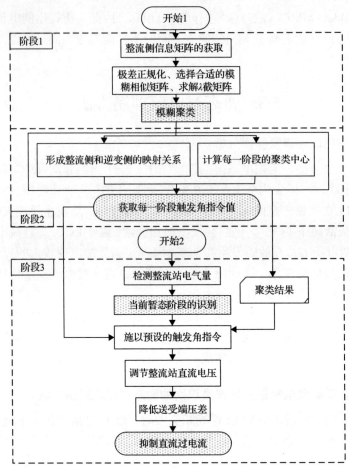

图 5-10　基于模糊聚类与识别的过电流抑制方法流程图

1. 整流站多电气量的模糊聚类与识别

1) 模糊聚类

由直流网络的电气关系可知，逆变站直流电压 U_{dci} 由整流站直流电压 U_{dcr}、直流侧电抗及直流电流等多电气量因素决定，考虑到涉及的电气量较多，同时 LCC$_{inv}$ 换相失败后的故障特征及发展阶段复杂，很难精确描述整流站本地电气量和逆变站直流电压的数学关系，因此这里通过模糊聚类方法[3]建立整流站多电气量与逆变站直流电压的映射关系。

整流站可检测的关键电气量包括整流侧出口平波电抗器上的电压 U_L $\left(U_L = L_r \dfrac{dI_{dc}}{dt} \right)$、其电压变化率 dU_L / dt $\left(\dfrac{dU_L}{dt} = L_r \dfrac{d^2 I_{dc}}{dt^2} \right)$、直流电流 I_{dc}、整流站

直流电压 U_{dcr}，这些电气量在逆变站 LCC 发生换相失败后，都会随着逆变站直流电压 U_{dci} 的变化而变化。因此，本节将通过整流站可检测的电气量 U_L、dU_L/dt、I_{dc}、U_{dcr} 来综合反映逆变站的暂态发展过程(如式 5-11)，通过聚类针对不同暂态阶段采取不同的触发角指令来调节整流站电压。

$$\{U_L, dU_L/dt, I_{dc}, U_{dcr}\} \to U_{dci} \tag{5-11}$$

对整流站电气量模糊聚类分析的具体步骤如下：首先检测整流站本地 n 个时刻的电气量信息，并形成式(5-12)所示的信息矩阵 X。然后通过极差正规化、相似模糊矩阵求取、λ 截矩阵 R_λ 求取、模糊聚类四步即可得到式(5-11)所示的整流站多电气量与逆变站暂态阶段的映射关系。

$$X = \begin{pmatrix} x_{11} & x_{12} & x_{13} & x_{14} \\ x_{21} & x_{22} & x_{23} & x_{24} \\ \vdots & \vdots & \vdots & \vdots \\ x_{n1} & x_{n2} & x_{n3} & x_{n4} \end{pmatrix}_{n\times4} \tag{5-12}$$

式中，第 i 行向量 x_i 表征第 i 时刻整流侧多电气量的行向量，即

$$x_i = (x_{i1}, x_{i2}, x_{i3}, x_{i4}) = (U_{Li}, dU_{Li}/dt, I_{dci}, U_{dcri}) \tag{5-13}$$

信息矩阵 X 的极差正规化、相似模糊矩阵和 λ 截矩阵 R_λ 的求取，以及模糊聚类的具体过程如下。

首先，对式(5-12)中电气量元素 x_{ij} 进行极差正规化：

$$x'_{ij} = (x_{ij} - \min_{1\leqslant i\leqslant n} x_{ij})/(\max_{1\leqslant i\leqslant n} x_{ij} - \min_{1\leqslant i\leqslant n} x_{ij}), \quad i=1,2,\cdots,n; j=1,2,3,4 \tag{5-14}$$

然后，求解极差正规化后的不同行元素 x'_i 和 x'_j 之间相似系数 r_{ij}，从而构造整流站多电气量的相似模糊矩阵 R。不同聚类方法得到的聚类结果存在差异，为使聚类后各类别对应的逆变站直流电压易于归纳且呈现一定的规律，本文通过最大最小法[3]来构造不同时刻整流站同种电气量的相似系数，便可得到整流站多电气量的相似模糊矩阵 R：

$$R = \begin{pmatrix} 1 & r_{12} & \cdots & r_{1n} \\ r_{21} & 1 & \cdots & r_{2n} \\ \vdots & \vdots & & \vdots \\ r_{n1} & r_{n2} & \cdots & 1 \end{pmatrix}_{n\times n} \tag{5-15}$$

式中，r_{ij} 表示第 i、j 时刻行向量 x'_i 和 x'_j 间的相似系数，由下式可求[3]：

$$r_{ij} = \frac{\sum\limits_{k=1}^{4} \min(x'_{ik}, x'_{jk})}{\sum\limits_{k=1}^{4} \max(x'_{ik}, x'_{jk})}, \qquad i, j = 1, 2, \cdots, n \tag{5-16}$$

$$r_{ij} \in [0, 1], \qquad i, j = 1, 2, \cdots, n \tag{5-17}$$

继而，通过传递闭包法形成 λ 截矩阵 $\boldsymbol{R}_\lambda$[4]，具体求解过程如下。

(1)先通过平方方法求模糊相似矩阵 $\boldsymbol{R}$ 的模糊等价矩阵 $t(\boldsymbol{R})$：$\boldsymbol{R} \to \boldsymbol{R}^2 \to \boldsymbol{R}^4 \to \boldsymbol{R}^{2k}$，若 $\boldsymbol{R}^{2k} = \boldsymbol{R}^{2(k+1)}$，则得到对称且正定的矩阵 $t(\boldsymbol{R}) = \boldsymbol{R}^{2k} = \boldsymbol{R}^{2(k+1)}$，$v_{ij}$ 为 $t(\boldsymbol{R})$ 中的元素。

(2)再确定合适的 λ，构造只含元素 0 或 1 的 λ 截矩阵 $\boldsymbol{R}_\lambda$，$\boldsymbol{R}_\lambda$ 中的元素 $r_{\lambda ij}$ 求解方法如下：

$$r_{\lambda ij} = \begin{cases} 1, & v_{ij} \geqslant \lambda \\ 0, & v_{ij} < \lambda \end{cases} \tag{5-18}$$

最终形成如式(5-19)的 λ 截矩阵 $\boldsymbol{R}_\lambda$：

$$\boldsymbol{R}_\lambda = \begin{pmatrix} 1 & r_{\lambda 12} & \cdots & r_{\lambda 1n} \\ r_{\lambda 21} & 1 & \cdots & r_{\lambda 2n} \\ \vdots & \vdots & & \vdots \\ r_{\lambda n1} & r_{\lambda n2} & \cdots & 1 \end{pmatrix}_{n \times n} \tag{5-19}$$

式中，$r_{\lambda ij}$ 为 $\boldsymbol{R}_\lambda$ 中非对角线的元素，$r_{\lambda ij} = 0$ 或 $1 (i \neq j)$。

对传递闭包法形成的 λ 截矩阵 $\boldsymbol{R}_\lambda$ 聚类，将 $\boldsymbol{R}_\lambda$ 中行向量相同的整流站电气量聚为同类，同一类中的电气量具有较高的特征相似度，可以用来反映逆变站的特定暂态阶段，进而实现整流站多电气量-逆变站暂态阶段的映射关系。

2)模糊识别

故障发生后，可根据整流站检测到的多电气量信息，依据择近原则判断当前整流站电气量的类属性，即根据整流站检测信息，识别出逆变站当前所处暂态阶段，具体识别方法如下。

假设整流站多电气量矩阵 $\boldsymbol{X}$ 聚类后分为了 m 类，$\boldsymbol{B}$ 为待识别整流站多电气量集合 $\{U_{\text{L}}, \mathrm{d}U_{\text{L}} / \mathrm{d}t, I_{\text{dc}}, U_{\text{dcr}}\}$。$\boldsymbol{X}$ 与 $\boldsymbol{B}$ 的贴近度为[5]

$$\sigma_0(\boldsymbol{X}, \boldsymbol{B}) \underline{\triangle} 1 - \frac{1}{m} \sum_{k=1}^{m} \left| \boldsymbol{X}(x_k) - \boldsymbol{B}(x_k) \right| \tag{5-20}$$

若存在 $i_0 \in \{1,2,\cdots,m\}$ 使得

$$\sigma_0(X_{i_0}, \boldsymbol{B}) = \max_{k=1,2,\cdots,m} \sigma_0(X_k, \boldsymbol{B}) \tag{5-21}$$

则当前整流站多电气量集合 $\boldsymbol{B}$ 归入第 i_0 类（即择近原则），X_k 为第 k 类整流站多电气量信息矩阵。

2. 分阶段调节整流站直流电压的触发角指令设计

通过上节所述方法实现整流站多电气量模糊聚类后，可以得到各类内部特征相似度较高的整流站多电气量以及对应的逆变站不同阶段直流电压。不同类即表征逆变站不同的暂态阶段，为实现对故障发生时刻整流站直流电压 U_{dcr} 的快速调控，应提前设计不同阶段下的整流站触发角指令，以下将介绍具体设计方法。

首先，求解每类整流站多电气量的平均值，即可得到每类的聚类中心向量 $\bar{x}$，具体公式如下：

$$\bar{x}^{(j)} = \left(\overline{U_L}^{(j)}, \overline{\frac{\mathrm{d}U_L}{\mathrm{d}t}}^{(j)}, \overline{I_{dc}}^{(j)}, \overline{U_{dcr}}^{(j)} \right) \tag{5-22}$$

$$\overline{x_k}^{(j)} = \frac{1}{n_j} \sum_{i=1}^{n_j} x_k^{(j)} \tag{5-23}$$

式中，$\bar{x}^{(j)}$ 为第 j 类整流侧电气量聚类中心向量；n_j 为第 j 类所含的整流站信息组数。

通过直接控制整流站触发角，可快速调节整流站直流电压，进而可以有效抑制逆变站 LCC 换相失败后的直流过电流现象。整流站直流电压如式(5-24)所示，由于模糊算法不要求详细的数学模型，为方便设计，可用简化后的数学关系式(5-25)来描述直流网络的特性。

$$U_{dcr} = N_1 \left(1.35 U_1 \cos\alpha - \frac{3}{\pi} X_{r1} I_{dcref} \right) \tag{5-24}$$

$$U_{dcr} - U_{dci} = R_d I_{dc} + L \frac{\mathrm{d}I_{dc}}{\mathrm{d}t} \tag{5-25}$$

$$L = L_r + L_d + L_i \tag{5-26}$$

联立 $U_L = L_r \dfrac{\mathrm{d}I_{dc}}{\mathrm{d}t}$ 和式(5-24)～式(5-26)，可得到式(5-27)所示的整流站触发指令值 α_{ord}。

$$\cos\alpha_{ord} = \left[\frac{U_{dci} + (U_L L)/L_r}{N_1} + \frac{3}{\pi}X_{r1}I_{dcref}\right] \Big/ 1.35U_1 \qquad (5\text{-}27)$$

式中，N_1 为整流站单极 6 脉动换流器数；U_1 为整流站换流变压器阀侧空载线电压有效值；X_{r1} 为整流站换相电抗；U_{dcr}、U_{dci} 分别为整流侧和逆变侧出口直流电压；R_d 为线路电阻；I_{dc} 为线路直流电流；L_r、L_d、L_i 分别代表整流站平抗、线路电感和逆变站平抗。

　　针对某一特定暂态阶段，式 (5-27) 中的 U_L 和 U_{dci} 可以取该阶段下的聚类中心值 $\overline{U_L}$ 和 $\overline{U_{dci}}$，而 I_{dcref} 为预期调控的直流电流参考值。一方面，为了快速抑制直流过电流，I_{dcref} 取值小些为宜；另一方面，I_{dcref} 过小可能使故障期间功率损失增多，并延长故障恢复时间，因此 I_{dcref} 取值不能太小。这里推荐 I_{dcref} 取为 0.8p.u.，求解每个暂态阶段整流站触发角指令值，然后将所得触发角乘以修正系数 k_p (k_p= 1.1～1.2) 进行修正，最终得到不同暂态阶段整流站的触发角指令 α_{ord}。

5.3.3　过电流抑制方法的有效性验证

　　为了验证所提出的基于整流站多电气量模糊聚类和识别的混合级联多端直流输电系统直流过电流抑制方法的有效性，在 PSCAD/EMTDC 仿真环境下搭建了如图 5-1 所示的混合级联多端直流系统，系统参数如表 5-1 所示。

　　以下将按照 5.3.2 节方法对整流站多电气量信息进行模糊聚类，并得到整流站电气量信息与逆变站不同暂态阶段的映射关系；在故障期间，通过模糊识别来辨别所处暂态阶段；最后通过触发角快速调节来抑制直流过电流，进而验证所提方法的有效性。

1. 多电气量的模糊聚类及不同暂态阶段触发角指令的确定

　　由于逆变站发生不同交流故障导致 $LCC_{\_inv}$ 换相失败时，混合级联多端直流系统直流侧电气量暂态特征类似，故以下将以逆变站三相故障导致 $LCC_{\_inv}$ 换相失败时的电气量信息进行离线模糊聚类，所得到的结果同样适用于其他类型故障导致换相失败时的暂态特征分析。

　　混合级联多端直流系统初始运行在额定状态，$t=1$s 时逆变侧发生三相短路故障，故障持续时间为 100ms，检测逆变站交流三相故障致使 $LCC_{\_inv}$ 发生换相失败时的整流站出口平波电抗器的电压 U_L、其电压变化率 dU_L/dt、直流电流 I_{dc}、整流站直流电压 U_{dcr}、逆变侧直流电压 U_{dci}。在 $t=1.0$s～1.1s 时间段内，每 250μs 检测一次整流站电气量 U_L、dU_L/dt、I_{dc}、U_{dcr} 电气量以形成信息矩阵 $\boldsymbol{X}$，按照 5.3.2 节模糊聚类方法可以分为 5 类，对电气量信息依据式 (5-22) 和 (5-23) 聚类中心化，并得到每类对应的逆变站直流电压 U_{dci} 范围，结果如表 5-2 和图 5-11 所示。需要注意的是，第Ⅳ类只包含 A 点，第Ⅴ类只包含 U_{dci} 在[480, 720]kV 的 B 和 C 点。由于第Ⅳ、Ⅴ类对应三个点的 U_{dci} 在[480, 720]kV 区间，因此这里将第Ⅲ、Ⅳ、Ⅴ类合并为一类表征同一个暂态阶段，基于公式(5-27)可最终得到触发角指令值 α_{ord}，结果如表 5-3 所示。

表 5-2　模糊聚类结果

聚类类别	聚类中心				逆变站直流电 U_{dci}/kV
	U_L /p.u.	dU_L / dt /p.u.	I_{dc}/p.u.	U_{dcr}/p.u.	
第Ⅰ类	−0.22	0.21	1.00	1.03	790-660
第Ⅱ类	2.38	0.06	1.17	0.81	660-570
第Ⅲ类	−3.44	−0.16	0.95	0.76	480-720
第Ⅳ类	−6.77	−3.27	0.99	−0.59	500
第Ⅴ类	−7.01	−3.20	0.98	0.59	480, 490

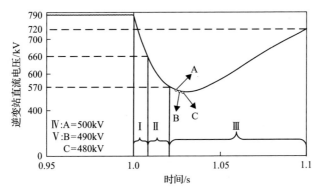

图 5-11　模糊聚类各类整流站信息与逆变站直流电压映射关系

表 5-3　不同暂态阶段的触发角指令

聚类类别	触发角指令值 α_{ord}/(°)
第Ⅰ类	60.2
第Ⅱ类	58.4
第Ⅲ/Ⅳ/Ⅴ类	56.0

当混合级联多端直流系统逆变站 LCC 发生换相失败后，可基于 5.3.2 节方法，根据择近原则，对系统当前电气量信息进行在线模糊识别，根据所属类别及表 5-3 分阶段调控整流站直流电压，从而实现过电流抑制。

2. 直流过电流的抑制效果

逆变站交流故障导致发生换相失败时，混合级联多端直流输电系统的 MMC 控制器会出现过电压，同时出现过电流，给设备的安全运行带来威胁，因此非常有必要在换流器直流侧配置避雷器以泄放能量。额定运行时 MMC 两端直流电压为 400kV，参照文献[6]、[7]，并结合 GB/T22389-2008[8]设计 400kV 直流避雷器的关键参数，如表 5-4 所示。

表 5-4　400kV MMC 换流器直流避雷器关键技术参数

参数	取值
系统电压/kV	400
系统最高运行电压/kV	412
额定电压/kV	460
持续运行电压(CCOV)/kV	431
标称放电电流(峰值)/kA	20
直流 1mA 参考电压/kV	460

图 5-12 为逆变站交流三相短路故障导致 LCC$_{inv}$ 发生换相失败时，混合级联多端直流系统投入/未投入避雷器时 MMC 两端直流电压的对比结果。由结果可知，1s 时系统发生三相短路故障，流入 MMC 的直流电流激增，导致 MMC 两端直流电压快速增长；故障期间，MMC 直流侧未配置避雷器时两端直流电压会增长至 2.04p.u.，而配置避雷器后直流电压可以限制在 1.5p.u.以下，可见在 MMC 两端配置直流避雷器来抑制过电压是必要的。因此，下文在验证所提出的过电流抑制方法时，MMC 直流侧配置了表 5-4 所示参数的避雷器。

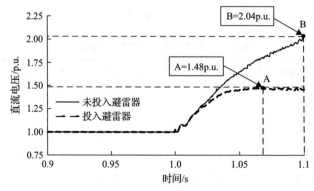

图 5-12　逆变站三相故障时未配置/配置避雷器时 MMC 两端直流电压

为验证所提出过电流抑制方法的有效性，以下分别针对逆变站发生三相和单相直接接地短路故障两种工况，研究混合级联多端直流系统的运行特性。故障均发生在 1s，持续时间为 100ms，在三相短路和单相短路故障下投入/未投入所提过电流抑制方法的系统暂态特性如图 5-13 和图 5-14 所示。

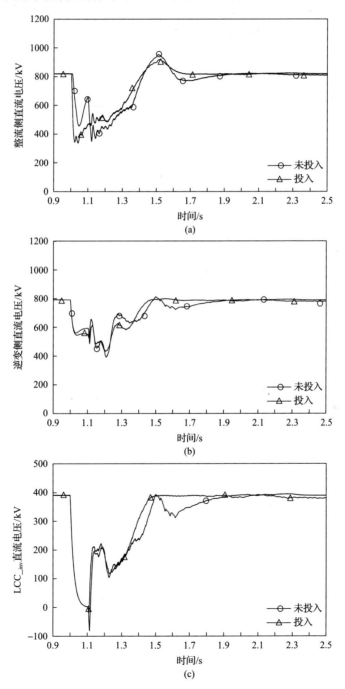

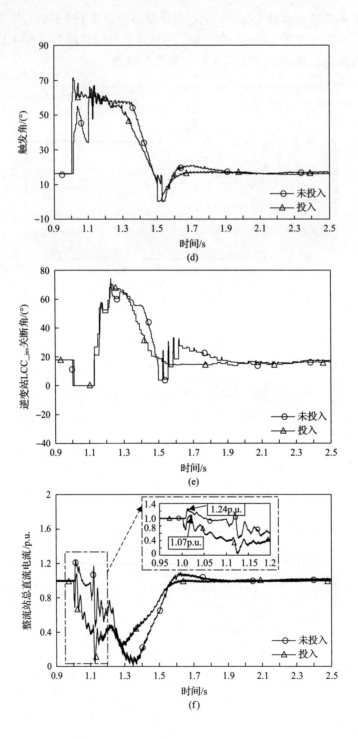

(d)

(e)

(f)

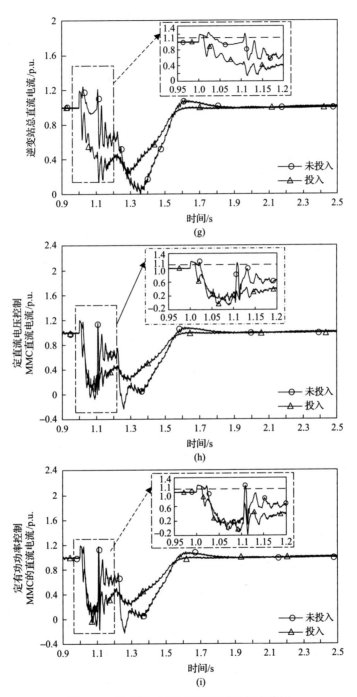

图 5-13　逆变站三相故障时系统的暂态特性

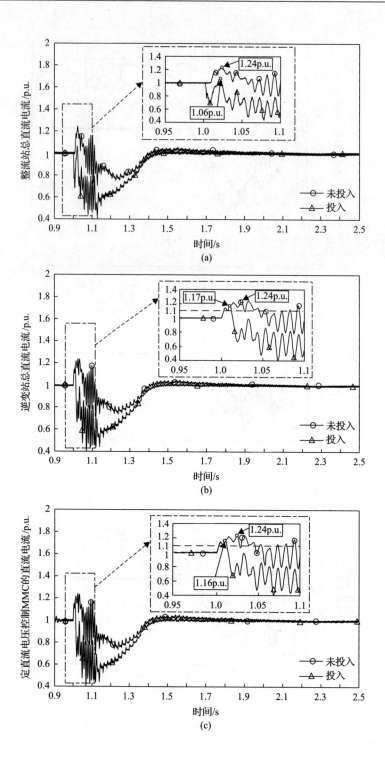

(a)

(b)

(c)

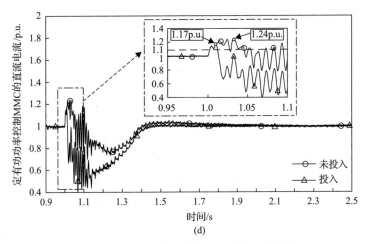

图 5-14　逆变站单相故障时系统的暂态特性

1)三相短路接地故障

由图 5-13 可知，逆变站交流母线发生三相直接接地短路故障时，逆变站 LCC_inv 发生了换相失败[图 5-13(e)]且其直流电压迅速降为 0[图 5-11(c)]。由图 5-13(a)和(b)可知，整流站和逆变站之间直流电压差迅速增加，进而使直流侧出现了过电流[图 5-13(f)和(g)]。由图 5-13(f)～(i)可知，投入所提出的过电流抑制方法后，故障期间整流站总直流电流过电流最大值由 1.24p.u.减小至 1.07p.u.，过电流程度降低了 17%；逆变站总直流电流和 MMC 站的直流电流过电流峰值在投入所提出控制后抑制效果不是特别明显(均在 5%以内)，这是由于在故障导致换相失败初期逆变站直流电压降低很多，且整流站直流电压未能及时调节导致，但是投入所提出控制后逆变站总直流电流超过 1.10p.u.的持续时间由 40ms 减小至 11ms，过电流持续时间降低 72.5%；MMC_1 的直流电流超过 1.10p.u.持续时间由 17ms 减小至 11ms，过电流持续时间降低 35.3%；MMC_2/MMC_3 超过 1.10p.u.持续时间由 20ms 减小至 10ms，过电流持续时间降低 50%。因此，所提出的过电流抑制方法有效降低了过电流水平，减小了器件应力，缩短了系统承受过电流的时间。

由图 5-13(f)和(g)可知，虽然在故障期间逆变站直流过电流持续时间有一定的减少，但是过电流峰值的抑制效果并不明显；在故障清除后，未投入控制时系统仍会出现过电流现象，且存在多次换相失败的风险[图 5-13(e)]；采用过电流抑制策略后，故障清除后系统未再次发生换相失败，且恢复期间其逆变站总电流值始终保持在 1.02p.u.以下。根据前述定义的故障恢复时间，上述暂态特性的改善也使得故障恢复时间由未投入控制时的 600ms 缩短至投入控制后的 560ms，因此系统恢复特性也得到了一定程度的改善。

2) 单相短路接地故障

为了验证在三相短路接地故障下，设计的过电流抑制方法同样适用于其他类型故障导致 LCC_inv 换相失败的工况，令系统初始运行于额定工况，1s 时在逆变站交流母线处设置单相直接接地短路故障，故障持续时间为 100ms，图 5-14 为投入/未投入所提过电流抑制方法时系统的直流电流暂态特性。

单相直接接地短路故障发生时，在所提出的过电流抑制方法的调控下，通过快速调节整流站触发角来调节整流站直流电压以减小送受端电压差，从而达到抑制直流过电流的目的。由图 5-14 可知，投入所提出的控制方法后，故障期间整流站总直流电流的峰值由 1.24p.u.减小至 1.06p.u.，过电流程度降低了 14.5%；逆变站总直流电流的最大值由 1.24p.u.减小至 1.17p.u.，过电流程度降低了 10.1%。尽管逆变站过电流峰值改善效果并不明显，但是由图 5-14(b)~(d) 可知，投入所提控制后逆变站总直流电流超过 1.10p.u.的持续时间由 62ms 减小至 10ms，过电流持续时间显著降低；MMC 直流电流超过 1.10p.u.的持续时间同样由 62ms 减小至 10ms，过电流持续时间降低 83.9%。因此，所提出的过电流抑制方法同样也适用于单相接地故障。

3. 过电流抑制方法对避雷器性能的影响

直流系统中线路电流大小是影响避雷器吸能的主要因素[9]，因此上述过电流抑制方法对降低避雷器的吸能也会发挥积极的作用，图 5-15 为逆变站发生三相直接接地短路故障期间投入/未投入所提过电流抑制方法时，避雷器吸能和避雷器的电压电流特性结果。

由图 5-15 可知，在逆变站发生三相故障后大约 20ms 避雷器动作，在过电流抑制方法投入后，MMC 两端直流电压的限制效果更加显著，如图 5-15(a) 所示，MMC 两端直流电压(避雷器两端电压)由未投入过电流抑制方法时的 1.51p.u.降至

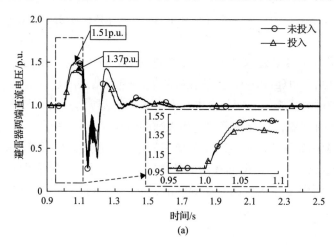

(a)

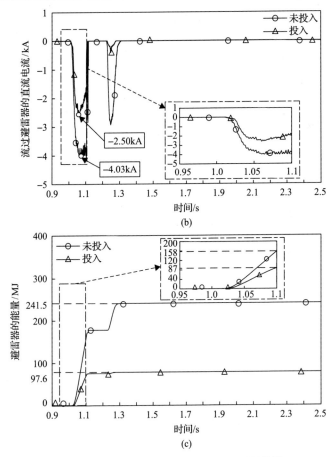

图 5-15　逆变站三相短路故障时避雷器的特性

投入控制时的 1.37p.u.；故障期间，如图 5-15(b) 所示，未投入过电流抑制方法的系统流过避雷器的电流峰值可达 4.03kA，而投入过电流抑制方法的系统避雷器的电流增长平缓且最大值为 2.50kA，电流峰值降低了 38%；同时，避雷器吸能由未投入过电流抑制方法时的 158MJ 降至 87MJ［图 5-15(c) 中 0.95~1.1s 区间所示］，从而减缓了避雷器的老化速度。同时，所提出的过电流抑制方法改善了故障期间的暂态特性，因此在故障消失后，也在一定程度上抑制了恢复期间的过电流现象［如图 5-13(h) 和 (i) 1.1~1.2s 区间所示］，该效果将进一步降低避雷器在系统恢复期间的吸能，因此恢复期间避雷器吸能由未投入过电流抑制方法时的 241.5MJ 降至 97.6MJ［见图 5-15(c) 1.1s 之后的结果］。

　　高压直流系统由于换流站电压等级高通流容量大，直流避雷器通常要求足够大的能量吸收能力以保证对直流过电压的限制[9]，因此所研究的混合级联多端直流输电系统必然需要多柱避雷器来确保换流器不被损坏。由结果可知，投入过电流抑制方法后，系统降低了对避雷器吸能的需求，在一定程度上缓解了避雷器因并联柱数过多而造成的空间配置问题，以及避雷器放电电流分配不均而带来的避雷器制造难度增加的问题，同时有效降低了配置避雷器的成本。

参 考 文 献

[1] 郭春义, 吴张曦, 赵成勇. 特高压混合级联直流输电系统中多 MMC 换流器间不平衡电流的均衡控制策略[J]. 中国电机工程学报, 2020, 40(20): 6653-6663.

[2] Guo C Y, Wu Z X, Yang S, et al. Overcurrent suppression control for hybrid LCC/VSC cascaded HVDC system based on fuzzy clustering and identification approach[J]. IEEE Transactions on Power Delivery, doi: 10.1109/ TPWRD. 2021. 3096954.

[3] 谢季坚, 刘承平. 模糊数学方法及其应用[M]. 武汉: 华中科技大学出版社, 2000.

[4] Jiang Y, Deng G. Fuzzy equivalence relation clustering with transitive closure, transitive opening and the optimal transitive approximation[J]. 2013 10th International Conference on Fuzzy Systems and Knowledge Discovery (FSKD), Shenyang, 2013: 461-465.

[5] Hao Y. Basic Fuzzy Mathematics for Fuzzy Control and Modeling. Fuzzy Control and Modeling: Analytical Foundations and Applications[M]. IEEE, 2000: 1-14.

[6] 曹伟, 万帅, 谷山强, 等. 高海拔地区±400kV 直流线路型避雷器设计[J]. 电网技术, 2020, 44(1): 347-353.

[7] 张择策, 左宇, 刘杰, 等. ±800kV DC 换流站避雷器配置与参数选择[J]. 电工电气, 2015, (5): 9-14.

[8] 西安电瓷研究所. GB/T22389-2008 高亚洲回流换流站无间隙金属氧化物避雷器导则[S]. 北京: 中国标准出版社, 2008.

[9] 潘垣, 陈立学, 袁召, 等. 针对直流电网故障的限流与限能技术研究[J]. 中国电机工程学报, 2020, 40(6): 2006-2015.

第三篇 含有源无功补偿设备的直流输电系统

STATCOM 和同步调相机作为有源无功补偿设备,均具备快速吸收或者发出无功功率的能力。本篇分为两章,分别介绍 STATCOM 和同步调相机对 LCC-HVDC 暂稳态特性的影响,重点阐述对系统换相失败的抑制作用。

第 6 章针对含 STATCOM 的 LCC-HVDC 系统,考虑交流系统强度、STATCOM 容量、电气距离等不同因素,从最大功率传输能力、暂态过电压、故障恢复特性及换相失败免疫能力等多个维度,研究 STATCOM 对单馈入 LCC-HVDC 和双馈入 LCC-HVDC 系统暂稳态性能的改善作用。

第 7 章针对含同步调相机的分层接入特高压直流输电系统,分析高低端换流器的交直流耦合作用,阐述同步调相机通过交直流耦合作用抑制高低端换流器换相失败的机理;研究同步调相机对高低端换流器换相失败的抑制效果,提出换相失败概率面积比和分层接入等效短路比指标,定量评估同步调相机对特高压直流输电系统换相失败的抑制作用。

第6章　含 STATCOM 的 LCC-HVDC 系统

STATCOM 作为一种有源无功补偿装置,具有快速吸收或发出无功功率的能力,因此可从多个维度改善 LCC-HVDC 的稳态和暂态特性。本章以单馈入 LCC-HVDC 和双馈入 LCC-HVDC 系统为例,研究 STATCOM 对 LCC-HVDC 系统功率传输能力、换相失败概率、暂态过电压水平及故障恢复特性的影响。

6.1　含 STATCOM 的 LCC-HVDC 系统的结构和控制策略

6.1.1　系统结构

含 STATCOM 的 LCC-HVDC 系统结构如图 6-1 所示,包括 LCC-HVDC 系统和 STATCOM 系统两部分。LCC-HVDC 系统包括送端交流系统 S_r 及等效阻抗 Z_r、受端交流系统 S_i 及等效阻抗 Z_i、送端换流变压器 T_r 和受端换流变压器 T_i、整流器、逆变器、直流线路及交流滤波器。STATCOM 系统包括直流侧电容、换流器及联接变压器,经联接变压器 T_3 并联于 LCC-HVDC 逆变侧交流母线。

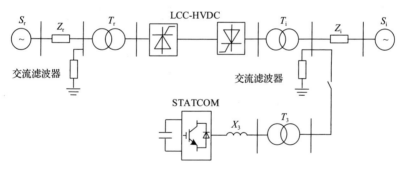

图 6-1　含 STATCOM 的 LCC-HVDC 系统结构

6.1.2　控制策略

本章 LCC-HVDC 系统采用 CIGRE 标准测试模型[1],整流侧采用定直流电流控制并配备最小触发角控制,逆变侧采用定关断角控制并配备定直流电流控制。此外,还配备有低电压限流控制(voltage dependent current order limiter,VDCOL)和电流偏差控制(current error controller,CEC)。

STATCOM 正常工作时,可以等效为一个电压幅值和相位均可控的交流电压源，通过等效电抗联接到交流电网中。在稳态下，LCC-HVDC 整流侧和逆变侧分别采取定直流电流和定关断角的控制策略。STATCOM 联接于 LCC-HVDC 系统逆变侧的交流母线处，为其提供无功功率和电压支撑。为提高 LCC-HVDC 系统的运行稳定性和抗干扰能力，更好地发挥 STATCOM 抑制电压波动的作用，STATCOM 的控制方式采用了定直流电压和定交流电压控制方式。

6.2　STATCOM 对单馈入 LCC-HVDC 的影响

本节 LCC-HVDC 参数同 CIGRE 标准测试模型[1]，STATCOM 容量为 300Mvar。

6.2.1　STATCOM 对 LCC-HVDC 功率传输特性的影响

1. 数学模型

由于 LCC-HVDC 逆变侧对交流系统的依赖更为突出，且 STATCOM 并联在逆变侧交流母线处，以下只给出逆变侧 LCC 的数学模型，图 6-2 所示为逆变侧 LCC 的简要模型[2]。

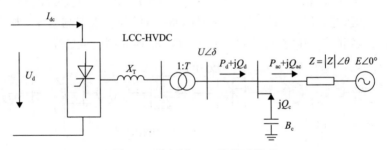

图 6-2　逆变侧 LCC 的简要模型

图 6-2 中，P_d、Q_d 分别为 LCC-HVDC 的有功和无功功率；P_{ac}、Q_{ac} 分别为交流系统侧的有功和无功功率；U_d、I_{dc} 分别为 LCC-HVDC 的直流电压和直流电流；$U\angle\delta$ 为交流母线电压；X_T 为 LCC-HVDC 换流变压器漏抗；T 为 LCC-HVDC 换流变压器变比；B_c、Q_c 分别为 LCC-HVDC 无功补偿装置的等效电纳和无功容量；Z 为系统等效阻抗；$E\angle 0°$ 为交流系统电动势。

图 6-2 所示的逆变侧 LCC 可用式 (6-1)～式 (6-10) 进行描述：

$$I_{dc} = \frac{U\left[\cos\gamma - \cos(\gamma+\mu)\right]}{\sqrt{2}TX_T} \tag{6-1}$$

$$U_d = \frac{3\sqrt{2}U}{\pi T}\cos\gamma - \frac{3}{\pi}X_T I_{dc} \tag{6-2}$$

$$P_{d} = U_{d} I_{dc} \tag{6-3}$$

$$Q_{d} = P_{d} \tan \phi \tag{6-4}$$

$$\cos \phi = -\frac{\cos \gamma + \cos(\gamma + \mu)}{2} \tag{6-5}$$

$$P_{ac} = \left[U^{2} \cos \theta - EU \cos(\delta + \theta) \right] / |Z| \tag{6-6}$$

$$Q_{ac} = \left[U^{2} \sin \theta - EU \sin(\delta + \theta) \right] / |Z| \tag{6-7}$$

$$Q_{c} = B_{c} U^{2} \tag{6-8}$$

$$P_{d} - P_{ac} = 0 \tag{6-9}$$

$$-Q_{d} + Q_{ac} - Q_{c} = 0 \tag{6-10}$$

式中，μ 为换相重叠角；γ 为关断角；ϕ 为功率因数角。

2. 无 STATCOM 时 LCC-HVDC 的 MPC 曲线和 MAP 值

最大功率曲线 MPC 是指不采用特殊的交流电压控制时，LCC-HVDC 有功功率随着直流电流增长的变化曲线。而最大传输有功功率 MAP 值是指在 MPC 曲线中传输功率的最大值，对应的直流电流值就是 I_{MAP}。如果 LCC-HVDC 采用不同的控制策略，MPC 曲线是不同的，因此也具有不同的 MAP 值。如果 LCC-HVDC 系统运行在定功率控制模式时，MAP 值对应的直流电流 I_{MAP} 也被认为是该 LCC-HVDC 系统的静态稳定极限[3]。因此，MPC 曲线和 MAP 值是分析 LCC-HVDC 交直流系统相互影响的重要稳态指标。根据 LCC-HVDC 系统 MPC 曲线可知，当 LCC-HVDC 系统运行在 $dP_{d}/dI_{d} > 0$ 区域时，系统是稳定的；当系统运行在 $dP_{d}/dI_{d} < 0$ 区域时，系统是不稳定的；当系统运行在 $dP_{d}/dI_{d} = 0$ 时，系统是处于静态稳定极限 I_{MAP} 点上。

根据 LCC-HVDC 系统的数学模型，可得到不同 SCR 下的 MPC 曲线和 MAP 值。针对 CIGRE 标准测试模型，逆变侧交流系统 SCR 变化时的 MPC 曲线和 MAP 值如图 6-3 所示。在图 6-3(b) 中，"X" 对应的值是 CIGRE 标准测试模型默认情况下逆变侧交流母线处的有功功率输出值。需要注意的是，CIGRE 标准测试模型在额定情况下逆变侧的有功功率并不是 1.0p.u.。从图 6-3 所示的结果中可知，当系统 SCR 增大时，MAP 值也随之增大，MAP 对应的直流电流 I_{dc} 值也增大，LCC-HVDC 系统的稳定运行区域增大。

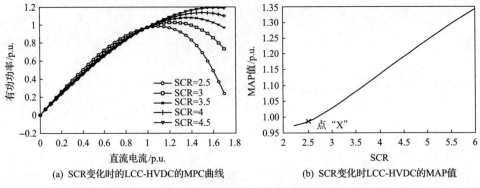

(a) SCR变化时的LCC-HVDC的MPC曲线　　　　(b) SCR变化时LCC-HVDC的MAP值

图6-3　SCR变化时LCC-HVDC的MPC曲线和MAP值

3. 含STATCOM时LCC-HVDC的MPC曲线和MAP值

含STATCOM时的LCC-HVDC系统的功率传输方程,需考虑STATCOM与LCC-HVDC之间的无功功率交换,将LCC-HVDC的无功功率方程式(6-10)修改为

$$Q_d - Q_{ac} + Q_c + Q_S = 0 \qquad\qquad (6\text{-}11)$$

式中,Q_S为STATCOM向LCC-HVDC逆变侧交流母线输送的无功功率。

若Q_S在STATCOM容量范围内,则STATCOM按系统无功需求吸收或发出无功功率;若Q_S在STATCOM容量范围之外,则可将STATCOM视作恒定电流源。

含STATCOM的LCC-HVDC系统逆变侧交流系统SCR变化时,通过计算可得LCC-HVDC的MPC曲线和MAP值,其计算结果如图6-4所示。其中,STATCOM容量取为300Mvar,SCR从2.5变化到5.5,变化步长为0.5。

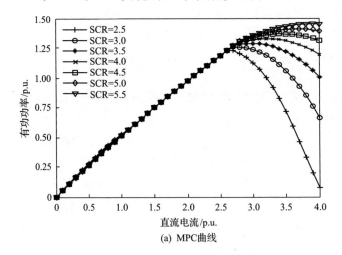

(a) MPC曲线

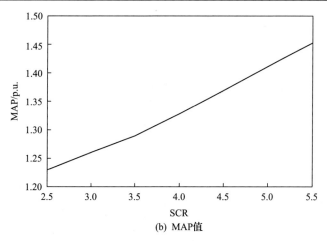

(b) MAP值

图 6-4　含 300Mvar STATCOM 的 LCC-HVDC 的 MPC 曲线和 MAP 值

对比图 6-3 和图 6-4 可知，300Mvar STATCOM 接入后，对于同一 SCR，相比无 STATCOM 的 LCC-HVDC 系统，含 STATCOM 的 LCC-HVDC 的 MAP 值明显增大，MAP 对应的直流电流 I_d 值，即 LCC-HVDC 系统的静态稳定极限 I_{MAP} 也明显增大。这表明，STATCOM 的接入等效增大了交流系统的强度，有效提高了 LCC-HVDC 系统的静态稳定极限。

4. STATCOM 容量变化时 LCC-HVDC 的 MPC 曲线和 MAP 值

对于含 STATCOM 的 LCC-HVDC 系统，其逆变侧 SCR=2.5 保持不变，改变 STATCOM 容量，通过 MATLAB 计算 MPC 曲线和 MAP 值，其计算结果如图 6-5 所示。其中，STATCOM 容量从 0Mvar 变化到 300Mvar，变化步长为 50Mvar。

由图 6-5 可知，当 STATCOM 容量增大时，MAP 值也随之增大，MAP 对应

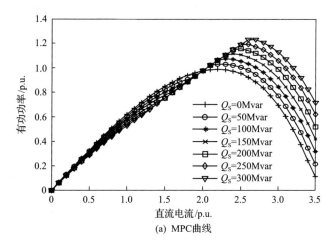

(a) MPC曲线

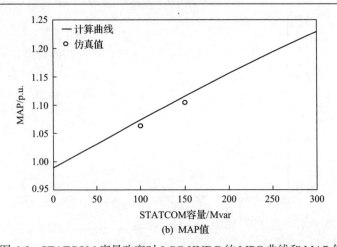

(b) MAP值

图 6-5　STATCOM 容量改变时 LCC-HVDC 的 MPC 曲线和 MAP 值

的直流电流 I_d 值也增大，即 LCC-HVDC 系统的静态稳定极限 I_{MAP} 也增大。

5. 视在短路比增加量

在无 STATCOM 并入的 LCC-HVDC 系统中，随着 SCR 的增大，MAP 值呈线性增大趋势，如图 6-3(b)所示；SCR=2.5 的情况下，含 STATCOM 的单馈入 LCC-HVDC 系统中，随着 STATCOM 容量的增大，MAP 值也呈线性增大趋势，如图 6-5(b)所示。对比图 6-3(b)和图 6-5(b)可以发现，MAP 值存在一一对应的关系，即 STATCOM 的接入能等效增大逆变侧交流系统的强度，达到改善 LCC-HVDC 运行特性的目的。因此，可以利用本书第 2.3 节提出的视在短路比增加量 AISCR 指标来衡量 STATCOM 对 LCC-HVDC 的影响。

根据视在短路比增加量的概念[4]，可以得到 STATCOM 接入 LCC-HVDC 系统后基于最大传输有功功率的视在短路比增加量 AISCR_MAP。定义如下，无 STATCOM 的 LCC-HVDC 系统中，每一 SCR 对应唯一的 MAP，假设 SCR_A 对应 MAP_A；特定容量的 STATCOM 接入 SCR=SCR_B 的 LCC-HVDC 系统后，也会对应一个相同的 MAP_A 值。此时，得到 AISCR_MAP=SCR_A-SCR_B。基于上述概念，可得到如图 6-6 所示的 AISCR_MAP 曲线，横坐标表示 STATCOM 容量，纵坐标表示基于 MAP 值的视在短路比增加量。

由图 6-6 可知，STATCOM 接入 LCC-HVDC 系统逆变侧交流母线后，从 MAP 的观点出发，能明显增加逆变侧系统的短路比，即在一定程度上增加了交流系统强度。而且，随着 STATCOM 容量的增大，视在短路比增加量也增大。例如，当 STATCOM 容量为 300Mvar 时，基于等效 MAP 的思想，交流系统短路比 SCR 可以从 2.5 等效增加至 4.8。

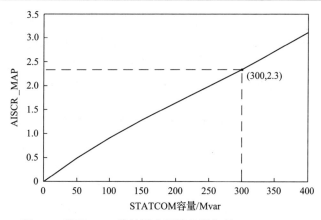

图 6-6　基于 MAP 值的视在短路比增加量 AISCR_MAP

6.2.2　STATCOM 对 LCC-HVDC 换相失败免疫特性的影响

无 STATCOM 时，受端交流系统不同短路比下 LCC-HVDC 的换相失败免疫力指标 CFII 值结果如表 6-1 所示。

表 6-1　LCC-HVDC 随 SCR 变化时的 CFII 值

SCR	CFII 值/%
2	8.5
2.5	13.3
3	16.0
3.5	19.0
4	22.2
4.5	25.5

由表 6-1 可以看出，当逆变侧交流系统 SCR 增大时，LCC-HVDC 系统的 CFII 值增大，LCC-HVDC 对于换相失败的免疫力也随之增强。

将 300Mvar 的 STATCOM 接入单馈入 LCC-HVDC 系统逆变侧交流母线处，不同 SCR 下 LCC-HVDC 的 CFII 值如表 6-2 所示。

表 6-2　含 STATCOM 时 LCC-HVDC 的 CFII 值

SCR	CFII/%
2	16.4
2.5	19
3	23.4
3.5	26.6
4	28.8
4.5	34.2

对比表 6-1 和表 6-2 可知，SCR 相同时，含 STATCOM 的单馈入 LCC-HVDC 系统的 CFII 值增大。因此，STATCOM 的接入使 LCC-HVDC 抵御换相失败的能力明显增强，换言之，STATCOM 的接入等效地增加了单馈入 LCC-HVDC 系统的强度，提高了其对换相失败的免疫能力。

6.2.3　STATCOM 对 LCC-HVDC 暂态过电压特性的影响

通过理论计算，可以得到当受端交流系统具有不同短路比或 STATCOM 不同容量情况下，LCC-HVDC 系统甩掉全部负荷时的暂态过电压 TOV 达到稳定状态时的结果。而对于 PSCAD/EMTDC 中所搭建的含 STATCOM 的 LCC-HVDC 系统，同样改变 SCR 值和 STATCOM 容量，可得到 TOV 的仿真值。

无 STATCOM 时不同 SCR 条件下 TOV 计算值和仿真值如图 6-7 所示，图中 SCR 从 2.5 变化到 6.5，变化步长为 0.5；SCR 为 2.5 时不同 STATCOM 容量下 TOV 计算值和仿真值如图 6-8 所示，STATCOM 的容量 Q_S 从 0Mvar 变化到 300Mvar，变化步长为 50Mvar。

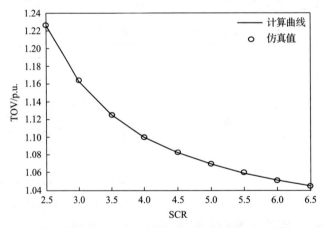

图 6-7　无 STATCOM 时 LCC-HVDC 的 TOV 值

由图 6-7 和图 6-8 可知，计算值和仿真值基本一致，验证了计算方法和仿真模型的正确性。由图 6-7 可见，在不含 STATCOM 的 LCC-HVDC 系统中，随着逆变侧交流系统强度的增大，TOV 呈下降趋势；而在图 6-8 含有 STATCOM 的 LCC-HVDC 系统中，随着 STATCOM 容量增大，TOV 值也呈下降趋势。由此可见，STATCOM 可以有效抑制逆变侧交流母线的暂态过电压。

与基于等效 MAP 思想的视在短路比增加量 AISCR_MAP 类似，这里给出了基于等效 TOV 的视在短路比增加量 AISCR_TOV[2]。根据图 6-7 和图 6-8 中 TOV 值的一一对应关系，AISCR_TOV 曲线结果如图 6-9 所示，横轴表示 STATCOM 的容量变化，纵轴表示 LCC-HVDC 系统的视在短路比增加量 AISCR_TOV。

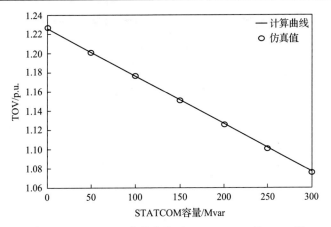

图 6-8　STATCOM 容量变化时 LCC-HVDC 的 TOV 值

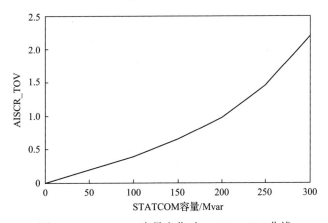

图 6-9　STATCOM 容量变化时 AISCR_TOV 曲线

由图 6-9 可知，从 TOV 的角度出发，STATCOM 接入 LCC-HVDC 系统逆变侧交流母线后，也可以等效增加逆变侧交流系统的短路比，即在一定程度上增加了交流系统强度；而且，随着 STATCOM 容量的增大，AISCR_TOV 也增大。

6.2.4　STATCOM 对 LCC-HVDC 故障恢复特性的影响

当 STATCOM 容量不同时，通过电磁暂态仿真分析单馈入 LCC-HVDC 系统的故障恢复特性。1.5s 时 LCC-HVDC 系统逆变侧交流母线发生单相电感接地故障，故障持续时间为 0.1s，接地电感为 0.01H，LCC-HVDC 系统在故障恢复期间的有功功率如图 6-10 所示。

这里，定义故障恢复时间为故障清除后 LCC-HVDC 有功功率恢复到故障发生前 90% 有功功率所消耗的时间。由图 6-10 可得不同容量 STATCOM 并入时，LCC-HVDC 系统的故障恢复时间如表 6-3 所示。

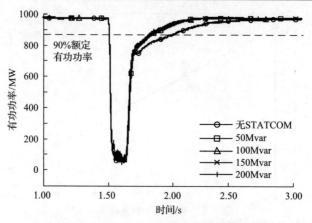

图 6-10　LCC-HVDC 的故障恢复特性

表 6-3　LCC-HVDC 系统的故障恢复时间

STATCOM 容量	故障恢复时间/ms
无 STATCOM	420.96
50Mvar	257.58
100Mvar	237.36
150Mvar	237.34
200Mvar	225.61

　　从结果可以看出，与不含 STATCOM 的 LCC-HVDC 系统相比，含 STATCOM 的 LCC-HVDC 系统的故障恢复时间明显缩短。然而，当 STATCOM 容量增大到一定程度时，LCC-HVDC 的故障恢复特性不会再有更大程度的改善。因此，单纯依靠增加 STATCOM 的容量来改善 LCC-HVDC 的故障恢复特性，并不是合理的方式。

6.3　STATCOM 对双馈入 LCC-HVDC 的影响

　　含 STATCOM 的双馈入 LCC-HVDC 系统结构如图 6-11 所示，STATCOM 容量为 300Mvar，双馈入 LCC-HVDC 系统的主要参数如表 6-4 所示[5]。

　　图 6-11 中，LCC-HVDC$_1$ 和 LCC-HVDC$_2$ 的控制方式均为：整流侧定直流电流控制和最小触发角控制；逆变侧定关断角控制和定直流电流控制。而 STATCOM 并联在 LCC-HVDC$_1$ 的逆变侧交流母线处，仍采用定直流电压和定交流电压控制方式。LCC-HVDC$_1$ 与 CIGRE 标准测试模型参数相同，容量为 1000MW，LCC-HVDC$_2$ 容量为 2000MW，二者的交流母线经过一定的电气距离互联。

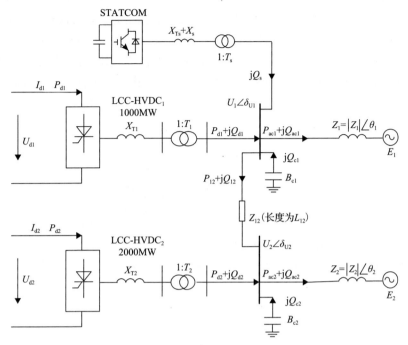

图 6-11　含 STATCOM 的双馈入 LCC-HVDC 系统结构

表 6-4　双馈入 LCC-HVDC 系统的主要参数

系统参数	LCC-HVDC$_1$		LCC-HVDC$_2$	
	整流侧	逆变侧	整流侧	逆变侧
额定容量/MW	1000		2000	
直流电压/kV	±500		±500	
直流线路电阻/Ω	5		2.5	
直流线路电感/H	1.2		0.6	
单个换流变压器变比/(kV/kV)	345/213.5	230/209.2	345/213.5	230/209.2
单个换流变压器容量/MV·A	603.7	591.8	1207.4	1186.6
单个换流变压器等值阻抗/p.u.	0.18	0.18	0.18	0.18
交流系统电动势/kV	382.87	215.05	382.87	215.05
交流系统等值阻抗/Ω	47.6∠84°	21.2∠75°	23.8∠84°	10.6∠75°

6.3.1　STATCOM 对双馈入系统稳态运行特性的影响

在 PSCAD/EMTDC 环境下，根据图 6-11 所示结构和表 6-4 中的参数，搭建了含 STATCOM 的双馈入 LCC-HVDC 系统的仿真模型，LCC-HVDC$_1$ 子系统逆变

侧 SCR_1 和 LCC-HVDC$_2$ 子系统逆变侧 SCR_2 均为 2.5，L_{12} 为 117km，单位阻抗值
为 0.41Ω/km，设置 LCC-HVDC$_1$ 的直流电流 I_{d1} 在 6s 内由 0p.u.变化到 1.5p.u.。不
含 STATCOM 的双馈入 LCC-HVDC 系统的仿真结果如图 6-12 所示，其中，P_{12}
和 Q_{12} 分别为联络线上 LCC-HVDC$_1$ 子系统向 LCC-HVDC$_2$ 子系统传输的有功和无
功功率。

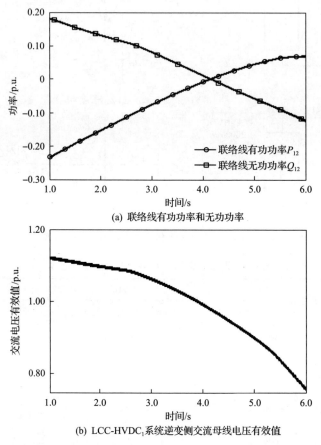

(a) 联络线有功功率和无功功率

(b) LCC-HVDC$_1$ 系统逆变侧交流母线电压有效值

图 6-12　无 STATCOM 时双馈入 LCC-HVDC 的系统特性

由图 6-12 可知，随着 I_{d1} 的增大，LCC-HVDC$_1$ 子系统向 LCC-HVDC$_2$ 子系统
传输的无功功率由 190Mvar(0.19p.u.)不断减小，在 4s 时刻即 I_{d1} 达到 1p.u.值时，
联络线有功功率和无功功率交换为零；随着 I_{d1} 继续增大，LCC-HVDC$_2$ 子系统逐
渐向 LCC-HVDC$_1$ 子系统传输无功功率；整个过程中，LCC-HVDC$_1$ 系统逆变侧交
流母线电压有效值不断下降。

当 300Mvar 的 STATCOM 接入到 LCC-HVDC$_1$ 子系统逆变侧交流母线后，其
他条件不变，L_{12} 仍为 117km，仿真结果如图 6-13 所示。

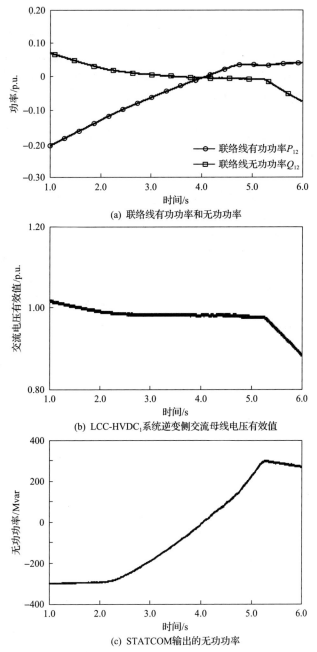

(a) 联络线有功功率和无功功率

(b) LCC-HVDC₁系统逆变侧交流母线电压有效值

(c) STATCOM输出的无功功率

图 6-13 含 STATCOM 时双馈入 LCC-HVDC 的系统特性

从图 6-13 的结果可知,随着 I_{d1} 的增大,LCC-HVDC₁ 子系统与 LCC-HVDC₂ 子系统之间的无功功率交换一直很小,LCC-HVDC₁ 系统逆变侧交流母线电压也一直稳定在 1.0p.u.左右。直到 5s 以后,即 STATCOM 超过额定容量以后,交流母线电压才大幅下降。

　　对比分析图 6-12 和图 6-13，STATCOM 接入 LCC-HVDC$_1$ 交流母线后，在 STATCOM 容量范围内，能很好地维持交流母线电压的稳定。因此，STATCOM 的接入能有效改善双馈入 LCC-HVDC 系统受端交流电压的动态特性，以下将进一步通过数学模型来分析 STATCOM 对双馈入 LCC-HVDC 系统的影响。

6.3.2　STATCOM 对双馈入系统功率传输特性的影响

1. 数学模型

　　图 6-11 所示的含 STATCOM 的双馈入 LCC-HVDC 系统，其中 LCC-HVDC$_1$ 与 LCC-HVDC$_2$ 的数学模型可参考 6.2 节式(6-1)~式(6-10)，只需在公式小标增加 1/2 分别代表 LCC-HVDC$_1$/LCC-HVDC$_2$ 即可。

　　含 STATCOM 的双馈入 LCC-HVDC 系统的功率传输方程，需要考虑 STATCOM 与 LCC-HVDC$_1$ 之间的无功功率传输，同时还需考虑 LCC-HVDC$_1$ 与 LCC-HVDC$_2$ 之间联络线的有功和无功功率传输。因此，将 LCC-HVDC$_1$ 功率方程式修改为

$$P_{d1}-P_{ac1}-P_{c1}-P_{12}=0 \tag{6-12}$$

$$Q_{d1}-Q_{ac1}+Q_{c1}-Q_{12}+Q_S=0 \tag{6-13}$$

式(6-12)和式(6-13)中，P_{12}、Q_{12} 分别为联络线上 LCC-HVDC$_1$ 向 LCC-HVDC$_2$ 传输的有功和无功功率；P_{c1} 为 LCC-HVDC$_1$ 无功补偿装置的有功损耗；Q_S 为 STATCOM 向 LCC-HVDC$_1$ 传输的无功功率。

　　若 Q_S 在 STATCOM 容量范围内，则 STATCOM 将按无功需求吸收或发出无功功率；若超过 STATCOM 的容量，则 STATCOM 可视作恒定电流源。

　　LCC-HVDC$_2$ 功率方程式为

$$P_{d2}-P_{ac2}-P_{c2}+P_{12}-\Delta P_{12}=0 \tag{6-14}$$

$$Q_{d2}-Q_{ac2}+Q_{c2}+Q_{12}-\Delta Q_{12}=0 \tag{6-15}$$

式(6-14)和式(6-15)中，ΔP_{12}、ΔQ_{12} 分别为联络线有功和无功功率消耗；P_{c2} 为 LCC-HVDC$_2$ 无功补偿装置的有功损耗。

　　LCC-HVDC$_1$ 向 LCC-HVDC$_2$ 的传输功率为

$$P_{12} + jQ_{12} = \dot{U}_1 \left[\frac{\dot{U}_1 - \dot{U}_2}{Z_{12}} \right]^* \tag{6-16}$$

式中，Z_{12} 为两回直流子系统之间交流联络线的等效阻抗。

　　根据含 STATCOM 的双馈入 LCC-HVDC 系统的功率传输数学模型，分析

STATCOM 容量、两回直流子系统逆变侧交流系统 SCR 和两回直流落点间的电气
距离不同时，LCC-HVDC$_1$ 和 LCC-HVDC$_2$ 的 MPC 曲线和 MAP 值的变化特性。
其中，SCR$_1$ 和 SCR$_2$ 从 2.5 变化到 5.5，L_{12} 取为 39km 和 117km。

2. STATCOM 对 LCC-HVDC$_1$ 子系统 MAP$_1$ 的影响

计算双馈入直流系统不含 STATCOM 时 LCC-HVDC$_1$ 的 MPC$_1$ 曲线和 MAP$_1$
值，功率基准为 1000MW。LCC-HVDC$_2$ 系统的参数保持不变，SCR$_2$=2.5，Q_S=0。
LCC-HVDC$_1$ 的直流电流 I_{d1} 从零逐渐增大，根据上述数学模型即可求解两回直流
子系统交流母线电压的幅值和相位 U_1、U_2、δ_{U1}、δ_{U2} 以及两回直流子系统交流联
络线之间的交换功率 P_{12}、Q_{12}；根据已求得的电气量，便可计算出 LCC-HVDC$_1$
的直流功率，从而得到无 STATCOM 时改变 SCR$_1$ 和 L_{12} 时的 MPC$_1$ 和 MAP$_1$，结
果如图 6-14 所示。

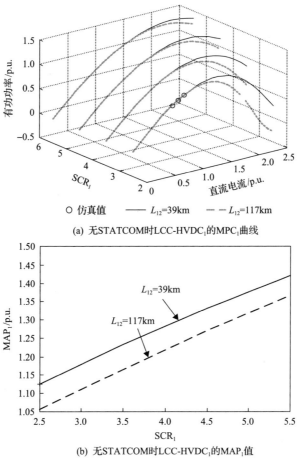

(a) 无STATCOM时LCC-HVDC$_1$的MPC$_1$曲线

(b) 无STATCOM时LCC-HVDC$_1$的MAP$_1$值

图 6-14　无 STATCOM 时 LCC-HVDC$_1$ 的 MPC$_1$ 曲线和 MAP$_1$ 值

由图 6-14 可知，L_{12} 不变时，随着 LCC-HVDC$_1$ 系统的 SCR$_1$ 增大，其 MAP$_1$ 值也增大，MAP$_1$ 对应的直流电流值 I_{d1} 也增大；SCR$_1$ 不变时，电气距离越小，LCC-HVDC$_1$ 和 LCC-HVDC$_2$ 的联系越强，MAP$_1$ 对应的直流电流值 I_{d1} 也越大。可见，SCR$_1$ 越大，电气距离越小，LCC-HVDC$_1$ 的静态稳定极限越高。

将 STATCOM 接入双馈入 LCC-HVDC 系统后，计算 STATCOM 容量从 0Mvar 变化到 300Mvar 时 LCC-HVDC$_1$ 子系统的 MPC$_1$ 曲线和 MAP$_1$ 值，结果如图 6-15 所示，其中 SCR$_1$=SCR$_2$=2.5。

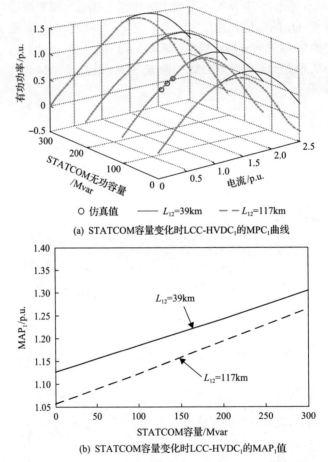

○ 仿真值　　—— L_{12}=39km　　‐‐‐ L_{12}=117km

(a) STATCOM容量变化时LCC-HVDC$_1$的MPC$_1$曲线

(b) STATCOM容量变化时LCC-HVDC$_1$的MAP$_1$值

图 6-15　STATCOM 容量变化时 LCC-HVDC$_1$ 的 MPC$_1$ 曲线和 MAP$_1$ 值

从图 6-15 可知，STATCOM 接入到 LCC-HVDC$_1$ 子系统逆变侧交流母线后，STATCOM 容量越大，电气距离越小，LCC-HVDC$_1$ 的静态稳定极限越高。

对比图 6-14(b) 和图 6-15(b) 发现，无 STATCOM 时的 MAP$_1$ 值和 STATCOM 容量变化时的 MAP$_1$ 值有类似的变化趋势，STATCOM 接入后可以等效增大

LCC-HVDC$_1$ 子系统逆变侧的交流系统强度。

根据图 6-14(b) 和图 6-15(b) 中所得结果，可以得到最大传输有功功率增加量 IMAP，即同时改变 STATCOM 容量和 SCR$_1$ 得到 MAP$_1$ 值，与图 6-14(b) 中无 STATCOM 时不同 SCR$_1$ 下的 MAP$_1$ 相减，得到如图 6-16 所示的 IMAP$_1$ 值。

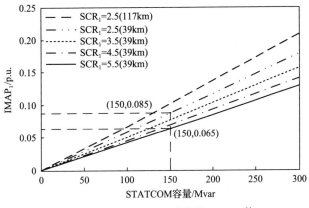

图 6-16　LCC-HVDC$_1$ 系统的 IMAP$_1$ 值

由图 6-16 可知，150Mvar 的 STATCOM 接入双馈入 LCC-HVDC 系统后 (SCR$_1$=2.5)，IMAP$_1$ 值为 0.085p.u.，接入 SCR$_1$=5.5 时的 IMAP$_1$ 值为 0.065p.u.；而要使 SCR$_1$=5.5 的 IMAP$_1$ 值也为 0.085p.u.，则所需的 STATCOM 容量约为 210Mvar 左右。另外，150Mvar 的 STATCOM 接入 SCR$_1$=2.5 的双馈入 LCC-HVDC 系统后，L_{12}=117km 时的 IMAP$_1$ 值要高于 39km 对应的 IMAP$_1$ 值；可见，电气距离越小，LCC-HVDC$_1$ 和 LCC-HVDC$_2$ 交流母线之间的联系越紧密，相同容量的 STATCOM 对 MAP$_1$ 值的贡献越小。

3. STATCOM 对 LCC-HVDC$_2$ 子系统 MAP$_2$ 的影响

LCC-HVDC$_2$ 的直流电流 I_{d2} 从零逐渐增大，LCC-HVDC$_1$ 的参数保持不变，此时分析 STATCOM 对 LCC-HVDC$_2$ 的影响。同理，计算 LCC-HVDC$_2$ 子系统在 STATCOM 容量、SCR$_2$ 和 L_{12} 变化时的 MPC$_2$ 曲线，取其最大值可得 MAP$_2$ 值，功率基准为 2000MW，结果如图 6-17 和图 6-18 所示。需要注意的是，SCR$_2$ 变化后，需重新计算 LCC-HVDC$_2$ 逆变侧交流系统的电动势幅值 E_2 和相位角 δ_{E2}，来保证在不同的 SCR$_2$ 下具有相同的额定运行状态。

由图 6-17 可知，SCR$_2$ 越大，L_{12} 越小，MAP$_2$ 值越大，LCC-HVDC$_2$ 的静态稳定极限越高。对比图 6-17 和图 6-18 的纵坐标可以发现，STATCOM 接入后也能等效增大 LCC-HVDC$_2$ 逆变侧的交流系统强度，只是这种等效增大程度明显小于对 LCC-HVDC$_1$ 交流系统强度的增大程度。可见，经过一定的电气距离后，STATCOM

对 LCC-HVDC$_2$ 系统的改善能力有所减弱，L_{12} 越大，这种减弱程度越明显。

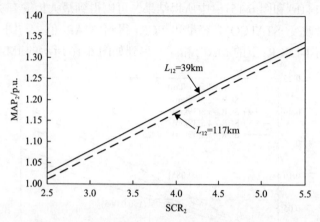

图 6-17　无 STATCOM 时 LCC-HVDC$_2$ 的 MAP$_2$ 值

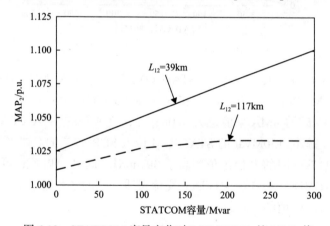

图 6-18　STATCOM 容量变化时 LCC-HVDC$_2$ 的 MAP$_2$ 值

　　另外，L_{12}=117km 时，MAP$_2$ 在 STATCOM 容量增大到 200Mvar 后将基本不变。该现象的主要原因是 LCC-HVDC$_1$ 与 LCC-HVDC$_2$ 系统的联系较弱，当 LCC-HVDC$_2$ 子系统直流功率达到最大值时，LCC-HVDC$_1$ 也需要 STATCOM 为自己提供部分无功支撑，这样 STATCOM 增发的无功功率就由 LCC-HVDC$_1$ 消耗掉；因此再继续增大 STATCOM 的容量，LCC-HVDC$_2$ 子系统直流功率的最大值基本不变。

　　由以上分析可得，MAP$_1$ 和 MAP$_2$ 的增加程度由 STATCOM 提供无功功率的能力决定，从无功功率支撑的角度出发，STATCOM 的接入可以等效增大两回 LCC-HVDC 子系统逆变侧的交流系统强度。

6.3.3　STATCOM 对双馈入系统换相失败免疫特性的影响

　　基于所建立的含 STATCOM 的双馈入 LCC-HVDC 系统，这里仍然采用换相失败免疫指标 CFII 值来衡量有无 STATCOM 及短路比和电气距离变化时对双馈入 LCC-HVDC 系统的影响。分别在 LCC-HVDC$_1$ 和 LCC-HVDC$_2$ 逆变侧交流母线设置感性三相接地故障，可得到对应的 CFII$_1$ 值和 CFII$_2$ 值，结果如表 6-5 所示。

表 6-5　含 STATCOM 的双馈入 LCC-HVDC 系统的 CFII 值

STATCOM	SCR$_1$	SCR$_2$	CFII/%（39km）		CFII/%（117km）	
			CFII$_1$	CFII$_2$	CFII$_1$	CFII$_2$
无	2.0	2.5	23.2	18	15.6	15.75
	2.5	2.5	26.25	18.5	18.5	16
	5.5	2.5	50.05	19	39.6	16.25
300Mvar	2.5	2.5	31	18.7	25	16.1

由表 6-5 可知，不含 STATCOM 且 SCR$_2$ 不变时，随着 SCR$_1$ 的增大，CFII$_1$ 值增大，CFII$_2$ 值也有一定程度的增大；且电气距离越近，SCR$_1$ 增大时产生的效果越明显，对应的 CFII$_1$ 和 CFII$_2$ 越高。300Mvar 的 STATCOM 接入后，CFII$_1$ 值有较大幅度的增大，CFII$_2$ 值也有一定程度的增大，且 L_{12} 增大后，改善效果会减弱。

因此，STATCOM 接入后，两回 LCC-HVDC 系统的换相失败免疫能力都有一定程度的增强，有效降低了双馈入 LCC-HVDC 系统换相失败的发生概率。

1. 电气距离对换相失败概率 CFPI 的影响

在双馈入 LCC-HVDC 系统中,采用 CFII 来衡量 LCC-HVDC 换相失败的免疫能力，采用换相失败概率指标（commutation failure probability index，CFPI）[6] 来衡量换相失败的发生概率。在一个周期 0.02s 内等间隔地设置一定数量的故障点，CFPI 即为换相失败发生次数占每周期中故障总次数的百分比。本节中一个周期内等间隔设置 100 个故障点，故障类型均选为 LCC-HVDC$_1$ 逆变侧交流母线发生感性三相接地故障。

LCC-HVDC$_1$ 和 LCC-HVDC$_2$ 系统的短路比都为 2.5，仿真可得到二者之间不同电气距离情况下，不含 STATCOM 时 LCC-HVDC$_1$ 和 LCC-HVDC$_2$ 发生换相失败的概率，结果如图 6-19 所示。其中，横轴表示 LCC-HVDC$_1$ 系统发生感性三相短路故障的故障水平（故障水平定义为故障容量/直流功率），纵轴表示 LCC-HVDC$_1$ 系统和 LCC-HVDC$_2$ 系统发生换相失败的概率。

图 6-19(a) 中，L_{12} 为 117km 且短路故障水平为 8% 时，LCC-HVDC$_1$ 系统就完全发生换相失败，称为本地换相失败；在短路故障水平达到 45% 时，LCC-HVDC$_1$ 和 LCC-HVDC$_2$ 都完全发生换相失败，称为并发换相失败[6]。图 6-19(b) 中，L_{12} 减小为 39km，两回直流输电系统之间的相互作用增强，短路水平为 11% 时，

LCC-HVDC$_1$ 系统发生本地换相失败，而达到 28% 时发生并发换相失败。可见，电气距离越近，越容易引发并发换相失败。

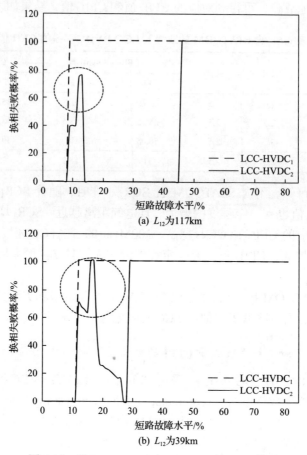

(a) L_{12} 为117km

(b) L_{12} 为39km

图 6-19　无 STATCOM 时 SCR$_1$=2.5 的 CFPI 结果

　　然而，图中出现一个反常现象，即在较低故障水平下 LCC-HVDC$_2$ 也发生了不同程度的换相失败，如图 6-19 中圆圈内所示。对此，文献[6]给出了解释，认为在低故障水平情况下的谐波含量大大高于其他情况，换相电压波形的畸变成为导致换相失败发生的重要因素之一。

2. 短路比对换相失败概率 CFPI 的影响

　　L_{12} 为 117km 时，仿真可得到 SCR$_1$=4.5 且 SCR$_2$=2.5 时无 STATCOM 的 LCC-HVDC$_1$ 和 LCC-HVDC$_2$ 发生换相失败的概率，结果如图 6-20 所示。

　　对比图 6-19(a) 和图 6-20 可知，SCR$_1$ 增大为 4.5 后，LCC-HVDC$_1$ 和 LCC-HVDC$_2$ 仍分别在短路故障水平为 8% 和 45% 时完全发生换相失败。可见，

LCC-HVDC$_1$ 的短路比增大对双馈入系统发生完全本地换相失败和并发换相失败时的短路故障水平影响不大,但是较大的 SCR$_1$ 可有效抑制 LCC-HVDC$_2$ 在较低故障水平下的反常现象。

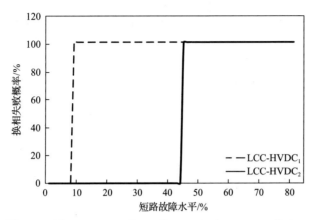

图 6-20　无 STATCOM 且 L_{12} 为 117km 时 SCR$_1$=4.5 的 CFPI

3. STATCOM 对换相失败概率 CFPI 的影响

将 STATCOM 接入到双馈入系统中 LCC-HVDC$_1$ 逆变侧的交流母线处,L_{12} 仍为 117km,LCC-HVDC$_1$ 和 LCC-HVDC$_2$ 系统的短路比都为 2.5,CFPI 的结果如图 6-21 所示。

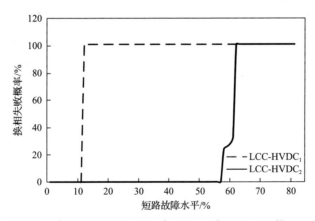

图 6-21　含 STATCOM 且 L_{12} 为 117km 时 SCR$_1$=2.5 的 CFPI

对比图 6-19(a) 和图 6-21,STATCOM 接入后,LCC-HVDC$_1$ 和 LCC-HVDC$_2$ 分别在短路故障水平为 11% 和 60% 左右才完全发生换相失败,系统抵御换相失败的能力得到了一定程度的提高;此外,图 6-19(a) 中的反常现象也得到消除。因此,STATCOM 可以有效增强双馈入 LCC-HVDC 系统的换相失败抵御能力。

6.3.4　STATCOM 对双馈入系统暂态过电压特性的影响

1. LCC-HVDC$_1$ 系统甩负荷时的 TOV 值

首先考虑 LCC-HVDC$_1$ 系统甩掉全部负荷时的 TOV 值，即 P_{d1} 和 Q_{d1} 等于零，此时式(6-12)和式(6-13)修改为

$$-P_{ac1}-P_{c1}-P_{12}=0 \tag{6-17}$$

$$-Q_{ac1}+Q_{c1}-Q_{12}+Q_S=0 \tag{6-18}$$

双馈入系统不含 STATCOM 时，$Q_S=0$。当 LCC-HVDC$_1$ 逆变侧 SCR$_1$ 增大时，LCC-HVDC$_1$ 和 LCC-HVDC$_2$ 逆变侧交流母线的 TOV 理论计算值和 PSCAD/EMTDC 仿真结果如图 6-22(a)所示；当短路比不变时，含不同容量 STATCOM 的 TOV 计算值和仿真值如图 6-22(b)所示。

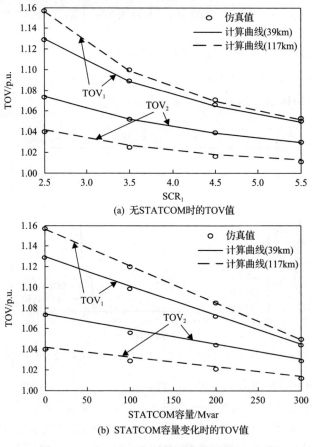

图 6-22　LCC-HVDC$_1$ 系统甩负荷时的 TOV 值

LCC-HVDC$_1$ 子系统甩负荷时，其逆变侧会产生暂态过电压 TOV$_1$，同时过剩的无功功率经过联络线流向 LCC-HVDC$_2$ 子系统逆变侧交流母线，也会引起暂态过电压 TOV$_2$。图 6-22 中，实线和虚线均是 MATLAB 的计算曲线，圆圈代表 PSCAD/EMTDC 的仿真值，计算曲线和仿真值基本一致，验证了理论计算和仿真结果的正确性。随着 SCR$_1$ 的增大和 STATCOM 容量的增大，TOV$_1$ 和 TOV$_2$ 都呈下降趋势；并且 L$_{12}$ 越小，LCC-HVDC$_1$ 和 LCC-HVDC$_2$ 之间的电气联系越强，LCC-HVDC$_1$ 甩负荷后，越多的无功功率通过联络线注入到 LCC-HVDC$_2$ 中，从而导致 TOV$_1$ 越小，TOV$_2$ 越大。

2. LCC-HVDC$_2$ 系统甩负荷时的 TOV 值

LCC-HVDC$_2$ 系统逆变侧甩负荷造成暂态过电压时，P_{d2} 和 Q_{d2} 等于零，此时式 (6-14) 和式 (6-15) 修改为

$$-P_{ac2}-P_{c2}+P_{12}-\Delta P_{12}=0 \qquad (6\text{-}19)$$

$$-Q_{ac2}+Q_{c2}+Q_{12}-\Delta Q_{12}=0 \qquad (6\text{-}20)$$

同上所述，SCR$_2$ 增大时，可得到不含 STATCOM 时不同电气距离下 LCC-HVDC$_1$ 和 LCC-HVDC$_2$ 逆变侧交流母线的 TOV 理论计算曲线和 PSCAD/EMTDC 仿真值，如图 6-23(a) 所示；当短路比不变，改变 STATCOM 容量时，不同电气距离下 TOV 计算曲线和仿真值如图 6-23(b) 所示。

由图 6-23 可知，随着 SCR$_2$ 的增大和 STATCOM 容量的增大，TOV$_1$ 和 TOV$_2$ 都呈下降趋势；STATCOM 经过一定的电气距离吸收 LCC-HVDC$_2$ 逆变侧过剩的无功功率，来维持 LCC-HVDC$_1$ 交流母线电压的水平；此外，LCC-HVDC$_2$ 的无功补偿容量是 LCC-HVDC$_1$ 的 2 倍，因此 LCC-HVDC$_2$ 甩负荷所造成的过电压明显更高。

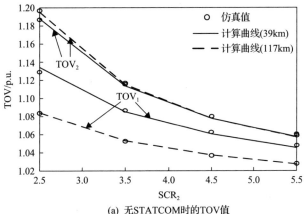

(a) 无STATCOM时的TOV值

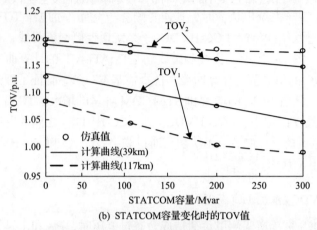

(b) STATCOM容量变化时的TOV值

图 6-23　LCC-HVDC$_2$ 系统甩负荷时的 TOV 值

6.3.5　STATCOM 对双馈入系统故障恢复特性的影响

考虑 STATCOM 的不同容量及故障分别发生在两子系统逆变侧交流母线处，在 PSCAD/EMTDC 环境下研究含有 STATCOM 的双馈入 LCC-HVDC 系统的故障恢复特性。

LCC-HVDC$_1$子系统和 LCC-HVDC$_2$子系统之间的电气距离取为150km，t=1.5s时 LCC-HVDC$_1$ 系统逆变侧交流母线发生感性单相接地故障，故障持续时间为0.1s，接地电感为 0.01H。STATCOM 容量不同时，LCC-HVDC$_1$ 子系统的有功功率的故障恢复特性如图 6-24 所示，同理可得到 LCC-HVDC$_2$ 子系统的有功功率的故障恢复特性(这里不再给出结果)。

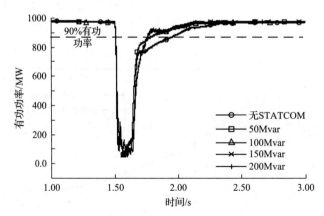

图 6-24　LCC-HVDC$_1$ 子系统故障恢复特性

根据有功功率的故障恢复特性，可得 LCC-HVDC$_1$ 和 LCC-HVDC$_2$ 的故障恢复时间，结果如表 6-6 所示。

表 6-6　LCC-HVDC$_1$ 和 LCC-HVDC$_2$ 的故障恢复时间（故障发生在 LCC-HVDC$_1$）

STATCOM 容量	LCC-HVDC$_1$ 恢复时间/ms	LCC-HVDC$_2$ 恢复时间/ms
不含 STATCOM	379.5	55.7
50Mvar	166.1	57.4
100Mvar	165.8	57.3
150Mvar	164.5	57.1
200Mvar	163.2	57.2

由表 6-6 可知，STATCOM 的并入可以明显缩短 LCC-HVDC$_1$ 子系统的故障恢复时间，但 STATCOM 的容量增加，对故障恢复特性的进一步改善效果减弱。由于 LCC-HVDC$_1$ 子系统和 LCC-HVDC$_2$ 子系统之间存在一定的电气距离，所以并联在 LCC-HVDC$_1$ 子系统的 STATCOM 对 LCC-HVDC$_2$ 子系统的故障恢复时间改善效果很小。

同样地，在 LCC-HVDC$_2$ 子系统逆变侧交流母线设置感性单相接地故障，故障持续时间为 0.1s，接地电感为 0.01H，不同容量 STATCOM 下双馈入系统的故障恢复时间如表 6-7 所示。

表 6-7　LCC-HVDC$_1$ 和 LCC-HVDC$_2$ 的故障恢复时间（故障发生在 LCC-HVDC$_2$）

STATCOM 容量	LCC-HVDC$_1$ 恢复时间/ms	LCC-HVDC$_2$ 恢复时间/ms
不含 STATCOM	226.7	283.3
50Mvar	116.9	266.7
100Mvar	99.7	266.6
150Mvar	84.2	265.5
200Mvar	80.3	264.3

由表 6-7 可知，由于 LCC-HVDC$_1$ 子系统和 LCC-HVDC$_2$ 子系统之间存在一定电气距离，STATCOM 对 LCC-HVDC$_2$ 子系统的改善效果仍然很小；由于故障发生在 LCC-HVDC$_2$，故障对 LCC-HVDC$_1$ 的影响较小，故 LCC-HVDC$_1$ 的故障恢复时间较表 6-6 有所缩短。

参 考 文 献

[1] Szechtman M, Wess T, Thio C V. A benchmark model for HVDC system studies[C]. International Conference on Ac and Dc Power Transmission. IET, 1991: 374-378.

[2] Zhang Y. Investigation of reactive power control and compensation for HVDC system[D]. Winnipeg: The University of Manitoba, 2011.

[3] Transmission and Distribution Committee of the IEEE Power Engineering. IEEE Guide for Planning DC Links Terminating at AC Locations Having Low Short-Circuit Capacities[S]. IEEE Standard 1204-1997, 1997.

[4] Guo C Y, Zhang Y, Gole A M, et al. Analysis of dual-infeed HVDC with LCC-HVDC and VSC-HVDC[J]. IEEE Transactions on Power Delivery, 2012, 27(3): 1529-1537.

[5] 郭春义, 张岩坡, 赵成勇, 等. STATCOM 对双馈入直流系统运行特性的影响[J]. 中国电机工程学报, 2013, 33(25): 99-106.

[6] Rahimi E, Gole A M, Davies J B, et al. Commutation failure analysis in multi-infeed HVDC systems[J]. IEEE Transactions on Power Delivery, 2011, 26(1): 378-384.

第7章 含同步调相机的特高压直流输电系统

当特高压直流输电系统采用分层接入方式时，高低端换流器之间存在着交直流耦合作用，若其中一端换流器发生换相失败，有可能会引发另一端换流器同时换相失败。而同步调相机(synchronous condenser，SC)通过无功补偿作用可以改善交流母线电压的动态特性，有利于抑制高低端换流器电磁暂态的换相失败问题。本章建立含同步调相机的分层接入特高压直流输电系统模型，考虑高低端换流器之间的交直流耦合作用，分析同步调相机对系统换相失败的抑制机理，研究同步调相机对高低端换流器换相失败的抑制效果。为了定量评估同步调相机对特高压直流输电系统换相失败的抑制作用，本章提出换相失败概率面积比指标[1]和分层接入等效短路比指标[2]。

7.1 含同步调相机的特高压直流输电系统的结构和控制策略

7.1.1 系统结构

含同步调相机的分层接入特高压直流输电系统的主电路拓扑结构如图 7-1 所示，其中特高压直流输电系统采用双极双 12 脉动结构，逆变侧换流器在交流侧采用分层接入方式，通过换流变压器分别接入受端 500kV 和 1000kV 交流系统。两个不同电压等级的交流母线之间通过变压器和线路等值阻抗相联，交流滤波器等无功补偿装置根据需要分层配置，而同步调相机经升压变压器(虚线框中)接入 500kV 电压等级的交流母线。

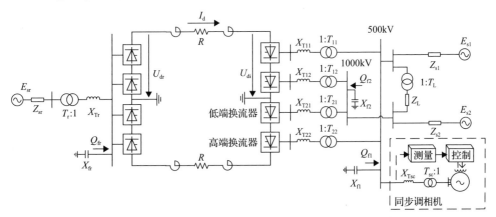

图 7-1 含同步调相机的分层接入特高压直流输电系统结构

图 7-1 中，U_{dr}、U_{di} 为整流侧和逆变侧的直流电压；I_d 为直流电流；E_{si}、Z_{si} 为逆变侧交流系统等值电动势和等值阻抗；E_{sr}、Z_{sr} 为整流侧交流系统等值电动势和等值阻抗；T_{ij}、X_{Tij} 为换流变压器变比和等值电抗；T_{sc}、X_{Tsc} 为联结同步调相机的升压变压器变比和等值电抗；Q_{fi}、X_{fi} 为逆变侧交流滤波器的无功功率和等值电抗，其中 $i=1,2$、$j=1,2$；T_L、Z_L 为逆变侧交流母线之间联络变压器的变比和联络阻抗；T_r、X_{Tr} 为整流侧换流变压器变比和等值电抗；Q_{fr}、X_{fr} 为整流侧交流滤波器的无功功率和等值电抗；R 为直流电阻。

7.1.2 控制策略

1. 特高压直流输电系统的控制策略

本章中，分层接入特高压直流输电系统的控制系统与 CIGRE 标准测试模型的控制系统基本一致，整流侧采用定直流电流控制，最小触发角 α_{min} 控制作为后备辅助控制，以防换相过程中晶闸管上承受的正向电压过低，导致串联在一起的晶闸管难以实现均压和同时导通；逆变侧采用定关断角控制，定电流控制、低压限流环节（VDCOL）和电流偏差控制（CEC）作为后备辅助控制[2,3]。

2. 同步调相机的控制策略

同步调相机的控制策略如图 7-2 所示。同步调相机采用定机端电压控制方式，机端电压和励磁电流作为控制输入量，通过比例积分（PI）控制调节励磁电压，改变无功功率的输出，以达到稳定机端电压的目的。当交流母线发生交流故障时，同步调相机的励磁电压增加，为交流系统提供更多的无功功率，如果故障严重或持续时间较长，励磁电流超过最大过励电流允许值，限流控制信号会将控制模式切换至最大瞬时励磁电流限制控制，保证励磁电流在最大过励电流允许值以内。

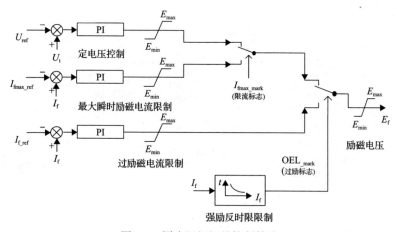

图 7-2　同步调相机的控制策略

如果达到最大过磁电流允许值的运行时间过长，强励反时限限制器会改变过励标志的状态，将控制模式切换至过励磁电流限制模式，强制使励磁电流维持在能长时间稳定运行的水平，防止转子内部过热。

图 7-2 中，U_t、U_{ref} 分别为机端电压的测量值和参考值；I_f 为励磁电流的测量值；I_{f_ref}、I_{fmax_ref} 分别为能长时间稳定运行的励磁电流和最大过励电流允许值；E_{max}、E_{min} 分别为限幅环节的最大和最小励磁电压；I_{fmax_mark} 为限流控制信号；OEL_{mark} 为过励标志；E_f 为励磁电压；t 为运行时间。

7.1.3　系统参数

为研究同步调相机对分层接入特高压直流系统换相失败的抑制作用，在 PSCAD/EMTDC 中建立了如图 7-1 所示含同步调相机的分层接入特高压直流输电系统的电磁暂态模型，同步调相机的额定容量是 300Mvar，详细参数如表 7-1 所示。

表 7-1　同步调相机的主要参数

同步调相机	参数
额定容量/Mvar	300
额定线电压/kV	20
额定电流/kA	8.66
升压变压器变比/(kV/kV)	20/525
升压变压器短路阻抗/%	8

分层接入特高压直流输电系统的额定容量是 10000MW，直流电压等级是 ±800kV，逆变侧通过分层接入方式接入 500kV 和 1000kV 电压等级的交流系统，两个交流系统的母线之间通过变压器和线路等值阻抗相连,详细参数如表 7-2 所示。

表 7-2　分层接入特高压直流输电系统的主要参数

参数	值
直流电压/kV	±800
直流电流/kA	6.25
额定容量/MW	10000
整流侧变压器变比/(kV/kV)	530/172.8
逆变侧变压器变比/(kV/kV)	525.0/165.8(高端)
	1050.0/165.8(低端)
逆变侧变压器短路阻抗/%	20(高端)
	20(低端)
联络变压器变比/(kV/kV)	525.0/1050.0
联络线阻抗值/(Ω/km)	0.41

7.1.4　运行特性分析

　　系统逆变侧 500kV 交流系统 SCR=3，1000kV 交流系统 SCR=6，联络线长度为 50km，在逆变侧 500kV 交流母线处设置感性三相接地短路故障，故障电感为 0.62H，同步调相机投入前后的分层接入特高压直流输电系统动态特性结果如图 7-3 所示。

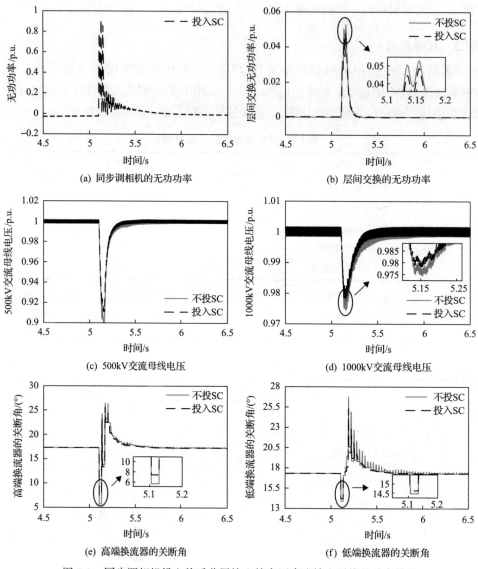

(a) 同步调相机的无功功率　　　　　　　　　(b) 层间交换的无功功率

(c) 500kV交流母线电压　　　　　　　　　(d) 1000kV交流母线电压

(e) 高端换流器的关断角　　　　　　　　　(f) 低端换流器的关断角

图 7-3　同步调相机投入前后分层接入特高压直流输电系统的动态特性

　　由图 7-3 可知，在故障时刻 5.1s 之前，无功功率、关断角、交流母线电压等参数均达到稳定运行状态，逆变侧高低端换流器的关断角 γ 均能稳定在 17°左右，能够满足含同步调相机的分层接入特高压直流输电系统的稳态运行要求。

当 500kV 交流母线在 5.1s 时发生三相短路故障时，同步调相机可以在一定程度上降低层间交换无功功率、交流电压、关断角等关键参数的波动幅度。当不投入同步调相机时，500kV 和 1000kV 交流母线的电压分别跌落至 0.901、0.974p.u.，1000kV 交流系统通过层间交流母线之间的联络线向 500kV 交流系统提供的无功功率为 0.053p.u.（正常运行时为 0p.u.），高、低端换流器的关断角分别降至 5.7°、14.5°。当投入同步调相机后，500kV 和 1000kV 交流母线的电压分别提升 1% 和 0.4%，层间交换的无功功率减少 0.5%，高、低端换流器的关断角分别提高 1.7° 和 0.32°。由此可见，投入同步调相机可同时减小逆变侧 500kV 和 1000kV 换流母线所联换流器关断角 γ 的降落幅度，有利于提高换流器的换相失败抵御能力。但是，由于同步调相机容量相比特高压直流输电系统较小，抑制效果不是特别明显。

7.2　同步调相机对特高压直流输电系统换相失败免疫特性的影响

7.2.1　同步调相机抑制特高压直流系统换相失败的机理

特高压直流输电系统的逆变侧采用分层接入方式，高低端换流器同时存在直流侧和交流侧耦合关系，故障期间不仅会引发故障层换流器换相失败，还会通过交直流耦合传播引发非故障层换流器的换相失败，同步调相机通过交直流耦合作用可以同时抑制高低端换流器换相失败。本节分析了分层接入特高压直流输电系统高低端换流器之间的交直流耦合作用，研究了同步调相机对高低端换流器换相失败的抑制作用。

1. 高低端换流器的交直流耦合作用

高低端换流器在直流侧通过串联方式连接，直流电流相等，因此分层接入特高压直流输电系统的直流侧耦合与直流电流密切相关。

交流侧 500kV 和 1000kV 交流母线之间存在电气联系，因此分层接入特高压直流输电系统的交流侧耦合与交流母线电压密切相关，主要体现在 500kV 交流母线电压和 1000kV 交流母线电压间的交互影响。将 500kV 和 1000kV 换流母线等效为节点 1 和节点 2，逆变侧交流系统的等值电路如图 7-4 所示[4]。

图 7-4 中，Z_{e1}、Z_{e2} 和 Z_{L12} 均已归算至同一电压等级，Z_{e1} 为 500kV 交流系统的等值阻抗；Z_{e2} 为 1000kV 交流系统的等值阻抗；Z_{L12} 为 500kV 交流母线与

1000kV 交流母线之间的等值阻抗。

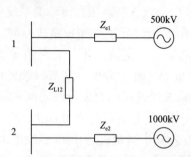

图 7-4　分层接入特高压直流输电系统逆变侧交流系统的等值电路

图 7-4 的节点阻抗阵 $\boldsymbol{Z}$ 如式(7-1)所示：

$$\boldsymbol{Z} = \frac{1}{Z_{e1} + Z_{e2} + Z_{L12}} \begin{bmatrix} Z_{e1}Z_{L12} + Z_{e1}Z_{e2} & Z_{e1}Z_{e2} \\ Z_{e1}Z_{e2} & Z_{e2}Z_{L12} + Z_{e1}Z_{e2} \end{bmatrix} \quad (7\text{-}1)$$

由式(7-1)可知

$$Z_{\_11} = \frac{Z_{e1}Z_{L12} + Z_{e1}Z_{e2}}{Z_{e1} + Z_{e2} + Z_{L12}} \quad (7\text{-}2)$$

$$Z_{\_12} = \frac{Z_{e1}Z_{e2}}{Z_{e1} + Z_{e2} + Z_{L12}} \quad (7\text{-}3)$$

式中，$Z_{\_11}$ 和 $Z_{\_12}$ 为节点阻抗矩阵 $\boldsymbol{Z}$ 的第 1 行第 1 列和第 1 行第 2 列元素。

假设 500kV 交流母线发生故障后，500kV 交流母线电压跌落幅度为 ΔU_{s1}，1000kV 母线电压跌落幅度为 ΔU_{s2}，两者之间关系如式(7-4)[5]所示：

$$\frac{\Delta U_{s2}}{\Delta U_{s1}} = \left| \frac{Z_{\_12}}{Z_{\_11}} \right| = \left| \frac{Z_{e2}}{Z_{L12} + Z_{e2}} \right| \quad (7\text{-}4)$$

为了表述分层接入方式下不同电压等级交流母线之间的电压相互作用，文献[6]定义了分层接入相互作用因子(Hierarchical Connection Interaction Factor，HCIF)，HCIF 越大，表明不同电压等级交流母线间的相互作用越强。根据 HCIF 的定义，当 500kV 母线发生故障使母线电压跌落 1%，引起 1000kV 母线电压变化的关系式如式(7-5)所示：

$$\text{HCIF}_{21} = \frac{\Delta U_{s2}}{1\% U_{s10}} \quad (7\text{-}5)$$

式中，HCIF_{21} 为 500kV 母线电压变化对 1000kV 母线电压的影响因子；U_{s10} 为 500kV

交流母线故障前电压。

将式(7-4)代入式(7-5)得到式(7-6)：

$$\mathrm{HCIF}_{21} = \left| \frac{Z_{e2}}{Z_{L12} + Z_{e2}} \right| \tag{7-6}$$

由式(7-6)可知，500kV 交流母线对 1000kV 交流母线的影响与联系阻抗 Z_{L12} 有关，Z_{L12} 越大，交互影响越小，代表耦合作用越弱，不同的 Z_{L12} 意味着不同耦合程度。投入的同步调相机不但能抑制 500kV 母线电压跌落，而且也能通过耦合作用抑制 1000kV 母线电压跌落，其作用效果与耦合程度也密切相关。

2. 同步调相机抑制高低端换流器换相失败的机理

逆变侧换流器在正常运行时，即将关断的阀所承受的反向电压需要足够长，一旦关断角 γ 小于其固有极限关断角 γ_{min} 时，反向电压时间会过短，将导致换流器换相失败；直流电流升高或交流母线电压降低，均会使关断角 γ 减小，可能引发换相失败。假设 500kV 交流母线发生交流故障，若 500kV 交流母线的电压跌落 ΔU_{s1}，与 500kV 交流母线相连的高端换流器关断角如式(7-7)所示：

$$\gamma_1 = \arccos\left(\frac{\sqrt{2}T_{11}X_{T11}I_d}{U_{s10} - \Delta U_{s1}} + \cos\beta_1 \right) \tag{7-7}$$

高低端换流器之间存在交直流耦合作用，流经高低端换流器的直流电流相等，同时 1000kV 交流母线电压与 500kV 交流母线电压之间存在如式(7-4)的关系，因此与 1000kV 交流母线直接相连的低端换流器的关断角可用式(7-8)表示：

$$\gamma_2 = \arccos\left(\frac{\sqrt{2}T_{12}X_{T12}I_d}{U_{s20} - |Z_{\_12} / Z_{\_11}| \Delta U_{s1}} + \cos\beta_2 \right) \tag{7-8}$$

式中，β_1、β_2 分别为高、低端换流器的超前触发角；γ_1、γ_2 分别为高、低端换流器的关断角；U_{s20} 为 1000kV 交流母线故障前电压。

式(7-8)建立了 500kV 交流母线电压跌落幅度 ΔU_{s1} 与低端换流器关断角 γ_2 之间的数学关系。由式(7-7)和式(7-8)可知，当 500kV 交流母线发生交流故障，母线电压下降，直流电流上升，不仅会引起高端换流器的关断角 γ_1 减小，故障量通过电气耦合的传播也会引起低端换流器的关断角 γ_2 减小，最终导致高低端换流器均发生换相失败。

同步调相机通过升压变压器接入 500kV 交流母线，故障期间同步调相机的无功功率增量 ΔQ_{sc} 与 500kV 交流母线电压跌落幅度 ΔU_{s1} 的关系如式(7-9)所示[7]。

$$\Delta Q_{sc} = U_{s10}\Delta i_d - \Delta U_{s1}i_{d0} \tag{7-9}$$

式中，i_{d0} 为故障前同步调相机 d 轴无功电流；Δi_d 为故障后同步调相机 d 轴无功电流增加量。

不考虑励磁系统条件下，次暂态过程中，同步调相机的 d 轴无功电流增量如式(7-10)所示：

$$\Delta i_d = \Delta U_{s1q}\left(\frac{1}{X_d'' + X_{Tsc}} - \frac{1}{X_d' + X_{Tsc}}\right)e^{-\frac{t}{T_d''}} + \Delta U_{s1q}\left(\frac{1}{X_d' + X_{Tsc}} - \frac{1}{X_d + X_{Tsc}}\right)e^{-\frac{t}{T_d'}}$$
$$- \Delta U_{s1}\frac{\cos(\omega t + \delta)}{X_d'' + X_{Tsc}}e^{-\frac{t}{T_a}} + \frac{\Delta U_{s1q}}{X_d + X_{Tsc}}$$

$$\tag{7-10}$$

式中，X_d、X_d' 和 X_d'' 分别为同步调相机的 d 轴同步电抗、暂态电抗和次暂态电抗；ω 为交流系统的角频率；t 为时间；T_d'、T_d'' 为计及系统阻抗时的 d 轴暂态、次暂态时间常数；T_a 为定子绕组暂态时间常数；δ 为故障前同步调相机的功角；ΔU_{s1q} 为 ΔU_{s1} 的 q 轴分量。

将式(7-10)中 Δi_d 的次暂态电流分量代入式(7-9)，同时考虑到 $\Delta U_{s1q} \approx \Delta U_{s1}$，得到次暂态过程中同步调相机瞬时无功增量 ΔQ_{sc} 如式(7-11)所示：

$$\Delta Q_{sc} = \frac{U_{s10}\Delta U_{s1}}{X_d'' + X_{Tsc}} - \Delta U_{s1}i_{d0} \tag{7-11}$$

相比于故障后电流，故障前同步调相机的无功电流很小，故忽略 i_{d0}。由式(7-11)可知，ΔU_{s1} 与 ΔQ_{sc} 成正比，电压跌落时次暂态过程中同步调相机将向系统发出无功 ΔQ_{sc}。

忽略阻尼绕组和定子暂态过程，将励磁系统简化为简单的惯性环节，暂态过程中同步调相机的 d 轴无功电流增量如式(7-12)所示：

$$\Delta i_d = \frac{[K_B(K_A + 1) - 1]\Delta U_{s1}}{(K_B T_{d0}'s + 1)(X_d' + X_{Tsc})} + \frac{\Delta U_{s1}}{(X_d' + X_{Tsc})} \tag{7-12}$$

其中

$$K_B = \frac{(X_d' + X_{Tsc})}{X_d + X_{Tsc} + K_A X_{Tsc}} \tag{7-13}$$

式中，T_{d0}' 为同步调相机定子侧开路时的励磁绕组时间常数；K_A 为励磁放大倍数；s 为拉普拉斯算子。

将式(7-12)、式(7-13)代入式(7-9)，得到暂态过程中同步调相机无功输出增加量ΔQ_{sc}如式(7-14)所示：

$$\Delta Q_{sc} = \frac{[K_B(K_A+1)-1]U_{s10}}{(K_B T'_{d0}s+1)(X'_d+X_{Tsc})}\Delta U_{s1} + \frac{U_{s10}}{(X'_d+X_{Tsc})}\Delta U_{s1} - \Delta U_{s1}i_{d0} \quad (7\text{-}14)$$

同样忽略i_{d0}，由式(7-14)可知，ΔU_{s1}越大，暂态过程中同步调相机向系统发出的无功ΔQ_{sc}越多。

综上所述，无论是次暂态还是暂态过程，同步调相机均可通过无功补偿降低500kV 交流母线电压跌落幅度ΔU_{s1}，同时也可间接降低 1000kV 交流母线电压的跌落幅度ΔU_{s2}，最终可减小高低端换流器关断角的跌落幅度，从而达到抑制高低端换流器换相失败的目的。

7.2.2　同步调相机对特高压直流系统换相失败的抑制效果

1. 不同短路比下高低端换流器的换相失败免疫特性

当 500kV 交流母线发生故障时，不仅会影响与 500kV 母线直接相连的高端换流器，也会通过直流侧和交流侧的耦合作用影响与 1000kV 母线相连的低端换流器。为了分析高低端换流器交直流耦合作用下同步调相机对系统换相失败的影响，本节基于 PSCAD/EMTDC 研究了同步调相机投入前后 500kV 交流系统强度 SCR_1 和 1000kV 交流系统强度 SCR_2 对高、低端换流器换相失败的影响。取逆变侧不同层间交流母线之间的电气距离为 50km，设置如下两种案例。

案例 1：不投入同步调相机。

案例 2：投入 1 台同步调相机。

同时改变 500kV 交流系统强度 SCR_1 和 1000kV 交流系统强度 SCR_2，仿真得到高低端换流器在不同案例下的换相失败免疫指标 CFII 值。高端换流器在案例 1 和案例 2 下的 CFII 值分别如表 7-3 和 7-4 所示，低端换流器在案例 1 和案例 2 下的 CFII 值分别如表 7-5 和 7-6 所示。

表 7-3　案例 1 的高端换流器 CFII 值

SCR_2	SCR_1			
	3	4	5	6
4	0.2526	0.3386	0.4301	0.5305
5	0.2567	0.3386	0.4301	0.5305
6	0.2567	0.3386	0.4301	0.5305

表 7-4　案例 2 的高端换流器 CFII 值

SCR₂	SCR₁			
	3	4	5	6
4	0.2744	0.3617	0.4547	0.5684
5	0.2792	0.3701	0.4547	0.5684
6	0.2792	0.3701	0.4681	0.5684

表 7-5　案例 1 的低端换流器 CFII 值

SCR₂	SCR₁			
	3	4	5	6
4	0.2609	0.3789	0.4301	0.5488
5	0.3003	0.3789	0.4421	0.5488
6	0.3537	0.3789	0.4681	0.5895

表 7-6　案例 2 的低端换流器 CFII 值

SCR₂	SCR₁			
	3	4	5	6
4	0.2947	0.3979	0.4681	0.5684
5	0.3701	0.3882	0.4681	0.5684
6	0.3789	0.4081	0.5134	0.6366

　　为了更形象地展现同步调相机对高、低端换流器换相失败抵御能力的影响，将上述表格数据绘制成曲面图的形式，如图 7-5 所示。

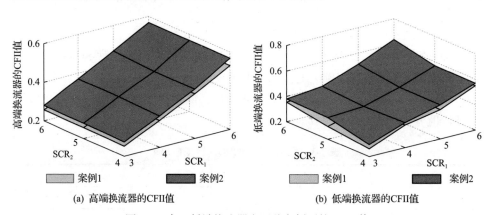

(a) 高端换流器的CFII值　　　　　　　　(b) 低端换流器的CFII值

图 7-5　高、低端换流器在两种案例下的 CFII 值

　　由图 7-5 可知，同时改变 500kV 交流系统短路比 SCR₁ 和 1000kV 交流系统短路比 SCR₂，案例 2 下高、低端换流器的 CFII 值均比案例 1 下的大，结果表明在 500kV 交流母线处投入同步调相机可同时提高高、低端换流器的换相失败抵御能力。

为了便于比较同步调相机对高低端换流器的换相失败抑制效果，保持 1000kV 交流系统强度 SCR_2 为 6，改变 500kV 交流系统强度 SCR_1，取表 7-3～表 7-6 中的部分数据，得到两种案例下高低端换流器的 CFII 值，如图 7-6 所示。

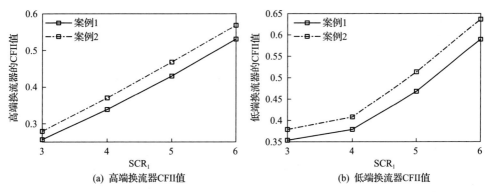

(a) 高端换流器CFII值　　　　　　　　　　(b) 低端换流器CFII值

图 7-6　500kV 交流系统短路比改变时两种案例下高、低端换流器的 CFII 值

由图 7-6(a)(b) 可知，当 500kV 交流系统强度 SCR_1 为 3 时，相比于案例 1，案例 2 中高端换流器的 CFII 值提高了 8.77%，低端换流器的 CFII 值提高了 7.12%；当 500kV 交流系统强度 SCR_1 为 6 时，相比于案例 1，案例 2 中高端换流器的 CFII 值提高了 7.14%，低端换流器的 CFII 值提高了 7.99%。因此，在短路比相同时，案例 2 中高、低端换流器的 CFII 值均比案例 1 大。由于同步调相机的无功补偿作用，故障期间直接抑制了 500kV 交流母线电压的跌落，通过高低换流器间耦合作用间接减小了 1000kV 母线电压的跌落幅度，因而投入同步调相机可以不同程度增强高、低端换流器的换相失败免疫力。

在案例 1 中，相比于 SCR_1=3，在 SCR_1=6 时高端换流器的 CFII 值提高了 0.27，低端换流器的 CFII 值提高了 0.24；在案例 2 中，相比于 SCR_1=3，在 SCR_1=6 时高端换流器的 CFII 值提高了 0.29，低端换流器的 CFII 值提高了 0.26。由此可知，提高 500kV 交流系统短路比可以同时提高高、低端换流器抵御换相失败的能力。主要原因是：当 500kV 交流母线发生三相短路故障时，500kV 交流母线电压发生跌落，一旦与其相连的高端换流器发生换相失败，会引起系统的直流电流骤升，当电压和电流故障量通过交流侧电压和直流侧直流电流耦合传播至非故障层后，与 1000kV 交流母线直接相连的低端换流器也会发生换相失败。而提高 500kV 交流系统强度，可以提高母线电压的支撑能力，抑制直流电流的上升，有利于同时增强高、低端换流器对换相失败的抵御能力。

综上所述，在故障层交流母线处投入同步调相机，与提高故障层交流系统强度具有类似效果，能提高高端换流器和低端换流器的换相失败抵御能力。

为了研究 1000kV 交流系统(非故障层)短路比 SCR_2 对高端换流器(故障层)和

低端换流器(非故障层)CFII 值的影响，改变 1000kV 交流系统短路比 SCR_2，得到在不同 SCR_2 下高端换流器和低端换流器的 CFII 值随 500kV 交流系统短路比(故障层)SCR_1 变化的曲线。案例 1 结果如图 7-7 所示，案例 2 结果如图 7-8 所示。

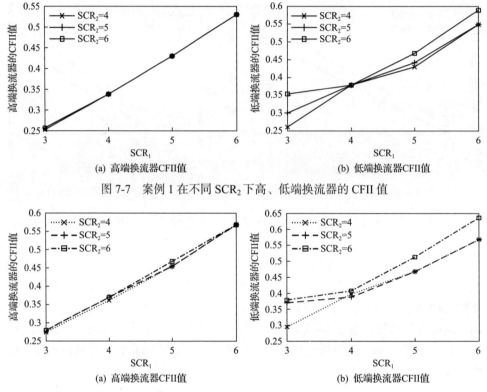

图 7-7　案例 1 在不同 SCR_2 下高、低端换流器的 CFII 值

图 7-8　案例 2 在不同 SCR_2 下高、低端换流器的 CFII 值

　　由图 7-7 和图 7-8 可知，无论是在案例 1 中还是案例 2 中，1000kV 交流系统强度 SCR_2 对高端换流器的 CFII 值影响较小。当 500kV 交流母线处发生三相短路故障，500kV 交流系统(故障层)和 1000kV 交流系统(非故障层)共同为高端换流器(故障层)和低端换流器(非故障层)提供换相电压支撑。但对于高端换流器而言，换相电压的支撑主要来自 500kV 交流系统，1000kV 交流系统经过联络线和联络变压器对 500kV 交流母线电压支撑作用不明显，因此改变 1000kV 交流系统短路比对高端换流器的 CFII 值影响较小。

　　对于低端换流器而言，当 500kV 交流系统强度 SCR_1 为 3 时，低端换流器的 CFII 值随着 1000kV 交流系统强度 SCR_2 增大而增大；当 $SCR_1 > 3$ 时，低端换流器的 CFII 值随 SCR_2 的变化不明显，直到 SCR_2 增加到 6 时，低端换流器的 CFII 值才有显著提升。整体来看，只有 1000kV 交流系统比 500kV 交流系统相对较强时，改变 1000kV 交流系统强度才能显著影响低端换流器抵御换相失败的能力。

综上所述，非故障层交流系统强度对故障层换流器换相失败抵御能力影响较小。对于非故障层换流器而言，只有非故障层交流系统比故障层系统强度较强时，提高非故障层交流系统强度才可有效提高非故障层换流器的换相失败抵御能力。

2. 层间不同耦合程度下高低端换流器的换相失败免疫特性

特高压直流输电系统逆变侧采用分层接入方式，500kV 和 1000kV 两个不同电压等级的交流母线之间通过联络变压器和联络线耦合，耦合的紧密程度直接影响故障下 500kV 和 1000kV 交流系统的母线电压波动特性，从而影响高、低端换流器的换相失败抵御能力。因此，本小节针对案例 1（不投入同步调相机）和案例 2（投入 1 台同步调相机），研究了 500kV 和 1000kV 交流母线之间电气距离改变时高、低端换流器的 CFII 值变化情况。

首先取两个不同电压等级交流母线之间的电气距离为 180km，1000kV 交流系统强度 SCR_2 保持为 6，改变 500kV 交流系统强度 SCR_1，得到两种案例下高低端换流器的 CFII 值，如图 7-9 所示。

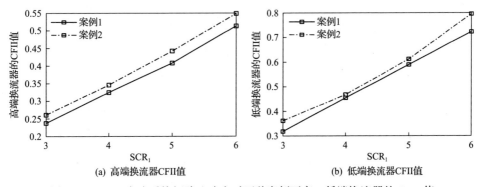

(a) 高端换流器CFII值　　　　　　　(b) 低端换流器CFII值

图 7-9　500kV 交流系统短路比改变时两种案例下高、低端换流器的 CFII 值

由图 7-9（a）（b）可知，当 500kV 交流系统强度 SCR_1 为 3 时，相比于案例 1，案例 2 中高端换流器的 CFII 值提高 9.85%，低端换流器的 CFII 值提高 13.63%；当 500kV 交流系统强度 SCR_1 为 6 时，相比于案例 1，案例 2 中高端换流器的 CFII 值提高 6.9%，低端换流器的 CFII 值提高 10.01%。在案例 1 中，相比于 SCR_1=3，在 SCR_1=6 时高端换流器的 CFII 值提高了 0.28，低端换流器的 CFII 值提高了 0.41；在案例 2 中，相比于 SCR_1=3，在 SCR_1=6 时高端换流器的 CFII 值提高了 0.29，低端换流器的 CFII 值提高了 0.43。因此，电气距离为 180km 时与 50km 具有类似结论，投入同步调相机和提高 500kV 交流系统短路比均可提高高、低端换流器的换相失败抵御能力。

为了进一步对比 50km 和 180km 两种不同电气距离下高、低端换流器的 CFII 值变化情况，针对案例 1 和案例 2，对比了不同电气距离下高低端换流器的 CFII 值，结果分别如图 7-10、图 7-11 所示，其中 1000kV 交流系统强度 SCR_2 为 6。

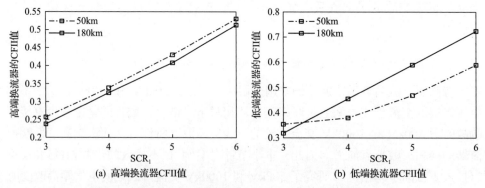

图 7-10　案例 1 在不同电气距离下高、低端换流器的 CFII 值

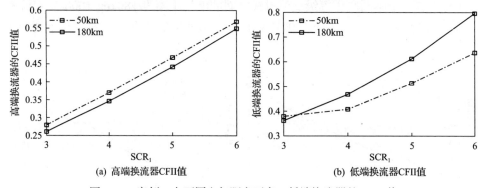

图 7-11　案例 2 在不同电气距离下高、低端换流器的 CFII 值

由图 7-10(a)、7-11(a) 可知，在案例 1 和案例 2 中，高端换流器 (故障层) 的 CFII 值随 500kV 交流系统强度 SCR_1 (故障层) 增大而增大。当电气距离由 50km 增加至 180km 后，高端换流器的 CFII 值随之减小。由此可知，减小电气距离与提高 500kV 交流系统强度具有类似效果，均可提高高端换流器 (故障层) 对换相失败的抵御能力。

对于低端换流器 (非故障层) 而言，影响低端换流器的 CFII 值主要因素有：①两个不同电压等级交流母线之间的电气距离；②与低端换流器有一定电气距离的 500kV 交流系统强度。500kV 交流母线发生故障后，500kV 和 1000kV 交流母线之间的电气距离越远，与 1000kV 交流母线相连的低端换流器受影响程度越小，低端换流器抵御换相失败的能力越强，CFII 值越高；然而，当电气距离较远时，500kV 交流系统短路比 SCR_1 对低端换流器的支撑作用减弱，在一定程度上降低了低端换流器的换相失败抵御能力，使 CFII 值有所减小。因此，低端换流器的 CFII 值主要受交流母线间的电气距离和高端换流器所连交流系统强度两个因素的影响。

由图 7-10(b)、7-11(b)可知，当 500kV 交流系统较强(SCR$_1$>3)时，电气距离为 180km 时低端换流器的 CFII 值比 50km 时的大；当 500kV 交流系统较弱(SCR$_1$=3)时，电气距离为 180km 时低端换流器的 CFII 值反而比 50km 时的小。总体上，低端换流器的 CFII 值主要受两个电压等级交流母线间电气距离的影响，增大电气距离会减弱 500kV 交流母线故障对 1000kV 交流母线电压的影响，使与 1000kV 交流母线相联的低端换流器 CFII 值增大。当 500kV 交流系统强度较弱时，虽然增大电气距离可以减弱 500kV 交流母线故障对 1000kV 交流母线电压的影响，但是强度较弱的 500kV 交流系统会进一步减弱 500kV 交流系统对 1000kV 交流母线电压的支撑能力。因此，在 500kV 交流系统强度较弱时，电气距离增加时，低端换流器(非故障层)的 CFII 值反而有所减小。

综上所述，分层接入方式下交直流耦合越紧密，故障层换流器的换相失败抵御能力越强；而非故障层换流器的换相失败抵御能力不仅受交直流耦合紧密程度影响，还与故障层的交流系统强度有关，当故障层的交流系统强度较强时，交直流耦合越紧密，非故障层换流器的换相失败抵御能力越弱，当故障层的交流系统强度较弱时，则可能会出现相反的结果。

3. 不同层故障时高低端换流器的换相失败免疫特性

500kV 交流系统强度 SCR$_1$ 和 1000kV 交流系统强度 SCR$_2$ 均为 3，在 500kV 交流母线处联接同步调相机，分别在 500kV 和 1000kV 交流母线处设置三相感性故障，研究同步调相机对高端换流器和低端换流器 CFII 值的影响。同步调相机投入前后高低端换流器 CFII 值的变化如表 7-7 所示。案例 1(不投入同步调相机)中，高、低端换流器的 CFII 值分别为 0.3190 和 0.3038；案例 2(投入同步调相机)中，高、低端换流器的 CFII 值分别为 0.3733 和 0.3092。由此可见，同步调相机可同时提高高低端换流器的换相失败免疫能力。同步调相机不是直接连接在与低端换流器相连的 1000kV 交流母线处，必须通过 500kV 和 1000kV 交流母线之间的联络变压器作用于低端换流器，因此，相比于低端换流器，同步调相机对高端换流器的换相失败免疫能力提高效果更明显。

表 7-7　同步调相机投入前后高、低端换流器的 CFII 值

系统强度		高端换流器 CFII 值		低端换流器 CFII 值	
SCR$_1$	SCR$_2$	案例 1	案例 2	案例 1	案例 2
3	3	0.3190	0.3733	0.3038	0.3092

4. 同步调相机对高低端换流器换相失败概率的影响

当逆变侧交流母线处发生交流故障时，逆变器换相失败不仅与交流故障的严重程度有关，还与故障在一个工频周期内发生的时刻有关。换相失败概率指标 CFPI 可以衡量系统在一个工频周期内发生换相失败的情况，以下将重点研究不同台数同步调相机对分层接入特高压直流输电系统换相失败概率的影响。在前述 2 个案例基础上新增一个案例 3，即投入 2 台同步调相机的案例。

在逆变侧交流母线处设置三相短路故障(故障开始时刻为 5.1s，持续时间为 0.05s)，当逆变侧两个电压等级交流母线之间的电气距离分别为 100km 和 180km 时，针对上述 3 个案例，仿真得到高低端换流器的换相失败概率随故障电感变化的曲线，如图 7-12 和图 7-13 所示。其中，500kV 和 1000kV 交流系统短路比均为 6。

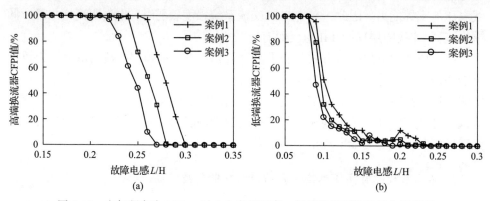

图 7-12　电气距离为 100km 时 3 个案例下高、低端换流器的换相失败概率

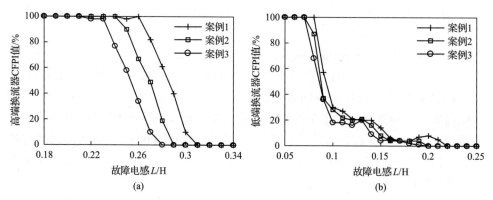

图 7-13　电气距离为 180km 时 3 个案例下高、低端换流器的换相失败概率

由图 7-12 可知，当两个不同电压等级交流母线之间的电气距离为 100km 时，对于高端换流器，当故障电感为 0.25H 时，案例 1(不投入同步调相机)的换相失败概率达到了 100%，而案例 2(投入 1 台同步调相机)的换相失败概率为 72%，案

例 3(投入 2 台同步调相机)的换相失败概率为 44%。使案例 2 和案例 3 换相失败概率首次达到 100%的故障电感值分别为 0.23H、0.21H，案例 1、案例 2 和案例 3 的换相失败概率降到 0%时对应的故障电感分别为 0.3H、0.29H 和 0.27H。对于低端换流器，当故障电感为 0.09H，案例 1、案例 2 和案例 3 的换相失败概率依次为 96%、80% 和 47%，当换相失败概率降到 0%时其对应的故障电感分别为 0.26H、0.24H 和 0.21H。

由图 7-13 可知，电气距离为 180km 时，对于高端换流器，当故障电感为 0.26H，案例 1、案例 2 和案例 3 的换相失败概率依次为 100%、67% 和 34%，换相失败概率降到 0%时对应的故障电感分别为 0.31H、0.29H 和 0.28H；对于低端换流器，当故障电感为 0.08H，案例 1、案例 2 和案例 3 的换相失败概率依次为 100%、87% 和 68%，当换相失败概率降到 0%时其对应的故障电感分别为 0.22H、0.2H 和 0.2H。

因此，同步调相机可减小使特高压直流输电系统的换相失败概率恰好为 0% 的临界故障电感，在同一故障下能同时降低高低端换流器换相失败概率；而且随着同步调相机台数的增多，换相失败概率降低，表明同步调相机能降低分层接入特高压直流输电系统对交流故障的敏感程度，提高系统的换相失败抵御能力。

7.2.3　换相失败概率面积比指标

1. 换相失败概率面积比指标的提出

采用换相失败概率指标定量评估同步调相机对分层接入特高压直流输电系统换相失败的抑制效果时，评估结果具有局限性，该方法需以某一特定故障为前提，无法全面、直观地反映某一故障范围内同步调相机的作用效果。对比同步调相机投入前后换相失败概率随故障电感的变化曲线发现，在某一故障范围内投入同步调相机的换相失败概率曲线所包围的区域面积比不投入同步调相机的要小，因此该面积也可在一定程度上反映换相失败概率，故由此提出换相失败概率面积比指标(area ratio of commutation failure probability，AR_CFP)[1]，来弥补换相失败概率指标的不足。计算 AR_CFP 的流程如图 7-14 所示。

计算 AR_CFP 的详细步骤如下。

(1)在逆变器所联交流母线处，设置感性故障，并设定故障的开始时刻和持续时间。

(2)不投入同步调相机的前提下，得到不同故障电感 L 下直流输电系统的换相失败概率，定义使得直流输电系统换相失败概率恰好为 0%的故障电感值为 L_{no_sc}。

(3)投入同步调相机的前提下，得到不同故障电感 L 下直流输电系统的换相失败概率，定义使直流输电系统换相失败概率恰好为 100%的故障电感值为 L_{sc}(当有多台同步调相机时，取投入同步调相机台数最多时所对应的 L_{sc})。

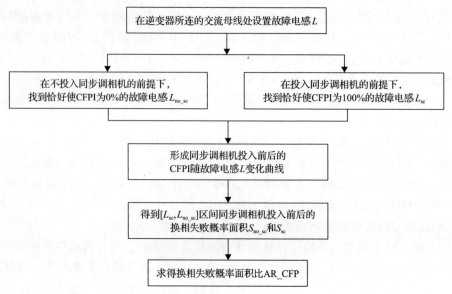

图 7-14 换相失败概率面积比的计算方法流程图

(4)以故障电感值 L 为横坐标,换相失败概率为纵坐标,形成换相失败概率随故障电感变化的曲线,计算$[L_{sc}, L_{no\_sc}]$区间内曲线与换相失败概率为 0 的横轴间面积,即可得到不投入同步调相机时的换相失败概率面积 S_{no_sc} 和投入同步调相机时的换相失败概率面积 S_{sc},如图 7-15 所示。

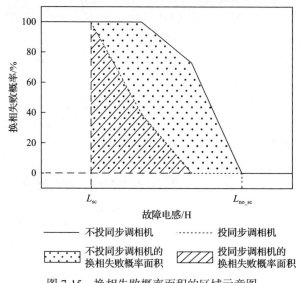

图 7-15 换相失败概率面积的区域示意图

(5)利用不投同步调相机时的换相失败概率面积 S_{no_sc} 和投入同步调相机时的

换相失败概率面积 S_{sc}，按式(7-15)即可计算[L_{sc}, L_{no_sc}]故障区间内的 AR_CFP 值。

$$AR\_CFP = \frac{S_{sc}}{S_{no\_sc}} \qquad (7-15)$$

相同故障下，投入同步调相机比不投入时直流输电系统的换相失败概率小，因此，在某一故障范围内，计算出的 AR_CFP<1，而且 AR_CFP 越小，意味着同步调相机抑制直流输电系统换相失败的作用效果越好。

计算换相失败概率面积可以采用如式(7-16)、式(7-17)所示的复化梯形公式。

$$S = \frac{h}{2}\Big[f(L_{no\_sc}) + f(L_{sc}) \Big] + h\sum_{k=1}^{n-1} f(L_k) \qquad (7-16)$$

$$L_k = L_{sc} + k*h \qquad (7-17)$$

式中，h 为仿真中故障电感变化步长；L_k 为[L_{sc}, L_{no_sc}]区间内任一故障电感；$f(L_k)$ 为故障电感 L_k 所对应的换相失败概率；S 为换相失败概率面积；n 为故障电感的总个数；$k=1,2,\cdots,n-1$。

2. 换相失败概率面积比指标的验证及应用

基于 CIGRE 标准测试模型，建立含同步调相机的 LCC-HVDC 系统的电磁暂态模型。在逆变侧交流母线处分别设置单相和三相短路故障，针对案例 1(不投入同步调相机)、案例 2(投入 1 台同步调相机)和案例 3(投入 2 台同步调相机)，仿真研究不同台数同步调相机投入时 LCC-HVDC 系统的换相失败概率，结果如图 7-16、图 7-17 所示。LCC-HVDC 系统的整流侧和逆变侧交流系统短路比均为 2.5，每台同步调相机容量为 100Mvar。

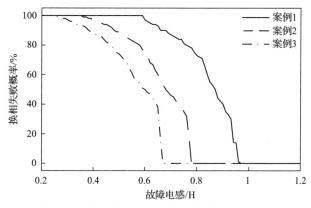

图 7-16　单相故障时不同案例的换相失败概率

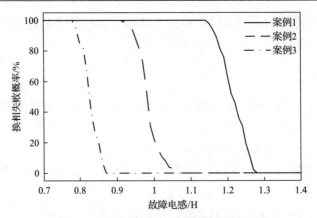

图 7-17　三相故障时不同案例的换相失败概率

由图 7-16、图 7-17 可知，当逆变侧交流母线发生单相接地故障，故障电感为 0.25H 时，案例 3 中 LCC-HVDC 系统的换相失败概率恰好为 100%；故障电感为 0.97H 时，案例 1 中 LCC-HVDC 系统的换相失败概率恰好为 0%，因此单相接地故障下取 $L_{sc}=0.25H$，$L_{no\_sc}=0.97H$。同理，得到三相短路故障下 $L_{sc}=0.78H$，$L_{no\_sc}=1.28H$。利用式(7-15)～式(7-17)，可得到单相接地、三相短路故障下 LCC-HVDC 系统的换相失败概率面积和换相失败概率面积比(AR_CFP)，结果如表 7-8 所示。

表 7-8　不同类型故障下的换相失败概率面积比

故障类型	换相失败概率面积			AR_CFP	
	案例 1	案例 2	案例 3	案例 2	案例 3
单相故障	0.5949	0.4128	0.3117	0.6939	0.5240
三相故障	0.4348	0.2038	0.0470	0.4687	0.1081

由表 7-8 可知，当逆变侧交流母线发生单相接地故障时，在故障电感为[0.25, 0.97]范围内，随着同步调相机的台数增加，换相失败概率面积和换相失败概率面积比均不断减小，案例 2 的换相失败概率面积比为 0.6939，案例 3 的换相失败概率面积比为 0.5240，相比于案例 2，换相失败概率面积比减少了 0.1699。同理，当逆变侧交流母线发生三相短路故障时，在故障电感为[0.78, 1.28]范围内，案例 3 比案例 2 的换相失败概率面积比减少了 0.3606。换相失败概率面积比越小，代表同步调相机对 LCC-HVDC 换相失败的抑制效果越好。

由上可见，所提的换相失败概率面积比指标 AR_CFP 能有效定量评估某一故障范围内同步调相机对 LCC-HVDC 换相失败概率的影响。因此，以下基于含同步调相机的分层接入特高压直流输电系统的电磁暂态仿真模型，针对不同电气距离下的 3 个案例，利用所提的换相失败概率面积比定量评估同步调相机对分层接入特高压直流输电系统换相失败的抑制效果。

　　由图 7-12、图 7-13 分别计算得到电气距离为 100km、180km 时不同案例下高、低端换流器的换相失败面积比(AR_CFP)，如表 7-9、表 7-10 所示。

表 7-9　电气距离为 100km 时不同案例下高低端换流器的换相失败概率面积比

换流器	换相失败概率面积			AR_CFP	
	案例 1	案例 2	案例 3	案例 2	案例 3
高端换流器	0.089	0.071	0.054	0.798	0.615
低端换流器	0.034	0.025	0.018	0.738	0.528

表 7-10　电气距离为 180km 时不同案例下高低端换流器的换相失败概率面积比

换流器	换相失败概率面积			AR_CFP	
	案例 1	案例 2	案例 3	案例 2	案例 3
高端换流器	0.074	0.058	0.043	0.776	0.574
低端换流器	0.037	0.031	0.025	0.818	0.673

　　由表 7-9 可知,当逆变侧 500kV 和 1000kV 交流母线之间的电气距离为 100km 时,高端换流器在案例 1、案例 2 和案例 3 的换相失败概率面积分别为 0.089、0.071 和 0.054。由公式(7-15)计算可知, 高端换流器在案例 2 和案例 3 中的换相失败概率面积比(AR_CFP)分别为 0.798 和 0.615, 随着同步调相机台数的增加, 在案例 3 中 AR_CFP 比案例 2 减少了 0.183。同理,低端换流器在案例 2 和案例 3 的 AR_CFP 分别为 0.738 和 0.528,随着同步调相机台数的增加,在案例 3 中 AR_CFP 比案例 2 减少了 0.21。

　　由表 7-10 可知,当逆变侧 500kV 和 1000kV 交流母线之间的电气距离为 180km 时, 高端换流器在案例 2 和案例 3 的 AR_CFP 分别为 0.776 和 0.574, 随着同步调相机台数的增加, 在案例 3 中 AR_CFP 比案例 2 减少了 0.202。同理, 低端换流器在案例 2 和案例 3 的 AR_CFP 分别为 0.818 和 0.673,随着同步调相机台数的增加, 在案例 3 中 AR_CFP 比案例 2 减少了 0.145。

　　因此, 当电气距离为 100km、180km 时,增加同步调相机台数减少了高、低端换流器的换相失败概率面积比,提高了高、低端换流器的换相失败免疫力。所提指标可以为实际工程中的同步调相机容量配置提供一定的理论依据,也可用于评估其他类型或场景下直流输电系统的换相失败概率。

7.2.4　分层接入等效短路比指标

1. 分层接入等效短路比指标的提出

采用传统短路比 SCR 衡量分层接入特高压直流输电系统的交流系统强度,

500kV 交流系统短路比为 SCR_1，1000kV 交流系统短路比为 SCR_2。将同步调相机联接在 500kV 交流母线处，基于以下两种案例得到高低端换流器的 CFII 值。

案例 1：$SCR_2=3$，SCR_1 从 3 增加至 6。

案例 2：$SCR_1=3$，SCR_2 从 3 增加至 6。

案例 1 中同步调相机投入前后高低端换流器的 CFII 值如表 7-11 所示。由表 7-11 可知，无同步调相机时，当 500kV 交流系统 SCR_1 由 3 增加到 6，高端换流器的 CFII 值在 0.3190～0.5660 之间变化；投入同步调相机时，当 SCR_1 由 3 增加到 6，高端换流器的 CFII 值在 0.3733～0.6498 变化，表明投入同步调相机和提高 500kV 交流系统强度具有类似效果，均能提高高端换流器的 CFII 值。此外，由表 7-11 可知，不投入同步调相机时，当 SCR_1 由 3 增加到 6，与 1000kV 交流母线相连的低端换流器的 CFII 值在 0.3038～0.3326 变化，表明 500kV 交流系统可以在一定程度上支撑 1000kV 交流系统，从而提高低端换流器的 CFII 值；投入同步调相机时，当 SCR_1 由 3 增加到 6，低端换流器的 CFII 值在 0.3092～0.3342 变化，表明同步调相机同样也能起到支撑 1000kV 交流系统的作用。

表 7-11　案例 1 中同步调相机投入前后高低端换流器的 CFII 值

系统强度		高端换流器 CFII 值		低端换流器 CFII 值	
SCR_2	SCR_1	不投 SC	投入 SC	不投 SC	投入 SC
3	3	0.3190	0.3733	0.3038	0.3092
	4	0.3989	0.4610	0.3162	0.3190
	5	0.4617	0.5531	0.3249	0.3262
	6	0.5660	0.6498	0.3326	0.3342

案例 2 中同步调相机投入前后高低端换流器的 CFII 值如表 7-12 所示。由表 7-12 可知，无同步调相机时，当 1000kV 交流系统 SCR_2 由 3 增加到 6，高端换流器的 CFII 值在 0.3190～0.3509 变化，低端换流器的 CFII 值在 0.3038～0.5660 变化，高低端换流器的 CFII 值都得到提高，表明 1000kV 交流系统对 500kV 交流系统也有支撑作用；投入同步调相机后高低端换流器的 CFII 值都有所提高，但同步

表 7-12　案例 2 中同步调相机投入前后高低端换流器的 CFII 值

系统强度		高端换流器 CFII 值		低端换流器 CFII 值	
SCR_1	SCR_2	不投 SC	投入 SC	不投 SC	投入 SC
3	3	0.3190	0.3733	0.3038	0.3092
	4	0.3312	0.4210	0.3899	0.3914
	5	0.3440	0.4332	0.4774	0.4765
	6	0.3509	0.4499	0.5660	0.5689

调相机联接在 500kV 交流母线处，是通过 500kV 和 1000kV 交流母线之间的联络变压器作用于与 1000kV 交流母线直接相连的低端换流器，因此对低端换流器的 CFII 值改善效果不明显。

综上所述，分层接入特高压直流输电系统的 500kV 和 1000kV 交流母线之间通过联络变压器联接，当同步调相机联接在 500kV 交流母线时，高、低端换流器的换相失败免疫能力同时受到同步调相机和不同交流系统强度的影响。

同步调相机对换流器换相失败免疫能力的影响与等效提高系统强度具有类似效果，因此，为了定量评估同步调相机对分层接入特高压直流输电系统换相失败的影响，需要考虑影响交流系统强度的三个因素：①同步调相机的作用；②不同交流母线之间的联接变压器耦合作用；③不同交流系统之间的相互支撑作用。本节提出分层接入等效短路比(equivalent hierarchical mode SCR，EHMSCR)指标[2]，计算步骤流程图如图 7-18 所示。整个计算过程分为两部分，第一部分为图 7-18 中的步骤(1)~(4)，考虑了 500kV 和 1000kV 交流系统通过变压器耦合后的相互影响；第二部分为图 7-18 中的步骤(5)、(6)，考虑了同步调相机对 500kV 和 1000kV 交流系统强度的影响。具体计算步骤如下。

(1)在 500kV 或 1000kV 交流母线处设置不同故障水平的三相感性故障。

(2)不考虑不同交流系统之间通过变压器耦合作用的相互影响，此时 500kV 和 1000kV 交流系统强度一样，仿真分析不同故障水平下系统换相失败的情况，求取高低端换流器的 CFII 值。

(3)考虑不同交流系统之间通过变压器耦合作用的相互影响，当 500kV 和 1000kV 交流系统强度设置为不同值时，求取高、低端换流器的 CFII 值。

(4)仅考虑同步调相机投入前 500kV 和 1000kV 交流系统强度之间通过变压器耦合作用的相互影响，定义分层接入短路比(hierarchical mode SCR，HMSCR)如式(7-18)、式(7-19)所示：

$$\text{HMSCR}_i = K_{ij} \frac{S_{\text{ac}i}}{P_{\text{d}i}} \tag{7-18}$$

$$\begin{cases} \text{HMSCR}_i \geqslant \text{SCR}_i, & K_{ij} \geqslant 1 \\ \text{HMSCR}_i \leqslant \text{SCR}_i, & K_{ij} \leqslant 1 \end{cases} \tag{7-19}$$

式中，$i=1,2$；$j=1,2\,(j \neq i)$，1 表示 500kV 交流系统，2 表示 1000kV 交流系统。考虑交流系统 j 通过变压器的耦合作用对交流系统 i 的影响时，与交流系统 i 直接相联的换流器 CFII 值记为 $(\text{CFII}_i)_j$；不考虑交流系统 j 通过变压器的耦合作用对交流系统 i 的影响时，与交流系统 i 直接相联的换流器 CFII 值记为 CFII_i。K_{ij} 是 $(\text{CFII}_i)_j$ 与 CFII_i 的比值，表达式如式(7-20)、式(7-21)所示。当 500kV 和 1000kV 交流系统强度相同时，则 K_{ij} 为 1；当 500kV 和 1000kV 交流系统强度不相同时，则 K_{ij} 可以小于或大于 1。

$$K_{ij} = \frac{(\text{CFII}_i)_j}{(\text{CFII}_i)} = \frac{\left(E_i^2 \middle/ \omega L_{\text{m}} P_{\text{d}i}\right)_j}{\left(E_i^2 \middle/ \omega L_{\text{m}} P_{\text{d}i}\right)} \tag{7-20}$$

$$K_{ij} = \begin{cases} 1, & \text{SCR}_i = \text{SCR}_j \\ > 1, & \text{SCR}_i < \text{SCR}_j \\ < 1, & \text{SCR}_i > \text{SCR}_j \end{cases} \tag{7-21}$$

(5)为了评估同步调相机对换相失败的抑制效果，得到不投同步调相机时与交流系统 i 直接相连的换流器 CFII 值，记为 $(\text{CFII}_i)_{\text{nsc}}$，以及投入同步调相机时与交流系统 i 直接相连的换流器 CFII 值，记为 $(\text{CFII}_i)_{\text{sc}}$。

(6)考虑同步调相机的作用和不同交流系统之间通过变压器耦合作用的相互影响，得到分层接入等效短路比（EHMSCR）：

$$\text{EHMSCR}_i = K_{i(\text{sc})} \text{HMSCR}_i \tag{7-22}$$

式中，$K_{i(\text{sc})}$ 为 $(\text{CFII}_i)_{\text{sc}}$ 与 $(\text{CFII}_i)_{\text{nsc}}$ 的比值，代表同步调相机对交流系统 i 强度的影响，其表达式如下：

$$K_{i(\text{sc})} = \frac{(\text{CFII}_i)_{\text{sc}}}{(\text{CFII}_i)_{\text{nsc}}} \tag{7-23}$$

同步调相机能提高分层接入特高压直流系统的换相失败免疫力，因此 $K_{i(\text{sc})}$ 始终大于 1。整个计算流程如图 7-18 所示。

2. 分层接入等效短路比指标的验证与应用

以下基于所提出的 EHMSCR 指标，评估同步调相机对分层接入特高压直流输电系统换相失败的影响，设置以下三个案例。

案例 1：SCR_1=3，SCR_2=3。

案例 2：SCR_1=3，SCR_2=6。

案例 3：SCR_1=3，SCR_2=2.5。

在逆变侧 500kV 交流母线处连接同步调相机，基于上述三个案例，由式(7-18)~式(7-23)计算得到 500kV 交流系统的 EHMSCR_1 和 1000kV 交流系统的 EHMSCR_2，结果如表 7-13 所示。

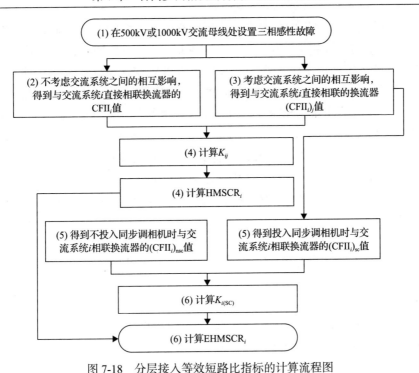

图 7-18　分层接入等效短路比指标的计算流程图

表 7-13　500kV 交流系统的 EHMSCR₁ 和 1000kV 交流系统的 EHMSCR₂ 值

案例	$EHMSCR_1$	$EHMSCR_2$
案例 1 ($SCR_1=3$, $SCR_2=3$)	3.51	3.05
案例 2 ($SCR_1=3$, $SCR_2=6$)	4.23	5.91
案例 3 ($SCR_1=3$, $SCR_2=2.5$)	3.22	2.56

在案例 1 中,由于 500kV 和 1000kV 交流系统强度相等,由式(7-20)、式(7-21)得到 $K_{12}=K_{21}=1$,由式(7-18)得到 $HMSCR_1=HMSCR_2=3$。由表 7-11 可知,与 500kV 交流系统相联的高端换流器 $(CFII_1)_{nsc}$ 为 0.3190,$(CFII_1)_{sc}$ 为 0.3733;与 1000kV 交流系统相联的低端换流器 $(CFII_2)_{nsc}$ 为 0.3038,$(CFII_2)_{sc}$ 为 0.3092。根据式(7-23),$K_{1(sc)}$ 为 1.17,$K_{2(sc)}$ 为 1.017。由式(7-22)得到 500kV 交流系统的 $EHMSCR_1$ 为 3.51,1000kV 交流系统的 $EHMSCR_2$ 为 3.05。结果表明同步调相机可同时提高 500kV 和 1000kV 交流系统强度,而且 500kV 交流系统强度的提高幅度比 1000kV 交流系统的更明显,因此投入同步调相机后高端换流器的 CFII 值增加量比低端换流器要大些,与表 7-11 和表 7-12 得到的结论一致。

在案例 2 中,1000kV 交流系统强度高于 500kV 交流系统强度。由表 7-13 可知,此时 500kV 交流系统 $EHMSCR_1$ 值为 4.23,1000kV 交流系统 $EHMSCR_2$ 值为

5.91。影响交流系统强度的因素有：①不同交流系统之间通过变压器耦合作用的相互影响；②同步调相机的作用。对于 500kV 交流系统而言，一方面，较强的 1000kV 交流系统通过变压器耦合作用支撑 500kV 交流系统；另一方面，同步调相机直接联接在 500kV 交流母线，显著提高了 500kV 交流系统的支撑能力。因此，相比于自身交流系统强度 $SCR_1=3$，500kV 交流系统的等效强度 $EHMSCR_1$ 得到了显著提高。对于 1000kV 交流系统而言，一方面，由于 1000kV 交流系统通过变压器耦合作用支撑 500kV 交流系统，削弱了 1000kV 交流系统自身的强度；另一方面，同步调相机通过变压器耦合作用间接提高 1000kV 交流系统的支撑能力，但是效果有限。因此，相比于自身交流系统强度 $SCR_2=6$，1000kV 交流系统的等效强度 $EHMSCR_2$ 降低了。

在案例 3 中，500kV 交流系统强度高于 1000kV 交流系统强度。由表 7-13 可知，此时 500kV 交流系统 $EHMSCR_1$ 值为 3.22，1000kV 交流系统 $EHMSCR_2$ 值为 2.56。对于 500kV 交流系统而言，一方面，较强的 500kV 交流系统通过变压器耦合作用支撑 1000kV 交流系统，削弱了 500kV 交流系统自身的强度；另一方面，同步调相机直接联接在 500kV 交流母线，提高了 500kV 交流系统的支撑能力。因此，相比于自身交流系统强度 $SCR_1=3$，500kV 交流系统的等效强度 $EHMSCR_1$ 得到了提高。对于 1000kV 交流系统而言，一方面，500kV 交流系统通过变压器耦合作用支撑 1000kV 交流系统；另一方面，同步调相机通过变压器耦合作用间接提高 1000kV 交流系统的支撑能力。因此，相比于自身交流系统强度 $SCR_2=2.5$，1000kV 交流系统的等效强度 $EHMSCR_2$ 也得到了提高。

上述三个案例中，500kV 交流系统的自身 SCR_1 均为 3，同步调相机投入后 500kV 交流系统的等效强度都有所提高，但是由于 1000kV 交流系统 SCR_2 不同，其提高幅度不同。由此可见，评估同步调相机对分层接入特高压直流输电系统换相失败的影响时，500kV 和 1000kV 交流系统之间的相互作用不可忽略。

含同步调相机的分层接入特高压直流输电系统逆变侧结构如图 7-19(a) 所示，其中 500kV 交流系统强度为 SCR_1，1000kV 交流系统强度为 SCR_2。为了验证所提指标的有效性，将原模型等效为如图 7-19(b) 所示的基于 EHMSCR 指标的等效模型，其中 500kV 交流系统强度等效为 $EHMSCR_1$，1000kV 交流系统强度等效为 $EHMSCR_2$。对比分析三种案例下模型等效前后高低端换流器的 CFII 值，结果如表 7-14 所示。

对比三种案例下模型等效前后高低端换流器的 CFII 值，结果表明原模型和等效模型在高低端换流器的换相失败特性方面具有一致性，可见所提出的 EMHSCR 指标可以定量评估同步调相机对分层接入特高压直流输电系统换相失败的影响。该指标还可用于评估多条 LCC-HVDC 之间相互耦合后对交流系统强度的影响，也为耦合复杂模型的分析提供了简化思路和方法。

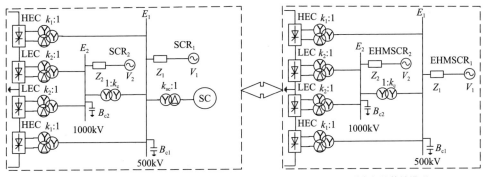

(a) 逆变侧结构　　　　　　　　　　　　　(b) 逆变侧的等效模型

图 7-19　含同步调相机的分层接入特高压直流输电系统的等效模型

表 7-14　不同案例下高低端换流器 CFII 值

案例	模型	高端换流器 CFII 值	低端换流器 CFII 值
案例 1	原模型 (SCR₁=3, SCR₂=3)	0.375	0.310
	等效模型 (EHMSCR₁=3.51, EHMSCR₂=3.05)	0.372	0.307
案例 2	原模型 (SCR₁=3, SCR₂=6)	0.450	0.569
	等效模型 (EHMSCR₁=4.23, EHMSCR₂=5.91)	0.448	0.566
案例 3	原模型 (SCR₁=3, SCR₂=2.5)	0.342	0.264
	等效模型 (EHMSCR₁=3.22, EHMSCR₂=2.56)	0.341	0.263

参 考 文 献

[1] Sha J B, Guo C Y, Rehman A U, et al. A quantitative index to evaluate the commutation failure probability of LCC-HVDC with synchronous condenser[J]. Applied Sciences-basel, 2019, 9(5): 153-164.

[2] Rehman A U, Guo C Y, Zhao C. Quantitative index to evaluate the impact of reactive power compensators on AC system′s strength of UHVDC transmission under hierarchical infeed mode[J]. IET Generation. Transmission & Distribution, 2020, 14(3): 441-448.

[3] Szechtman M, Wess T, Thio C V. A benchmark model for HVDC system studies//Proceeding of International Conference on AC and DC Power Transmission. London: Institution of Engineering and Technology(IET), 1991: 374-378.

[4] 陈斌. 特高压直流分层接入方式下无功电压协调控制技术[D]. 南京: 东南大学, 2016.

[5] 邵瑶, 汤涌. 采用多馈入交互作用因子判断高压直流系统换相失败的方法[J]. 中国电机工程学报, 2012, 32(4): 108-114.

[6] 汤奕, 陈斌, 王琦, 等. 特高压直流分层接入下混联系统无功电压耦合特性分析[J]. 电网技术, 2016, 40(4): 1005-1011.

[7] 李志强, 蒋维勇, 王彦滨, 等. 大容量新型调相机关键技术参数及其优化设计[J]. 大电机技术, 2017, (4): 15-22.

第四篇 提高换相失败抵御能力的
多种新型换流器拓扑

为了增强 LCC-HVDC 的换相失败抵御能力，本篇从改进传统直流换流器拓扑结构的角度出发，分为三章，分别从换流器内部改进型、换流器交流侧改进型和换流器直流侧改进型三个维度，提出多种新型换流器拓扑，研究故障期间系统的暂态特性及换相失败的免疫能力。

第 8 章提出两种换流器内部改进型新型 LCC 换流器拓扑，一种是在换流器桥臂中串入晶闸管全桥子模块，在故障期间提供辅助换相电压；另一种是在换流器桥臂中串入晶闸管全桥耗能子模块，抑制暂态直流电流，增加关断角裕度。这一章提出新型 LCC 换流器拓扑与桥臂串入子模块的协调控制策略，阐述子模块参数的设计方法，研究故障期间改进型 LCC-HVDC 系统的暂态特性，重点探讨其对于换相失败的抵御能力。

第 9 章针对电容换相电容器的换相电容充放电不可控而带来的系统运行特性恶化等问题，从换流器交流侧改进角度出发，提出基于反并联晶闸管全桥子模块的新型电容换相换流器拓扑，设计阀臂晶闸管与子模块的协调控制策略，提出子模块的参数设计方法，研究新型电容换相换流器的暂态特性、电压电流应力及对换相失败的抑制效果。

第 10 章从换流器直流侧改进角度出发，提出基于晶闸管全桥耗能子模块的新型 DC Chopper 拓扑结构，将其并联在 LCC-HVDC 系统逆变站的直流出口处，通过耗能来减小故障时逆变侧的暂态直流电流，从而增强系统的换相失败抵御能力。这一章设计子模块的工作模式及参数，提出 DC Chopper 与 LCC-HVDC 之间的协调控制方法，研究新型 DC Chopper 对 LCC-HVDC 系统换相失败的抑制作用。

第 8 章　换流器内部改进型新型 LCC 拓扑

本章将介绍两种换流器内部改进型新型 LCC 换流器拓扑结构，一种是在桥臂中串入晶闸管全桥子模块来提供辅助换相电压支撑的新型 LCC 拓扑[1, 2]，另一种是在桥臂中串入晶闸管全桥耗能子模块来抑制故障电流的新型 LCC 拓扑[3]。其中，前者在故障时可通过晶闸管全桥子模块控制电容的投入时序及电容电压，从而为系统提供辅助换相电压支撑，增大换相电压时间面积，提高系统换相失败免疫力；后者能够在系统出现故障时，通过调节耗能子模块中晶闸管的状态，投入耗能电阻，抑制暂态直流电流的增长，增加关断角的裕度，进而降低系统换相失败概率。本章首先对两种新型 LCC 拓扑的子模块结构及其抑制换相失败的机理展开分析，详细给出嵌入桥臂中子模块的不同工作模式，然后提出全桥子模块和换流阀之间的协调控制策略及子模块参数的设计方法，最后研究两种新型 LCC 拓扑在故障期间的暂态特性及换相失败抑制效果。

8.1　基于晶闸管全桥子模块的新型 LCC 拓扑

8.1.1　新型 LCC 拓扑及其控制策略

1. 晶闸管全桥子模块及新型 LCC 拓扑

基于晶闸管全桥子模块的新型 LCC 拓扑结构如图 8-1(a)所示，其中，$VT_1 \sim VT_6$ 是 LCC 阀臂晶闸管，由数十个晶闸管串联而成；SM(sub-module)为阀臂串联的晶闸管全桥模块(T-FBSM)，其结构如图 8-1(b)所示，每一个 T-FBSM 内部都由 $VT_a \sim VT_d$ 构成桥式结构，电容用来在故障期间提供辅助换相电压。需要注意的是，T-FBSM 中的 VT_a(VT_b、VT_c 或者 VT_d)也是由若干个晶闸管串联而成，其数目根据 T-FBSM 电容电压决定；而且，T-FBSM 也需要并联均压电阻，来实现阀臂晶闸管与子模块的合理分压。

根据换相过程，可得到阀臂串联子模块后 LCC-HVDC 的换相回路方程为

$$L_r \frac{\mathrm{d}i_{\text{open}}(t)}{\mathrm{d}t} - L_r \frac{\mathrm{d}i_{\text{close}}(t)}{\mathrm{d}t} = u(t) + U_C(t) \qquad (8\text{-}1)$$

式中，$i_{\text{open}}(t)$ 和 $i_{\text{close}}(t)$ 分别为将要开通和关断的阀臂上流过的电流；L_r 为换相电抗；$u(t)$ 为交流母线线电压；$U_C(t)$ 为电容电压。

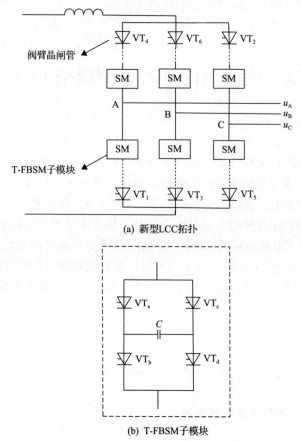

(a) 新型LCC拓扑

(b) T-FBSM子模块

图 8-1　基于晶闸管全桥子模块的新型 LCC 拓扑结构

　　由式(8-1)可知，通过动态调节子模块晶闸管的开关状态，可在交流故障时通过子模块输出一定的辅助换相电压，进而增大关断角裕度，提高换相失败免疫能力。

　　针对 LCC-HVDC 系统的启动、稳态、故障等不同运行工况，T-FBSM 有 6 种工作状态，如图 8-2 所示。

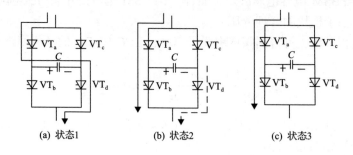

(a) 状态1　　　　　　(b) 状态2　　　　　　(c) 状态3

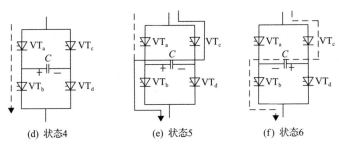

(d) 状态4   (e) 状态5   (f) 状态6

图 8-2　T-FBSM 的工作状态

工作状态 1：当阀臂处于从关断到导通的开通过程时，触发 VT_a 和 VT_d，对子模块电容充电至设定值 U_{Cset}。

工作状态 2：当子模块电容电压达到设定值 U_{Cset} 时，触发 VT_b，VT_b 承受正向电容电压导通，电流从 0 慢慢增大；VT_d 承受电容反向电压慢慢关断，电流逐渐为 0。工作状态 2 是从工作状态 1 到工作状态 3 的短时过渡状态。

工作状态 3：当 VT_d 完全关断时，工作状态 2 结束，晶闸管 VT_a 和 VT_b 完全导通，阀臂完全导通。

工作状态 4：当阀臂处于关断过程且系统无故障时，阀臂所串联的子模块晶闸管 VT_a 和 VT_b 也承受反向电压而慢慢关断，电流逐渐为 0。

工作状态 5：当阀臂处于关断过程且交流系统发生故障时，触发 VT_c，VT_a 承受电容反向电压慢慢关断，电容反向充电至极性反转，该工作状态是工作状态 3 到工作状态 6 的一个短时过渡状态。

工作状态 6：工作状态 5 结束后，电容电压极性反转，VT_b、VT_c 均承受电容反向电压而逐渐关断，电容的反向电压也同时叠加到阀臂换相电压上，增大整个阀臂关断时的换相电压，即增大换相电压时间面积，使整个阀臂在故障期间更加易于关断。需要注意的是，交流系统故障越严重，换相过程持续时间越长，电容反向充电电压越大，辅助换相电压越大，这也可能会导致电容过电压而损坏。为了防止电容过电压，必须考虑电容电压的额定值 U_{cN}，因此在该阶段中电容电压达到额定值时，触发 VT_d，VT_b 承受电容反向电压而逐渐关断，电容被旁路，不再参与辅助换相，其电压也被限制在允许范围内。

需要注意的是，由于 T-FBSM 是一种桥式对称结构，因此由图 8-2 可得到图 8-3 所示对称的 6 个工作状态，具体可根据电容电压的极性来确定。

通过分析 T-FBSM 的上述 6 种工作状态可知，在交流系统发生故障时，阀臂串联的 T-FBSM 通过工作状态 5 和 6 可以为系统提供辅助换相电压，从而提高 LCC-HVDC 系统的换相失败免疫力。

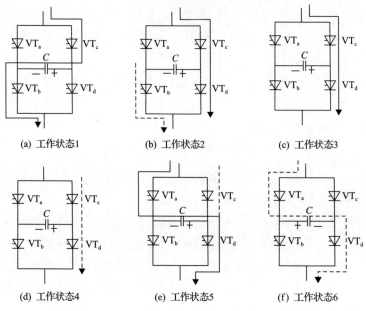

(a) 工作状态1　　　　　(b) 工作状态2　　　　　(c) 工作状态3

(d) 工作状态4　　　　　(e) 工作状态5　　　　　(f) 工作状态6

图 8-3　T-FBSM 的 6 种工作状态(与图 8-2 对称)

2. 阀臂和 T-FBSM 子模块的协调控制策略

上小节分析了子模块 T-FBSM 在 LCC-HVDC 不同运行工况下的 6 种工作状态,为了提高 LCC-HVDC 的换相失败免疫力,需要 T-FBSM 与阀臂晶闸管协同配合,本节将介绍阀臂与串联子模块间的协调控制策略,控制策略流程图如图 8-4 所示。

在正常运行条件下,T-FBSM 根据其所在阀臂的导通关断情况在工作状态 1-4 间切换。某相阀臂触发导通时,检测该阀臂子模块电容电压是否达到初始给定值 U_{Cset},如果达到 U_{Cset},则触发 VT_a、VT_b [电流路径如图 8-2(3)];一旦小于设定值,则触发子模块晶闸管 VT_a、VT_d,为电容充电[电流路径如图 8-2(1)];当电容达到设定值时,触发 VT_b [电流路径如图 8-2(2)], VT_d 承受电容反压关断, VT_b 承受正向电压导通,最终阀臂完全导通[电流路径如图 8-2(3)]。即对于正在换相导通的阀臂,其子模块均是根据电容电压大小决定电流路径为(1)-(2)-(3)或直接(3)。

对于即将换相关断的阀臂,正常运行时,子模块电流路径为(3)-(4);交流系统故障下,子模块 VT_a、VT_b 处于通态,在阀臂关断时触发 VT_c, VT_c 承受电容正向电压导通, VT_a 承受电容反向电压关断,电容开始反向充电,实现辅助换相,电流路径为(3)-(5)-(6),最终使阀臂完全关断。

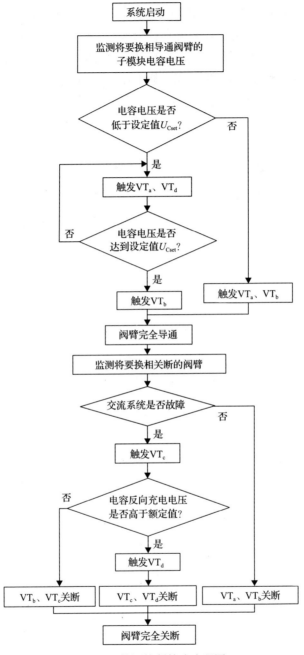

图 8-4　协调控制策略流程图

图 8-5 为故障前后各相阀臂和子模块的触发时序图。其中，图中矩形框代表
ABC 三相上下六个阀臂晶闸管的触发脉冲，6 个阀臂按照 VT_1、VT_2、VT_3、VT_4、

VT_5、VT_6每隔 60°顺序导通;白色矩形部分代表 VT_a、VT_d 的触发脉冲,用于阀臂导通时对子模块电容充电;灰色矩形部分代表阀臂稳态导通时 VT_a、VT_b 的触发脉冲;黑色矩形部分代表故障期间阀臂换相关断时 VT_b、VT_c 的触发脉冲。由图 8-5 可以看出,子模块大部分时间仅导通电容一侧的晶闸管,与阀臂晶闸管一起工作,而电容处于旁路状态,仅在电容电压不足或者故障状态下电容才会投入运行。

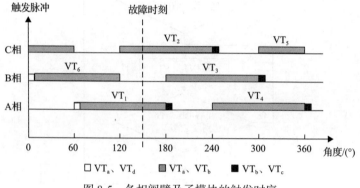

图 8-5 各相阀臂及子模块的触发时序

为了更加详细说明阀臂串联子模块在交流系统故障期间对直流系统换相过程的辅助作用,图 8-6 给出了故障期间阀臂与串联子模块间的协调控制策略,图 8-7 为新型 LCC 拓扑在故障期间的等值换相电路。其中,i_{VT_n} 是流过某一相阀臂 VT_n 的电流;U_C 是阀臂子模块 T-FBSM 的电容电压;i_{open} 和 i_{close} 分别指换相过程中流过即将导通的阀臂和即将关断的阀臂电流。假设在交流系统故障期间,阀臂 VT_n 向 VT_m 换相,详细换相过程如下。

(1)工作状态 5($t_1 \sim t_2$):触发正在换相关断的阀臂 VT_n 的子模块 T-FBSM 晶闸管 VT_c,VT_a 承受电容反向电压而逐渐关断,并通过 VT_c-C-VT_b 对电容进行反向充电,电容电位反转。

(2)工作状态 6($t_2 \sim t_3$):子模块电容 C 对正在换相关断的阀臂 VT_n 施加反向电压,为系统提供辅助换相电压支撑,使得阀臂 VT_n 更利于向 VT_m 换相,因此提高了故障期间直流输电系统的换相能力。

(3)工作状态 1($t_4 \sim t_5$):工作状态 6 结束后,阀臂 VT_n 完全关断,在下一次换相导通时(t_4 时刻,此时电容电压与上次换相时极性相反),如果电容电压低于初始设定值 U_{Cset},则触发 VT_b 和 VT_c,将电容电压调整到初始设定值,如图 8-6 所示。需要注意的是,由于在故障期间阀臂每一次换相关断后电容电压的极性都会发生反转,所以该控制策略是在已有的电容电压上进行调整,会触发 VT_b 和 VT_c 对电容充电(而不是触发 VT_a 和 VT_d)。

(4)工作状态 2($t_5 \sim t_6$):电容电压充电到初始设定值时(t_5 时刻),触发 VT_d,

VT$_d$ 导通，VT$_b$ 承受电容反向电压关断，电容旁路。需要注意的是，在交流系统故障期间，正在换相导通的阀臂子模块电容没有参与辅助换相，但正在换相关断的阀臂子模块电容参与了辅助换相，为直流系统提供了辅助换相电压。

（5）工作状态 3（$t_6 \sim t_7$）：VT$_b$ 经过工作状态 2 完全关断，晶闸管 VT$_c$ 和 VT$_d$ 导通，子模块进入工作状态 3，阀臂 VT$_n$ 电流逐渐达到额定直流电流值。

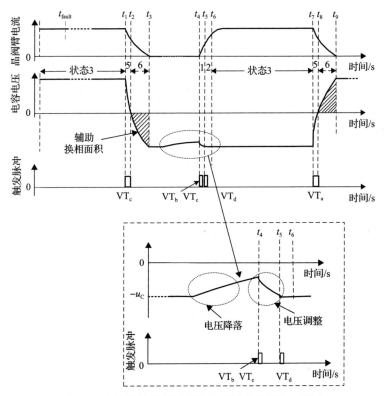

图 8-6　交流故障期间子模块与阀臂的协同控制策略

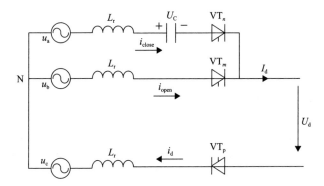

图 8-7　新型 LCC 拓扑在故障期间的等值换相电路

(6) t_7 时刻之后：在阀臂 VT_n 再一次处于换相关断过程时，如果故障还没有消除，则继续重复上一次换相关断时的步骤，只是子模块动作触发的晶闸管要根据电容的极性进行调整。

8.1.2 晶闸管全桥子模块的参数设计方法

1. T-FBSM 中晶闸管电压电流应力分析及参数选取方法

当某个阀臂处于通态时，阀臂两端电压近似为 0，此时子模块晶闸管(VT_a～VT_d)承受的电压为电容电压 U_C。

当阀臂处于断态时，阀臂电压为阻断电压 $u(t)$，子模块晶闸管不仅承受电容电压，还需承受子模块与阀臂晶闸管均压后的部分阻断电压。设阀臂由 n 个晶闸管串联组成，每个晶闸管均压电阻为 r_1；子模块中的 VT_a、VT_b、VT_c 和 VT_d 均由 m 个晶闸管串联组成，每个晶闸管的均压电阻为 R，子模块自身的均压电阻为 r_2，等值电路如图 8-8 所示。

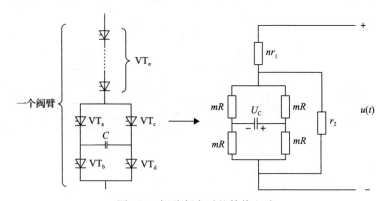

图 8-8　阀臂断态时的等值电路

对图 8-8 所示电路应用叠加定理后的等值电路如图 8-9 所示。

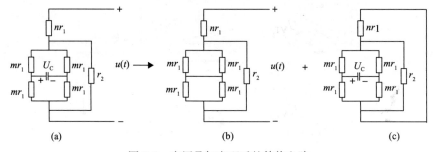

图 8-9　应用叠加定理后的等值电路

$u(t)$ 单独作用时，电容电压置零，子模块晶闸管承受的电压为

$$
\begin{cases}
U_{VT_a(1)} = \dfrac{r_2'}{2(nr_1 + r_2')} u(t) \\[2mm]
U_{VT_b(1)} = \dfrac{r_2'}{2(nr_1 + r_2')} u(t) \\[2mm]
U_{VT_c(1)} = \dfrac{r_2'}{2(nr_1 + r_2')} u(t) \\[2mm]
U_{VT_d(1)} = \dfrac{r_2'}{2(nr_1 + r_2')} u(t)
\end{cases}
\tag{8-2}
$$

式中

$$
r_2' = \frac{mr_1 r_2}{mr_1 + r_2}
\tag{8-3}
$$

电容电压单独作用时，阻断电压 $u(t)$ 置零，子模块晶闸管承受的电压为

$$
\begin{cases}
U_{VT_a(2)} = -\dfrac{1}{2} U_C \\[2mm]
U_{VT_b(2)} = \dfrac{1}{2} U_C \\[2mm]
U_{VT_c(2)} = \dfrac{1}{2} U_C \\[2mm]
U_{VT_d(2)} = -\dfrac{1}{2} U_C
\end{cases}
\tag{8-4}
$$

根据叠加定理，子模块四组晶闸管承受的电压为

$$
U_{VT_a \sim VT_d} = U_{VT_a \sim VT_d(1)} + U_{VT_a \sim VT_d(2)}
\tag{8-5}
$$

即

$$
\begin{cases}
U_{VT_a} = -\dfrac{1}{2} U_C + \dfrac{r_2'}{2(nr_1 + r_2')} u(t) \\[2mm]
U_{VT_b} = \dfrac{1}{2} U_C + \dfrac{r_2'}{2(nr_1 + r_2')} u(t) \\[2mm]
U_{VT_c} = \dfrac{1}{2} U_C + \dfrac{r_2'}{2(nr_1 + r_2')} u(t) \\[2mm]
U_{VT_d} = -\dfrac{1}{2} U_C + \dfrac{r_2'}{2(nr_1 + r_2')} u(t)
\end{cases}
\tag{8-6}
$$

设子模块中 $VT_a \sim VT_d$ 的最大耐压值为 U_{VTmax}，由前述分析可知其承受的最大电压为

$$U_{VT_{max}} = \max\left\{ U_C, \frac{1}{2}U_C + \frac{r_2'}{2(nr_1 + r_2')}u(t) \right\} \tag{8-7}$$

由式(8-7)可知，通过合理选择晶闸管个数 n、晶闸管均压电阻和子模块均压电阻，可以将子模块晶闸管的最大承受电压控制在电容电压 U_C 范围内。

另外，由图 8-1 可知，子模块 T-FBSM 串联在各个阀臂中，流过阀臂晶闸管的电流与流过子模块晶闸管电流一致，因此阀臂晶闸管的额定电流也可以作为子模块晶闸管的选型标准。

2. T-FBSM 中电容参数的选取方法

T-FBSM 中的电容对其正常工作起着十分重要的作用，它不仅有助于实现图 8-2 和图 8-3 中子模块工作状态的灵活切换，而且在交流故障时可以增大阀臂换相电压，提升晶闸管的换相能力。因此，电容参数的选择至关重要，要求在规定的时间内充放电至所需要的电压值，在满足晶闸管器件耐压需求的前提下，实现换相支撑作用的最大化。电容容值的具体选取方法如下所述。

传统直流输电换相机理仍适用于阀臂串联 T-FBSM 后的新型 LCC 拓扑，换相过程满足

$$L_r \frac{\mathrm{d}i_{open}(t)}{\mathrm{d}t} - L_r \frac{\mathrm{d}i_{close}(t)}{\mathrm{d}t} = U\sin(\omega t + \alpha) + U_C(t) \tag{8-8}$$

$$i_{open}(t) + i_{close}(t) = I_d \tag{8-9}$$

式中

$$i_{close}(t) = C\frac{\mathrm{d}U_C(t)}{\mathrm{d}t} \tag{8-10}$$

将式(8-9)、式(8-10)代入式(8-8)，可得

$$-2L_r C\frac{\mathrm{d}^2 U_C(t)}{\mathrm{d}t^2} - U_C(t) = U\sin(\omega t + \alpha) \tag{8-11}$$

对式(8-11)进行拉氏变换，可得

$$-2LC\left[s^2 U_C(s) - sU_C(0^-) - U_C'(0^-) \right] - U_C(s) = U\frac{s\sin\alpha + \omega\cos\alpha}{(s^2 + \omega^2)} \tag{8-12}$$

整理后得到

$$U_{\mathrm{C}}(s) = U\frac{s\sin\alpha + \omega\cos\alpha}{(s^2+\omega^2)(-2LCs^2-1)} + \frac{2LCU_{\mathrm{C}}'(0^-)+s2LCU_{\mathrm{C}}(0^-)}{2LCs^2+1} \qquad (8\text{-}13)$$

假设辅助换相初始时刻为 0 时刻, 忽略图 8-6 中工作状态 5 对应的电容短时反向充电过程, 认为由状态(5)切换为状态(6)的过程中, 直流电流几乎没有变化, 则

$$CU_{\mathrm{C}}'(0^-) = I_{\mathrm{d}} \qquad (8\text{-}14)$$

由图 8-2 可知, 当辅助换相开始电容被反向充电时, 最极端的情况为子模块工作状态由(5)切换为(6)时电容电压恰好为 0, 此时对电容继续反向充电后, 其电压最易达到晶闸管的最高耐压幅值, 因此, 考虑最极端情况来计算电容容值, 即

$$U_{\mathrm{C}}(0^-) = 0 \qquad (8\text{-}15)$$

将式(8-14)、式(8-15)代入式(8-13), 可得到电容电压与电容容值的关系如下:

$$
\begin{aligned}
U_{\mathrm{C}}(t) = {}&-\frac{U\sin\alpha}{2L_{\mathrm{r}}C}\left[\frac{2L_{\mathrm{r}}C}{2L_{\mathrm{r}}C\omega^2-1}\cos\left(\frac{1}{\sqrt{2L_{\mathrm{r}}C}}t\right)+\frac{2L_{\mathrm{r}}C}{1-2L_{\mathrm{r}}C\omega^2}\cos(\omega t)\right] \\
&-\frac{U\cos\alpha}{2L_{\mathrm{r}}C}\left[\frac{\omega 2L_{\mathrm{r}}C\sqrt{2L_{\mathrm{r}}C}}{2L_{\mathrm{r}}C\omega^2-1}\sin\left(\frac{1}{\sqrt{2L_{\mathrm{r}}C}}t\right)+\frac{2L_{\mathrm{r}}C}{1-2L_{\mathrm{r}}C\omega^2}\sin(\omega t)\right] \qquad (8\text{-}16) \\
&+\frac{I_{\mathrm{d}}}{C}\sqrt{2L_{\mathrm{r}}C}\sin\left(\frac{1}{\sqrt{2L_{\mathrm{r}}C}}t\right)
\end{aligned}
$$

式中, L_{r} 为等值换相电感; $U\sin(\omega t+\alpha)$ 为换流母线线电压; I_{d} 为直流电流; α 为触发角; t 为换相持续时间。

由式(8-16)可知, 电容容值受换流母线线电压 U、换相电抗 L_{r}、触发角 α、换相持续时间 t 及电容电压变化量等参数影响。

8.1.3　基于晶闸管全桥子模块 LCC 拓扑的系统特性

1. 系统模型及参数

为了研究所提出的基于晶闸管全桥子模块的新型 LCC 拓扑的换相失败抵御效果, 本章采用 CIGRE 标准测试模型[4]作为研究对象, 在其逆变器的每个阀臂中串入相同数目的子模块, 而控制方式与 CIGRE 标准测试模型一致, 整流侧采用定

电流控制，逆变侧采用定关断角控制，同时采用前述阀臂与 T-FBSM 的协调控制策略。

　　已知系统额定直流电压为 500kV，额定有功功率为 1000MW，在稳态运行下，系统换相电压幅值为 $U = 209.23\sqrt{2}\text{kV}$，$L$=0.18p.u.，$\alpha$=142°，$\gamma$=15°，$\mu$=23°，计算可得系统换相时间约为 1.278ms。这里选取电容提供的辅助换相电压为系统换相电压幅值的 10%（可根据实际需要确定辅助换相电压的幅值大小，这里以 10% 为例进行参数设计），即电容电压额定值 U_C 约 30kV，VT$_a$～VT$_d$ 分别由 8 个晶闸管串联构成（每个晶闸管额定工况下的承压为 4kV），根据式(8-16)计算可得子模块电容约为 30μF。为保证故障期间换相关断的阀臂中子模块电流路径从状态(5)顺利切换为状态(6)，电容初始充电电压应略低于电容额定电压，本书案例中电容初始充电电压为 20kV。另外，考虑故障检测延时时间的影响，这里设置故障发生延时 1ms 后子模块开始发挥作用。

　　2. 晶闸管全桥子模块中电容的充电特性

　　当 LCC-HVDC 某一相阀臂换相导通时，如果子模块电容电压小于初始设定值，该阀臂子模块可通过工作状态(1)对电容进行充电。为验证电容充电控制策略的正确性，本小节对新拓扑的电容充电特性进行仿真分析。

　　当某个阀臂导通时，其所串联的子模块晶闸管 VT$_a$、VT$_d$ 触发导通，形成 VT$_a$-C-VT$_d$ 电流通路，电容电压从 0 开始逐渐上升，当电容充电到设定值 U_{Cset} 时，触发晶闸管 VT$_b$，其承受电容正向电压而导通，而 VT$_d$ 承受电容反向电压而逐渐关断，电容因此也被旁路；仅当该阀臂再次导通且电容电压小于设定值时才会再次对电容充电。图 8-10 为子模块电容的充电特性，由结果可知，电容电压在所设计的控制策略下可充电至设定值 20kV，且当达到 20kV 之后，电容可被旁路而其电压保持在 20kV 左右。

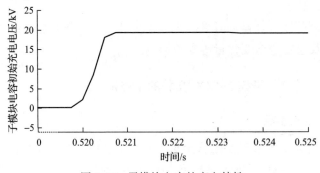

图 8-10　子模块电容的充电特性

3. 系统稳态运行特性

为了更好地分析新型 LCC 拓扑的稳态运行特性,采用如下两个案例进行对比研究。

案例 1: CIGRE 标准测试模型;

案例 2: 新型 LCC 拓扑构成的 LCC-HVDC。

图 8-11 为两案例中系统正常运行时直流侧、阀侧、网侧电压波形,可以看出,两案例中的电压波形基本一致。这是因为在稳态下,案例 2 中的子模块仅有一侧晶闸管(VT_a、VT_b 或 VT_c、VT_d)处于导通或者关断状态,电容电压并不投入运行,这与案例 1 中 LCC-HVDC 的工作原理相同,因此系统特性基本一致。

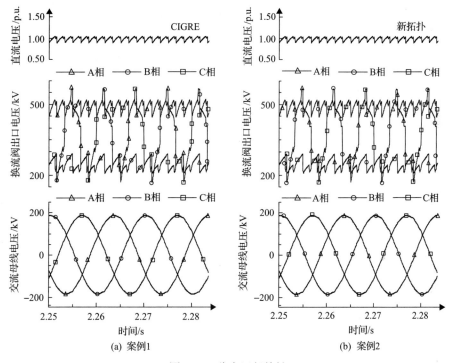

(a) 案例1　　　　　　　　　　　(b) 案例2

图 8-11　稳态运行特性

4. 系统故障期间的暂态特性

为了分析阀臂串联 T-FBSM 子模块的新型 LCC 拓扑结构在降低换相失败概率方面的作用效果,同时考虑到其工作原理是通过电容电压进行辅助换相,本节对比了新型 LCC 拓扑、已有的 CCC 拓扑和传统 LCC 三种拓扑结构在故障期间的暂态特性。

其中，新型 LCC 和 CCC 型直流输电系统均基于 CIGRE 标准测试模型改进得到，且两个系统与 CIGRE 标准测试模型具有相同的稳态运行参数。在所提出的新型 LCC 拓扑中，每一个阀臂均串联一个子模块，且每个子模块电容电压最大值不超过 30kV，即辅助换相电压最大值为 30kV。CCC-HVDC 在工作时，每次换相均有两相电容投入辅助换相；而所提拓扑在换相期间仅有一相电容投入，因此为进行换相失败抑制效果对比，CCC-HVDC 每个电容最大电压设置为 15kV，即两种拓扑结构均提供最大 30kV 的辅助换相电压。

针对上述三种拓扑，分别在逆变侧交流母线处设置感性单相接地故障，故障电感为 0.5H，故障发生在 1.0s，故障持续时长为 50ms，系统直流电压、直流电流、有功功率、关断角、逆变侧交流母线电压和整流侧触发角的暂态特性如图 8-12 所示。

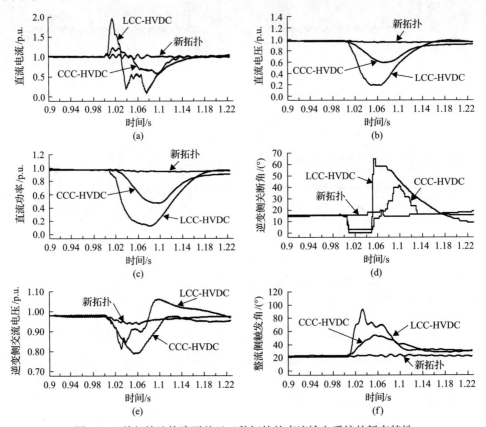

图 8-12　单相接地故障下基于三种拓扑的直流输电系统的暂态特性

从图 8-12 可知，单相接地故障发生后，只有 LCC-HVDC 系统发生了换相失败。由于故障发生后，逆变侧交流母线电压降低，直流电压降低，直流电流上升，换相电压时间面积不足，故导致换相失败。换相失败发生后，LCC-HVDC 逆变侧的直流电压降低到 0.2p.u.，直流电流迅速上升至额定值的 2 倍，最大功率损失接近 90%，交流母线电压受到换相失败的影响，也发生畸变。

对于 CCC-HVDC 系统，故障期间没有发生换相失败，系统参数有一定程度的波动，但是直流电流没有剧增，直流电压降低到 0.6p.u.，导致有功功率损失 50% 左右。这是因为在故障期间，虽然交流母线电压降低导致换相电压不足，但是联接在变压器阀侧的电容器提供了辅助换相电压，配合故障期间控制系统的调节作用，最终使得换相成功。然而，虽然 CCC-HVDC 换相成功，但是从图 8-12(c)中可以看出，相较于 LCC-HVDC，CCC-HVDC 需要更长的时间恢复到稳定运行状态，故障恢复过程较慢；这是因为在不对称故障情况下，三相电容的充放电特性不同，进而导致电容与系统能量交换不对称，减缓了故障恢复速度[5]。

对于所提出的新型 LCC 拓扑，交流故障发生后，关断角在额定值附近有较小波动，而直流电压、直流电流、有功功率和交流电压等关键参数也都维持在额定值附近。可以看出即使在故障情况下，新拓扑也能稳定运行，阀臂串联的子模块有效增强了系统的换相失败抑制能力，故障后系统也可以较快恢复稳定。

5. 系统的换相失败免疫特性

为了分析新型 LCC 拓扑在抑制换相失败方面的作用效果，这里仍然采用换相失败免疫因子 CFII 作为评价指标，CFII 值越大，系统抵御换相失败的能力越强。

1) 单相故障下的换相失败免疫特性

单相接地故障下，新型 LCC、已有的 CCC 和传统 LCC 拓扑在一个周期内不同故障合闸角下的换相失败免疫因子 CFII 值如图 8-13 所示。当单相故障发生后，LCC-HVDC 的 CFII 平均值约为 20%，采用新型拓扑后系统 CFII 约为 35%，而 CCC-HVDC 的 CFII 约为 40%。新型拓扑结构和 CCC-HVDC 的 CFII 值明显大于 LCC-HVDC，表明新拓扑通过在阀臂中串联 T-FBSM 子模块，有效地提高了直流系统的换相失败免疫力。

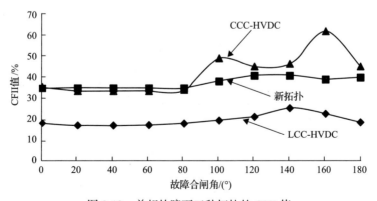

图 8-13　单相故障下三种拓扑的 CFII 值

从图 8-13 还可以看出，在提供同样辅助换相电压作用下，CCC-HVDC 系统的 CFII 值要稍大于所提新拓扑的 CFII 值。这主要是由于 CCC-HVDC 系统中的三相电容电压不可控，在故障情况下，CCC-HVDC 的电容电压会随着故障电流的增大而增大，因此可认为系统提供更大的换相电压时间面积，使得系统具有更强的换相能力；而新型拓扑中阀臂子模块电容电压可控，在故障发生时，随着故障电流的增大，电容电压增加，当电容电压增加到最大允许值时，控制系统将旁路电容，以防止电容过电压，这也使得新拓扑的辅助换相支撑能力受到了电容电压幅值的限制。

为进一步验证上述原因，针对换相成功与换相失败两种工况下 CCC-HVDC 和新型拓扑的电容电压进行对比分析。

工况 1：两种拓扑结构逆变侧交流系统发生经 0.5H 电感的单相接地故障，故障时刻为 1s，持续时间为 0.05s，仿真结果表明，两种拓扑结构均没有发生换相失败，二者的电容电压结果如图 8-14 所示。

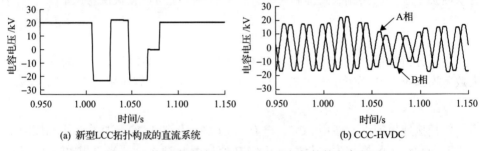

(a) 新型LCC拓扑构成的直流系统　　　　　　　　　(b) CCC-HVDC

图 8-14　换相成功时 CCC-HVDC 和新拓扑的电容电压

工况 2：两种拓扑结构逆变侧交流系统发生经 0.3H 电感的单相接地故障，故障时刻为 1s，持续时间为 0.05s，仿真结果表明，两种拓扑结构均发生了换相失败，此时二者的电容电压结果如图 8-15 所示。

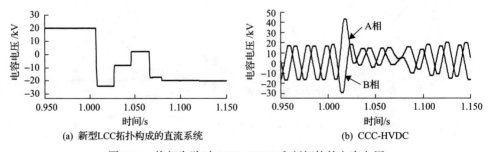

(a) 新型LCC拓扑构成的直流系统　　　　　　　　　(b) CCC-HVDC

图 8-15　换相失败时 CCC-HVDC 和新拓扑的电容电压

从图 8-14(a)可以看出，故障发生前，新拓扑的子模块电容电压一直维持在初始值，这是因为稳态运行状态下子模块电容旁路，不参与辅助换相；在故障发生后，电容为系统提供辅助换相电压支撑，但其电压值在控制系统的调节下，一直保持在额定值 30kV 范围内，表明电容电压具有可控性。由图 8-14(b)可知，CCC-HVDC 系统稳态运行时，三相电容就参与了系统换相过程，电容电压维持在额定值 15kV 内；然而，当故障发生时，由于故障电流的增加和系统电容电压的不可控，电容电压幅值最高达到了 26.5kV，约为额定值的 1.76 倍，因此电容提供了更大的辅助换相电压，在同样的额定电容电压下 CCC-HVDC 有更强的换相失败抵御能力。

由图 8-15 可见，新型拓扑和 CCC-HVDC 均发生了换相失败。由于协调控制的调节作用，新拓扑的子模块电容电压即使在换相失败情况下，也可以维持在额定值范围内，防止电容过电压；相反地，在系统发生换相失败的情况下，CCC-HVDC 电容电压不可控，由图 8-14 和图 8-15 可知，CCC-HVDC 故障期间更强的换相失败免疫效果，是电容电压不可控而过电压时进一步增加换相电压时间面积的结果，其最大值甚至达到 3.0p.u.，需配置避雷器进行过电压限制。

2)三相故障下的换相失败免疫特性

三相接地故障下，新型 LCC、已有的 CCC 和传统 LCC 拓扑在一个周期内不同故障合闸角下的换相失败免疫因子 CFII 值如图 8-16 所示。由 8-16 可以看出，LCC-HVDC 三相故障下的 CFII 值约为 13%，新拓扑三相故障下的 CFII 值约为 23%，CCC-HVDC 约为 26%。新拓扑和 CCC-HVDC 在三相故障下抵御换相失败的能力明显高于 LCC-HVDC，而 CCC-HVDC 的 CFII 值略高于新拓扑，其原因与前述的单相故障下 CCC-HVDC 电容电压不可控类似，这里不再赘述。

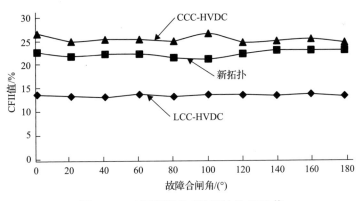

图 8-16　三相故障下三种拓扑的 CFII 值

6. 晶闸管全桥子模块的电压电流应力分析

采用新型 LCC 拓扑的直流系统参数与 CIGRE 标准测试模型基本一致，每个阀臂串联一个子模块，每个子模块中 $VT_a \sim VT_d$ 各自均由 8 个晶闸管串联而成 ($m=8$)，每个晶闸管正常运行电压为 4kV。设置均压电阻 $r_2 = mr_1$，将 $m=8$ 和 $r_2 = mr_1$ 代入式(8-7)，可以得出当阀臂晶闸管串联数目 n 大于 36 时，子模块晶闸管 VT_i ($i=a, b, c, d$)最大承受电压小于电容额定电压值 30kV。而在实际 ±500kV/±800kV LCC-HVDC 系统中，每个阀臂晶闸管数目要远多于 36，因此，子模块晶闸管承受的电压可以控制在允许范围内。

　　为了验证上述分析的正确性，以下研究了两种典型工况下的子模块电压电流应力，结果如图 8-17 和图 8-18 所示。

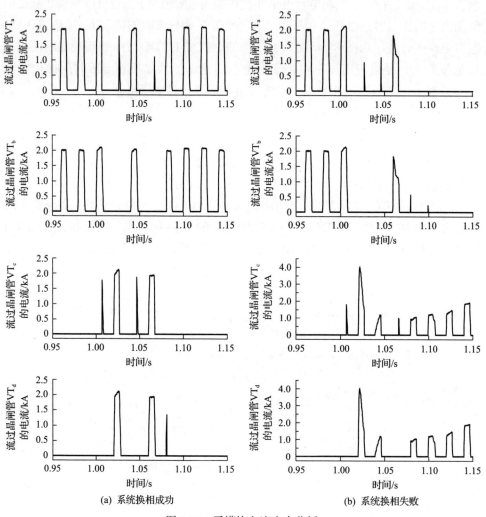

(a) 系统换相成功　　　　　　　　　　(b) 系统换相失败

图 8-17　子模块电流应力分析

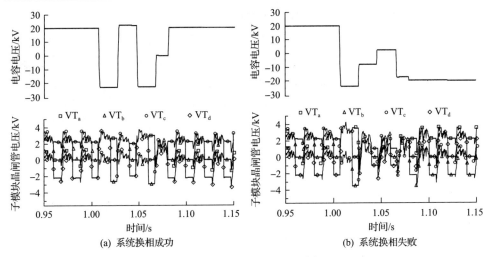

图 8-18　子模块电压应力分析

工况 1：逆变侧交流系统发生经 0.5H 电感的单相接地故障，故障时刻为 1s，持续时间为 0.05s，系统没有发生换相失败。

工况 2：逆变侧交流系统发生经 0.3H 电感的单相接地故障，故障时刻为 1s，持续时间为 0.05s，系统发生换相失败。

从图 8-17(a)可以看出，新拓扑在工况 1(系统没有发生换相失败)下，流过子模块晶闸管的峰值电流接近于额定直流电流 2kA；从图 8-18(a)可以看出，子模块 T-FBSM 的最高电容电压约为 24kV，而子模块每个晶闸管承受电压约为 3.8kV，该值小于所设计的晶闸管正常运行电压 4kV。

从图 8-17(b)可以看出，新拓扑在工况 2(系统发生换相失败)下，流过子模块晶闸管的峰值电流接近 4kA，故障清除后，电流恢复到 2kA 以内；从图 8-18(b)可以看出，在新型拓扑的协调控制作用下，电容电压峰值约为 25kV，小于额定电压 30kV，即使换相失败没有成功抑制，子模块每个晶闸管的电压也被很好地控制在了允许范围内，其大小约为 4kV。

通过上述仿真分析可知，在合理选取系统参数和配置协调控制策略的前提下，子模块的电压电流应力均可以控制在允许运行范围内，由此也进一步展现了所提拓扑结构的优越性。

7. 换相失败免疫特性与子模块串联数的关系

设置如下 3 个案例，进一步分析新型 LCC 拓扑的换相失败免疫特性与子模块串联个数的关系。

案例 1：传统 LCC-HVDC 拓扑。

案例 2：阀臂串联 1 个子模块的新拓扑。

案例 3：阀臂串联 3 个子模块的新型拓扑。

三个不同案例在单相及三相接地故障下的 CFII 曲线如图 8-19 和图 8-20 所示。在单相接地故障下，传统 LCC-HVDC 的 CFII 约为 18%，阀臂串联 1 个子模块的新拓扑 CFII 约为 35%，阀臂串联 3 个子模块的新拓扑 CFII 约为 52%，比阀臂串联 1 个子模块的拓扑提高了约 49%。在三相接地故障下，传统 LCC-HVDC 的 CFII 约为 13%，阀臂串联 1 个子模块的新拓扑 CFII 约为 22%，阀臂串联 3 个子模块的新拓扑 CFII 约为 38%，比阀臂串联 1 个子模块的拓扑提高了约 73%。

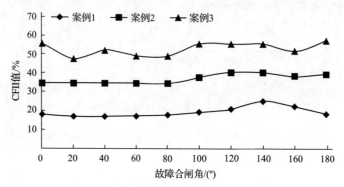

图 8-19　单相接地故障下三个案例的 CFII 对比

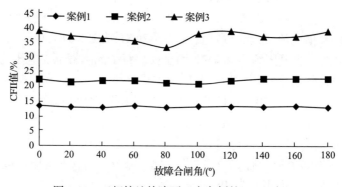

图 8-20　三相接地故障下三个案例的 CFII 对比

进一步，图 8-21 给出了三相接地故障下 CFII 值与串联子模块个数的关系，可以看出，随着子模块串联个数的增加，新拓扑的 CFII 值明显增大，系统换相失败免疫力明显增强。

8. 新型 LCC 拓扑对双馈入直流系统换相失败免疫特性的影响

在 PSCAD/EMTDC 下搭建双馈入直流输电系统模型，如图 8-22 所示，其中 HVDC$_1$ 逆变站采用了阀臂串联单个子模块的新型 LCC 拓扑结构，额定直流电压为

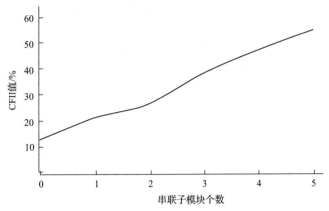

图 8-21　三相接地故障下 CFII 值与串联子模块个数的关系

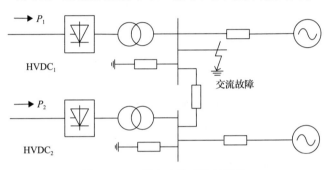

图 8-22　双馈入直流系统的结构

500kV，传输有功功率为 1000MW，系统参数仍采用 CIGRE 标准测试模型参数；HVDC$_2$ 为传统 LCC-HVDC，额定直流电压为 500kV，传输有功功率为 2000MW。

以下设置了两个案例进行对比分析。

案例 1：双馈入直流输电系统，两个子系统均为传统 LCC-HVDC（LCC-HVDC$_1$ 为 500kV/1000MW，LCC-HVDC$_2$ 为 500kV/2000MW）。

案例 2：双馈入直流输电系统，HVDC$_1$ 采用新拓扑结构，如图 8-22 所示。

在 HVDC$_1$ 逆变侧交流母线分别设置单相和三相接地故障，两个案例中的 HVDC$_1$ 和 HVDC$_2$ 子系统的 CFII 值结果如图 8-23 所示。

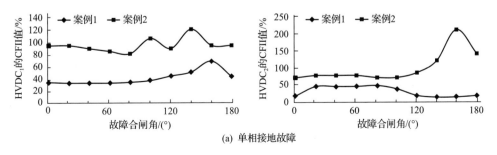

(a) 单相接地故障

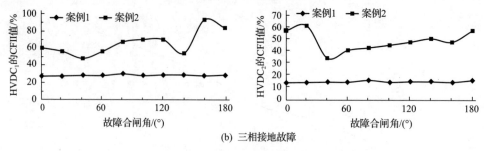

(b) 三相接地故障

图 8-23　双馈入直流系统的 CFII

从图 8-23 可以看出，在双馈入直流系统中，当有新型 LCC 拓扑存在时，无论是靠近故障位置的 $HVDC_1$ 还是远离故障位置的 $HVDC_2$，换相失败免疫能力都明显增强。这表明，采用新型 LCC 拓扑的直流系统不仅可以提高自身的换相失败抵御能力，同时也可以改善相邻直流系统的换相失败免疫力。

9. 新型 LCC 拓扑的投资成本评估

基于上述系统参数，当每个阀臂串联一个子模块时，电容提供的最大换相支撑电压为 30kV，交流母线电压有效值为 209.23kV，因此电容最大电压大约为交流母线电压的 15%（或交流母线线电压峰值的 10.6%）。由 8.1.1 节新型 LCC 拓扑结构及其控制策略可知，系统稳态运行时子模块的两组晶闸管也参与实际运行（VT_a、VT_b 或者 VT_c、VT_d），因此，与传统 LCC 相比，每个阀臂子模块仅需再增加两组晶闸管和一个电容器。考虑到阀臂中串联晶闸管的数目与换相电压峰值成正比，则每一个子模块增加的晶闸管成本约占阀臂成本的 $0.106 \times 2 = 0.212$。而对于传统 LCC-HVDC 系统，换流阀的成本约占系统总成本的 25%[6]，因此，新型 LCC 拓扑的换流阀总成本将增加到 $0.25 \times (1+0.212) = 0.303$。为了简化成本计算，子模块电容成本估算为阀组总成本的 5%，则新型 LCC 拓扑的换流阀总成本变为 $0.303 \times 1.05 = 0.318$。与传统 LCC-HVDC 相比，新型 LCC 拓扑总成本增加了 $0.318 - 0.25 = 0.068$（6.8%）。

考虑到新型 LCC 拓扑在弱交流系统、多馈入直流系统中具有较强的换相失败抵御能力、良好的稳态运行特性和故障恢复特性，虽然投资成本增加了 6.8%，该新型 LCC 拓扑结构的运行性能仍然是可以接受的。

8.2　基于晶闸管全桥耗能子模块的新型 LCC 拓扑

8.2.1　新型 LCC 拓扑及其控制策略

1. 晶闸管全桥耗能子模块及新型 LCC 拓扑

基于晶闸管全桥耗能子模块（TED-FBSM）的新型 LCC 拓扑结构如图 8-24(a)

所示，其中 VT_1～VT_6 为 LCC 阀臂晶闸管，SM 为阀臂串联的 TED-FBSM 子模块，其内部结构如图 8-24(b)所示，由 VT_a～VT_d、电容 C 和电阻 R 组成。

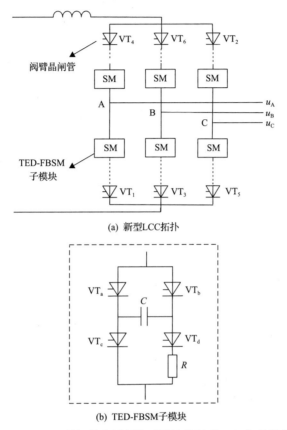

(a) 新型LCC拓扑

(b) TED-FBSM子模块

图 8-24 基于晶闸管全桥耗能子模块的新型 LCC 拓扑结构

2. TED-FBSM 子模块抑制换相失败的机理

当无 TED-FBSM 串入时，以阀 VT_3 向阀 VT_5 换相为例，系统等值换相电路如图 8-25 所示。

由图 8-25 可知，当给阀 VT_5 施加触发脉冲后换相过程存在如下关系：

$$L_r \frac{di_{VT_3}(t)}{dt} - L_r \frac{di_{VT_5}(t)}{dt} = -e_c + e_b \qquad (8-17)$$

式中，$i_{VT_3}(t)$、$i_{VT_5}(t)$ 分别表示流过阀 VT_3 和阀 VT_5 的电流；换相过程中有 $i_{VT_3}(t) + i_{VT_5}(t) = I_d$，$I_d$ 为直流电流；$e_c - e_b = e_{cb}$，e_{cb} 为交流线电压且 $e_{cb} = \sqrt{2}E\sin\omega t$；$E$ 为线电压有效值；ω 为基波角频率；L_r 为每相的等值换相电感。将上述参数代入式(8-17)中可得

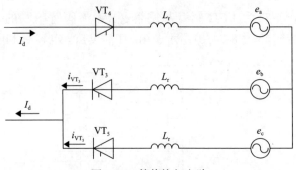

图 8-25　等值换相电路

$$L_r \frac{dI_d}{dt} - 2L_r \frac{di_{VT_5}(t)}{dt} = -\sqrt{2}E\sin\omega t \tag{8-18}$$

换流阀 VT_5 在 α 角度时被施加触发脉冲而导通，在换相重叠角 μ 所对应的时间内与阀 VT_3 进行换相，将式(8-18)在$(\alpha, \alpha+\mu)$区间积分可得

$$I_d(\alpha+\mu) - I_d(\alpha) - 2i_{VT_5}(\alpha+\mu) + 2i_{VT_5}(\alpha) = \frac{\sqrt{2}E}{\omega L_r}[\cos(\alpha+\mu) - \cos(\alpha)] \tag{8-19}$$

式中，$I_d(\alpha)$ 和 $I_d(\alpha+\mu)$ 分别为换相开始和结束时刻的直流电流。由于换相过程中存在关系 $\alpha+\beta=\pi$，$\gamma+\mu=\beta$，γ 为关断角，β 为超前触发角，且 $i_{VT_5}(\alpha+\mu) = I_d(\alpha+\mu)$，$i_{VT_5}(\alpha)=0$，则对式(8-19)化简整理得

$$I_d(\alpha)+I_d(\alpha+\mu) = \frac{\sqrt{2}E}{\omega L_r}(\cos\gamma - \cos\beta) \tag{8-20}$$

在换相过程中，换相前后直流电流存在变化量 $\Delta I_d = I_d(\alpha+\mu) - I_d(\alpha)$，其中 $I_d(\alpha)$ 为阀 VT_3 开始换相时的电流，$I_d(\alpha+\mu)$ 为阀 VT_5 换相结束时刻的电流，在稳态下直流电流变化量非常小，ΔI_d 近似为 0，而在故障情况下直流电流变化量 ΔI_d 较大。将上述参数代入式(8-20)中可得关断角 γ 的表达式为

$$\gamma = \arccos\left[\frac{X_L(2I_d(\alpha)+\Delta I_d)}{\sqrt{2}E} + \cos\beta\right] \tag{8-21}$$

式中，$X_L = \omega L_r$ 为系统的等值换相电抗。由式(8-21)可知，系统的关断角与直流电流变化量 ΔI_d 有关，当系统发生故障时 ΔI_d 将会增大，导致关断角 γ 变小，当关断角 γ 小于临界关断角 γ_{min} 时会导致系统发生换相失败。

在图 8-25 所示的等值换相电路中串入 TED-FBSM 后，换相过程的动态方程可以表示为

$$L_r \frac{di_{VT_3}(t)}{dt} + Ri_{VT_3}(t) - L_r \frac{di_{VT_5}(t)}{dt} - Ri_{VT_5}(t) = -e_c + e_b \tag{8-22}$$

式中，R 为 TED-FBSM 中的耗能电阻，将上式在区间 $(\alpha, \alpha+\mu)$ 区间内积分并化简，可以得到串联子模块后系统的直流电流变化量 ΔI_{d1} 为

$$\Delta I_{d1} = \frac{\dfrac{\sqrt{2}E}{X_L}(\cos\gamma + \cos\alpha) - I_d(\alpha)}{1 + \dfrac{R}{L_r}t} - I_d(\alpha) \tag{8-23}$$

式中，t 为换相重叠角 μ 所对应的时间，依据上述计算公式可求得无耗能子模块时系统换相过程中的直流电流变化量 ΔI_{d2} 为

$$\Delta I_{d2} = \frac{\sqrt{2}E}{X_L}(\cos\gamma + \cos\alpha) - 2I_d(\alpha) \tag{8-24}$$

由式 (8-23) 和式 (8-24) 可知，$\Delta I_{d1} < \Delta I_{d2}$，由此说明串入耗能子模块后系统在换相过程中的直流电流变化量 ΔI_d 变小，故障时可抑制直流电流的增长，从而增加关断角裕度并提升系统抵御换相失败的能力。

3. 阀臂和 TED-FBSM 子模块的协调控制策略

TED-FBSM 的主要工作方式为：系统正常运行时，TED-FBSM 的耗能支路不投入，耗能电阻不耗能；当交流故障发生时，TED-FBSM 中的电阻将被投入进行耗能；当故障清除后，切除耗能电阻，系统恢复正常运行。要使 TED-FBSM 能够正常动作，子模块与阀臂之间需要协调控制。图 8-26 为 TED-FBSM 子模块的 4 种工作模式，其中实线表示晶闸管导通状态，虚线表示晶闸管逐渐关断的状态，箭头所指方向为电流流通方向。此外，表 8-1 也给出了 TED-FBSM 在不同工作模式下的开关过程，"1"代表给晶闸管施加触发脉冲，"0"代表不触发，下面将结合图 8-26 进行详细分析。

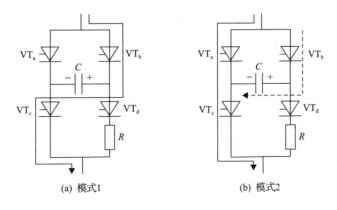

(a) 模式1　　　　　　　　　　(b) 模式2

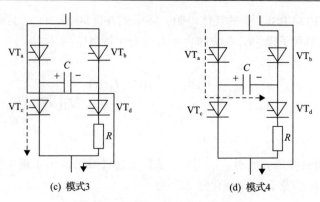

(c) 模式3　　　　　　　　　　　(d) 模式4

图 8-26　TED-FBSM 的工作模式

表 8-1　子模块开关过程

工作模式	VT_a	VT_b	VT_c	VT_d	工作状态
模式 1	0	1	1	0	电容充电
模式 2	1	0	1	0	正常运行
模式 3	1	0	0	1	电阻预耗能
模式 4	0	1	0	1	电阻耗能

　　TED-FBSM 的控制策略主要包括电容充电控制、正常运行控制及电阻耗能支路的投入与切除控制，以下以 C 相下阀臂 VT_5 为例详细阐述 TED-FBSM 与阀臂的协调控制。

　　1) 电容充电控制

　　系统启动时，在各相阀臂晶闸管触发导通的同时检测该阀臂串联子模块的电容电压，并给该阀臂子模块中晶闸管 VT_b、VT_c 施加触发脉冲，给子模块电容进行预充电，如图 8-26(a) 所示，电流的流通路径为晶闸管 VT_b—电容 C—晶闸管 VT_c。当子模块电容电压大于额定设定值时给 VT_a 施加触发脉冲，VT_b 承受反向电压而逐渐关断，VT_a 承受正向电压而导通，电容被旁路。在正常运行过程中，电容电压随着时间会有一定程度的降低，当检测到电容电压低于额定电压的 90% 时，可以利用图 8-26(a) 所示进行电容电压的补偿。

　　2) 正常运行控制

　　正常运行时，当阀臂 VT_5 导通时，与之串联的 TED-FBSM 中 VT_a、VT_c 导通，电容 C 被旁路，电阻 R 不投入，如图 8-26(b) 所示，电流的流通路径为晶闸管 VT_a—晶闸管 VT_c，电流不会流过电阻，因此不会产生有功损耗；当 VT_5 关断时，VT_a 与 VT_c 也随之一起关断。

3) 电阻耗能支路的投入控制

当交流系统故障且阀 VT_5 导通时，TED-FBSM 中的 VT_a 与 VT_c 也处于导通状态，此时触发 TED-FBSM 中的 VT_d。VT_d 导通后，VT_c 承受反向电压而逐渐关断，子模块中电流流通路径为晶闸管 VT_a—电容 C—晶闸管 VT_d—电阻 R，如图 8-26(c) 所示，电容 C 开始放电，电阻 R 投入开始耗能，该过程称为预耗能状态。电容放电结束后开始反向充电，当电容电压的极性反向变为左正右负时，如图 8-26(d) 所示，触发导通 VT_b，VT_b 导通后电容被旁路，VT_a 由于承受反向电压而逐渐关断，此时电流的流通路径为晶闸管 VT_b—晶闸管 VT_d—电阻 R，该过程称为耗能状态。预耗能状态与耗能状态一起称为电阻耗能状态。预耗能状态持续时间较短，因此设置耗能状态来增加耗能电阻的投入时间，进而提高耗能效果。在电阻耗能状态下，电阻的投入一方面提高了换相阻抗，在一定程度上抑制了暂态直流电流的增长；另一方面暂态电流流过电阻，也消耗一定的电能，从而提高了系统的换相失败免疫能力。

4) 电阻耗能支路的切除控制

在传统直流输电系统中，最大短路电流一般出现在换相失败后 20ms，且逆变侧换相失败在 50ms 内就可恢复到正常换相[7]。考虑以上因素，这里建议 50ms 作为耗能电阻的投入时间。当耗能电阻需要被切除且阀 VT_5 导通时，触发子模块 VT_c，VT_c 导通后，电容开始反向充电，VT_d 将逐渐关断，子模块中电流流通路径为晶闸管 VT_b—电容 C—晶闸管 VT_c，如图 8-26(a) 所示，电阻被切除。当电容 C 充电至设定电压时，触发子模块 VT_a，当 VT_a 导通后，VT_b 因承受反向电压而逐渐关断，电流流通路径变为晶闸管 VT_a—晶闸管 VT_c，如图 8-26(b) 所示，系统恢复到正常运行状态。

其他阀臂与 TED-FBSM 的协调控制与上述过程类似，这里不再赘述。

8.2.2 晶闸管全桥耗能子模块的参数设计方法

1. 子模块电阻值的选取方法

子模块电阻的选型需要同时考虑阻值和热量。故障时投入子模块耗能电阻是为了抑制暂态直流电流的增长，一般来说，阻值越大对暂态直流电流增长的抑制效果越好，但阻值越大意味着产生的热量越多，需要额外考虑散热等因素。因此，子模块耗能电阻阻值的选取需要综合考虑系统对暂态直流电流的抑制要求、损耗大小和子模块配置数量等因素。

1) 电阻阻值设计

以图 8-25 中阀 VT_3 向阀 VT_5 换相为例，由式(8-22)可知，阀臂中串入耗能电阻后，系统逆变侧的换相动态过程为

$$L_r \frac{di_{VT_3}(t)}{dt} + Ri_{VT_3}(t) - L_r \frac{di_{VT_5}(t)}{dt} - Ri_{VT_5}(t) = -e_c + e_b \tag{8-25}$$

整理可得

$$L_r \frac{d(I_d - i_{VT_5})}{dt} - L_r \frac{di_{VT_5}}{dt} + (I_d - i_{VT_5})R - i_{VT_5}R = -e_{cb} \tag{8-26}$$

式中 $e_{cb} = \sqrt{2}E\sin(\omega t)$，$E$ 为系统逆变侧换相电压的有效值。将式(8-26)在 $(\alpha, \alpha + \mu)$ 区间内积分，可得

$$\int_\alpha^{\alpha+\mu} \frac{R}{L_r}(2i_{VT_5} - I_d)dt + I_d(\alpha + \mu) + I_d(\alpha) = \frac{\sqrt{2}E}{\omega L_r}(\cos\gamma - \cos\beta) \tag{8-27}$$

式中，$I_d(\alpha)$ 为换相开始时刻的直流电流，$I_d(\alpha+\mu)$ 为换相结束时刻的直流电流。进一步化简整理得

$$I_d(\alpha + \mu) + I_d(\alpha) + \frac{R}{L_r}(2i_{VT_5} - I_d)t = \frac{\sqrt{2}E}{\omega L_r}(\cos\gamma - \cos\beta) \tag{8-28}$$

式中，t 为换相重叠角 μ 所对应的时间，在换相结束时，i_{VT_5} 的大小为 $I_d(\alpha+\mu)$。由于换相前后暂态直流电流存在变化量 $\Delta I_d = I_d(\alpha+\mu) - I_d(\alpha)$，将上述参数代入式(8-28)可得

$$\left(1 + \frac{R}{L_r}t\right)\left[I_d(\alpha) + \Delta I_d\right] + I_d(\alpha) = \frac{\sqrt{2}E}{X_L}(\cos\gamma - \cos\beta) \tag{8-29}$$

由式(8-21)可知，系统换相过程中直流系统逆变侧的关断角 γ 与换相过程中的直流变化量 ΔI_d 有关，当 ΔI_d 增大时，关断角 γ 将会减小。从式(8-21)可得换相过程直流电流变化量与关断角之间的关系为

$$\Delta I_d = \frac{\sqrt{2}E}{X_L}(\cos\gamma + \cos\alpha) - 2I_d(\alpha) \tag{8-30}$$

当直流电流的增长导致关断角减小到临界关断角以下时，就会造成系统发生

换相失败，因此换相过程中直流电流的变化量 ΔI_d 存在一个临界值 $\Delta I_\mathrm{d}^{\mathrm{cr}}$：

$$\Delta I_\mathrm{d}^{\mathrm{cr}} = \frac{\sqrt{2}E}{X_\mathrm{L}}(\cos\gamma_{\min} + \cos\alpha) - 2I_\mathrm{d}(\alpha) \tag{8-31}$$

式中，$\Delta I_\mathrm{d}^{\mathrm{cr}}$ 为直流电流增长的临界值，当直流电流增长量 ΔI_d 大于临界值 $\Delta I_\mathrm{d}^{\mathrm{cr}}$ 时系统将发生换相失败。对于传统直流输电，故障期间交流电压会在短时间内迅速下降，当电压跌落到一定程度时，就会引发换相失败。文献[8]对交流母线电压跌落与系统换相失败之间的关系进行了理论分析，提出了用"临界电压跌落值"来判别换相失败的方法，这里取临界换相电压有效值为 $E_{\min}$。将以上参数代入式 (8-29) 中，即可得到子模块电阻的计算公式：

$$R_{\min} = \frac{L_\mathrm{r}}{t^{\mathrm{cr}}}\left[\frac{\dfrac{\sqrt{2}E_{\min}(\cos\gamma_{\min} - \cos\beta^{\mathrm{cr}}) - I_\mathrm{d}(\alpha)}{X_\mathrm{L}}}{I_\mathrm{d}(\alpha) + \Delta I_\mathrm{d}^{\mathrm{cr}}} - 1\right] \tag{8-32}$$

式中，β^{cr} 为临界超前触发角；t^{cr} 为临界换相重叠角 μ^{cr} 所对应的时间。由于式 (8-32) 中的电气量均采用系统刚好不发生换相失败的临界数值，故式 (8-32) 中求得的是耗能电阻的最小值 $R_{\min}$。当选取的电阻值小于式 (8-32) 所得电阻时，则交流系统发生故障时暂态直流电流将高于发生换相失败时的临界直流电流值，系统将会发生换相失败。

在直流输电系统中，换相重叠角 μ 与关断角 γ 及直流电流之间存在如下关系：

$$\mu = \arccos\left(\cos\gamma - \frac{2X_\mathrm{L}I_\mathrm{d}}{\sqrt{2}E}\right) - \gamma \tag{8-33}$$

考虑到式 (8-32) 中所求为临界电阻值，则临界换相重叠角 μ^{cr} 为

$$\mu^{\mathrm{cr}} = \arccos\left(\cos\gamma_{\min} - \frac{2X_\mathrm{L}I_\mathrm{d}^{\mathrm{cr}}}{\sqrt{2}E_{\min}}\right) - \gamma_{\min} \tag{8-34}$$

式中，$I_\mathrm{d}^{\mathrm{cr}}$ 为临界直流电流，且 $I_\mathrm{d}^{\mathrm{cr}} = I_\mathrm{dN} + \Delta I_\mathrm{d}^{\mathrm{cr}}$，$I_\mathrm{dN}$ 为直流电流额定值。

同时，在前述 8.2.1 节中所介绍的耗能子模块 4 种工作模式中，当交流系统发生故障时，耗能子模块将由模式 2 切换到模式 3。欲使电流能成功地从子模块正常运行支路切换到耗能支路，则需要切换过程中正常支路晶闸管承受反压，图 8-27 所示为电流由正常支路切换至耗能支路的等效电路图。

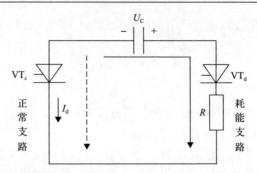

图 8-27　模式 2 到模式 3 的电流切换电路图

　　图中实线表示正在导通的支路，虚线表示正在关断的支路，箭头表示电流流动方向。由图 8-27 可知，换路开始时，正常支路晶闸管承受的电压为 (I_dR-U_c)，因此需满足

$$I_dR - U_C < 0 \tag{8-35}$$

即

$$R < \frac{U_C}{I_d} \tag{8-36}$$

综上所述，耗能电阻的取值范围为

$$R_{min} \leqslant R < \frac{U_C}{I_d} \tag{8-37}$$

　　2）电阻热量分析

　　耗能电阻投入期间，由于热量的累积使得电阻表面温度升高，当电阻温升大于其温升极限时，电阻将不能正常工作，因此需要分析电阻热量。

　　电阻能耗为

$$Q = \int_{t_1}^{t_2} RI^2 \mathrm{d}t = RI^2 t \tag{8-38}$$

式中，Q 为子模块耗能电阻在投入期间所产生的热量；t_1、t_2 分别为子模块耗能电阻的投入时间和切除时间；I 为流过耗能电阻的电流。注意，式中的 I 应取系统严重故障下的暂态直流电流，以使耗能子模块可用于严重故障下的换相失败抑制。

　　为了验证本节所设计耗能电阻的可行性，8.2.3 节将结合具体设计参数分析耗能电阻投入期间的热量积累曲线。

　　3）电阻选型及散热方式

　　当耗能电阻投入时，会在百毫秒内积累大量热量，此时普通电阻已不能适用，需选择高脉冲的瞬态电阻[9]。由于耗能电阻在系统正常运行时被旁路不会产生热量无需散热，只有在投入时产生热量，经过 8.2.3 节案例中电阻热量的分析可知，采用空气冷却散热即可。

2. TED-FBSM 中晶闸管电压电流应力分析及参数选取方法

1) 子模块晶闸管电压应力分析

当阀臂晶闸管处于导通状态时，TED-FBSM 中未导通的晶闸管承受的最大电压为子模块的电容电压 U_C。当阀臂处于关断状态时，TED-FBSM 的电容电压和阀臂承受的阻断电压 $u(t)$ 将共同作用在子模块晶闸管上。

若阀臂由 m 个晶闸管串联组成，假设每个晶闸管的均压电阻为 r_1，每个子模块中的 VT_a-VT_d 均由 n 个晶闸管串联组成，每个晶闸管的均压电阻也是 r_1，子模块自身的均压电阻为 r_2，耗能电阻大小为 R，等值电路如图 8-28 所示。

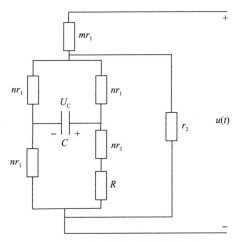

图 8-28　阀臂断态时的等值电路

基于图 8-28，应用叠加定理，可得 $VT_a \sim VT_d$ 承受的电压应力为

$$\begin{cases} U_{VT_a} = \dfrac{1}{2}U_C + \dfrac{R_2}{R_2 + mr_1}\dfrac{2nr_1 + R}{4nr_1 + 3R}u(t) \\[2mm] U_{VT_b} = -\dfrac{1}{2}U_C + \dfrac{R_2}{R_2 + mr_1}\dfrac{2nr_1 + R}{4nr_1 + 3R}u(t) \\[2mm] U_{VT_c} = -\dfrac{nr_1}{2nr_1 + R}U_C + \dfrac{R_2}{R_2 + mr_1}\dfrac{2nr_1 + 2R}{4nr_1 + 3R}u(t) \\[2mm] U_{VT_4} = \dfrac{nr_1}{2nr_1 + R}U_C + \dfrac{R_2}{R_2 + mr_1}\dfrac{2nr_1 + 2R}{4nr_1 + 3R}u(t) \end{cases} \tag{8-39}$$

式中，$R_2=R_1//r_2$；$R_1 = \dfrac{2n^2r_1^2 + 1.5nr_1R}{2nr_1 + R}$。设子模块中晶闸管承受的最大电压为 U_{VTmax}，则有

$$U_{\mathrm{VTmax}} = \max\left\{ U_{\mathrm{C}},\ \frac{1}{2}U_{\mathrm{C}} + \frac{R_2}{R_2 + mr_1} \frac{2nr_1 + R}{4nr_1 + 3R} u(t) \right\} \tag{8-40}$$

2) 子模块晶闸管电流应力分析

如图 8-24 所示，TED-FBSM 串联在换流阀桥臂中，流过子模块晶闸管的电流与流过阀臂晶闸管的电流大小一致。①当系统没有发生故障时，流过子模块晶闸管的最大电流为系统额定电流；②当系统发生故障时，流过子模块晶闸管的最大电流为暂态直流电流的峰值。考虑以上因素，阀臂晶闸管的额定电流可以作为子模块晶闸管的选型标准。

3. TED-FBSM 中电容的选取方法

1) 电容容值

耗能子模块中电容的作用是通过充放电实现对子模块中晶闸管关断的控制，使子模块在不同模式下灵活切换。由文献[10]可知，晶闸管的关断时间包括反向恢复时间和正向阻断恢复时间，且不同电压等级的晶闸管关断时间不同。设 TED-FBSM 中晶闸管的反向恢复时间为 t_r，正向阻断恢复时间为 t_g，则晶闸管总的关断时间 $t_q=t_r+t_g$。由电路原理可知，在阻容支路中存在时间常数满足 $\tau=RC$，一般经过 $3\tau\sim5\tau$ 的放电后电容电压就会下降到 0，可以考虑电容电压降为 0 时 TED-FBSM 中的晶闸管恰好关断。取 $t=4\tau$，即 $t_q=t_r+t_g=4RC$，则有

$$C = \frac{t_q}{4R} \tag{8-41}$$

2) 电容电压

耗能子模块的电容在系统启动时需要充电，故障时给子模块中需要关断的晶闸管提供反压使其逐渐关断，故障清除后协同晶闸管耗能支路，同时为下次故障时耗能支路的投入做准备。由公式 (8-40) 可知，通过合理选取均压电阻，子模块晶闸管组 $\mathrm{VT_a}\sim\mathrm{VT_d}$ 承受的最大电压可以限制在电容电压 U_{C} 范围内，而 $\mathrm{VT_a}\sim\mathrm{VT_d}$ 每个晶闸管组由 n 个晶闸管串联而成，考虑到晶闸管工作的安全性，子模块电容电压可根据子模块中晶闸管串联个数及其额定运行参数来最终确定。

8.2.3　基于晶闸管全桥耗能子模块的新型 LCC 拓扑的系统特性

1. 系统模型及参数

1) 系统参数

为了验证和分析所提基于晶闸管全桥耗能子模块 TED-FBSM 的新型 LCC 拓扑换相失败的抑制效果，设置如下 2 个案例来进行对比研究。

案例 1：CIGRE 标准测试模型。

案例 2：CIGRE 模型中的逆变站采用所提出的新型 LCC 拓扑。

案例 1 中的 CIGRE 标准测试模型，直流电压为 500kV，额定功率为 1000MW。案例 2 在案例 1 的 12 脉动换流器逆变侧每个阀臂上都串联一个 TED-FBSM 子模块，系统正常运行时，逆变侧关断角 $\gamma=15°$，触发超前角 $\beta=38°$，最小允许关断角 $\gamma_{\min}=7.2°$。

2) TED-FBSM 的参数选择

为求取耗能子模块中的电阻值，首先需要根据式 (8-31) 计算 ΔI_d^{cr}。考虑触发角 α 在暂态初始过程中来不及变化，故 α 可取额定值 α_N，在本案例中其值为 142°；同时考虑到当换相电压有效值 E 取额定值 E_N 时，得到的故障期间临界直流电流增量 ΔI_d^{cr} 最大，即此时考虑的工况更加恶劣，故 E 取额定值 E_N，在案例中其值为 209kV；直流电流 $I_d(\alpha)$ 取为额定直流电流 I_{dN}，其值为 2kA；X_c 取逆变站等值换相电抗 13.5Ω，将上述参数代入 (8-31) 可得 $\Delta I_d^{cr}=0.47$kA。

根据式 (8-32) 求取 $R_{\min}$ 时，需要确定临界换相电压有效值 $E_{\min}$。考虑到不同类型故障引发换相失败的临界电压跌落值范围约为 0.10～0.14p.u.[8]，这里取 $E_{\min}=0.90$p.u. 作为临界换相电压的有效值。通过式 (8-34) 的计算，得到临界换相重叠角 $\mu^{cr}=34°$，所对应的时间 $t^{cr}=1.9$ms；而 $\beta^{cr}=\mu^{cr}+\gamma_{\min}$，因此 β^{cr} 为 41°。将上述参数代入式 (8-32) 中，即可得 $R_{\min}=7.9$Ω。

经前述分析可知，子模块晶闸管组 $VT_a \sim VT_d$ 承受的最大电压可限制在电容电压 U_c 范围内。在本案例中 $VT_a \sim VT_d$ 每个晶闸管组由 6 个额定电压等级为 7.2kV 的晶闸管串联组成，考虑一定的安全裕度后单个晶闸管正常运行电压为 5kV，因此为了保证晶闸管承受的电压在合理范围内，子模块电容电压可选为 30kV。式 (8-37) 中取 $I_d=I_d^{cr}$，同时将上述参数代入式 (8-37) 中，可求得子模块电阻值的取值范围是 7.9～12.1Ω，本案例中取 $R=10$Ω 进行后续的仿真分析与验证。当晶闸管所能承受的电压等级为 7.2kV 时，晶闸管的关断时间 t_q 可以取为 1200μs[10]，根据式 (8-41) 计算得 TED-FBSM 子模块的电容 $C=30$μF。

2. 故障期间系统的暂态特性

在上述所设计参数下，为了对比分析案例 1 和案例 2(新拓扑)的运行特性，在此设置了两种不同工况。

工况 1：轻微故障(单相经电感接地故障，接地电感 $L_f=0.7H$)，案例 1 发生换相失败，案例 2(新型 LCC 拓扑)可成功抵御换相失败。

工况 2：严重故障(单相经电感接地故障，接地电感 $L_f=0.3H$)，2 个案例均发生了换相失败。

1) 轻微故障下系统的暂态特性对比分析

在逆变侧交流母线处 1s 时设置单相经电感接地故障，接地电感 $L_f=0.7H$，故障持续时间为 0.05s。考虑故障检测延时的影响，这里设置延时时间为 2ms，轻微故障下 2 个案例系统的暂态运行特性对比结果如图 8-29 所示。

由图 8-29 可知，当逆变侧交流系统发生轻微故障时，案例 1 逆变侧交流母线电压跌落至 0.82p.u.，逆变侧直流电压跌落到 0，关断角降到 0，系统发生了换相失败；而采用新型 LCC 换流器的案例 2，逆变侧交流母线电压和直流电压跌落幅度较小，最小值分别为 0.89p.u.和 0.925p.u.，关断角也没有降低到 0，系统没有发生换相失败。如图 8-29(d)所示，案例 1 逆变侧暂态直流电流最大值为 1.93p.u.，而案例 2 逆变侧暂态直流电流最大值为 1.09p.u.；如图 8-29(e)所示，案例 1 直流传输功率降低到 90MW，而案例 2 直流传输功率只降低到 890MW，相比于案例 1，有功损失减小了 80%。因此，和 CIGRE 标准测试模型相比，新型 LCC 换流器能够有效提高系统抵御换相失败的能力，同时还能减小直流功率的损失。

2) 严重故障下系统的暂态特性对比分析

进一步加重故障，故障电感设为 0.3H，故障持续时间为 0.05s，严重故障下 2 个案例系统运行特性对比结果如图 8-30 所示。

由图 8-30(c)可知，由于故障比较严重，案例 1 和案例 2 都发生了换相失败，关断角都减小到 0。如图 8-30(a)所示，案例 1 交流母线电压下降到 0.80p.u.，案例 2 中交流母线电压下跌到 0.82p.u.；如图 8-30(d)所示，案例 1 直流电流最大增长到 2.54p.u.，而案例 2 的直流电流最大值为 2.1p.u.，可见暂态直流的增长幅度有所降低。定义故障恢复时间为故障清除后系统有功功率恢复至额定值 90%所用的时间，由图 8-30(e)所示，案例 1 中系统的故障恢复时间为 108ms，案例 2 中系统的故障恢复时间为 98ms。由此可见，在严重故障下，新型 LCC 拓扑虽然也会发生换相失败，但相比于传统 LCC 换流器，故障期间系统的交流母线电压、直流电压及直流电流的波动幅度均有所减小，而且系统故障后的恢复速度也得到一定程度地提高。

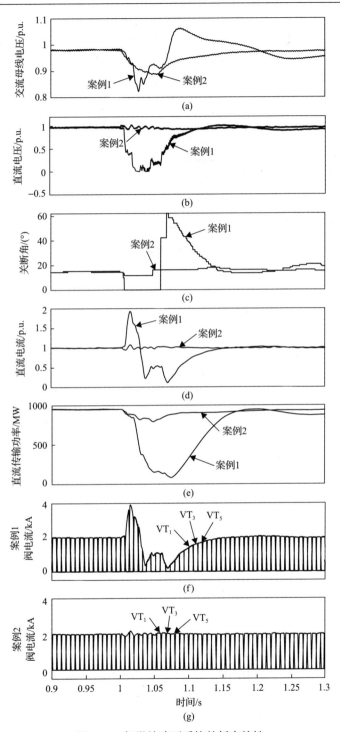

图 8-29　轻微故障下系统的暂态特性

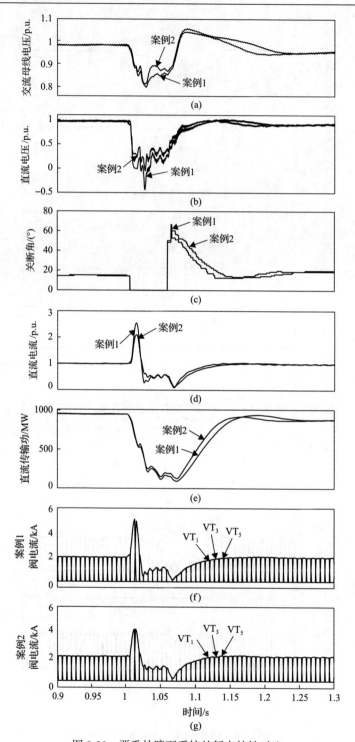

图 8-30　严重故障下系统的暂态特性对比

3) 阀臂晶闸管电流应力和子模块电容电压特性

为了进一步验证子模块参数设计的正确性,在上述系统参数和两种工况(轻微故障和严重故障)下,通过仿真得到故障期间 TED-FBSM 中的电容电压及阀臂晶闸管电流应力波形,结果如图 8-31 和图 8-32 所示。

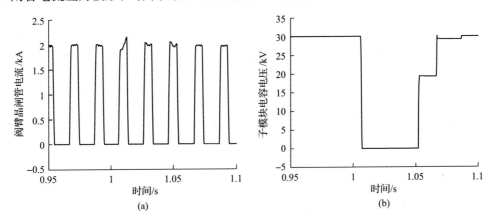

图 8-31　轻微故障下阀臂晶闸管电流应力和子模块电容电压波形

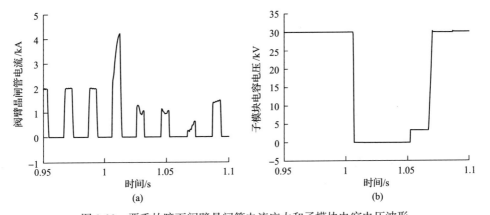

图 8-32　严重故障下阀臂晶闸管电流应力和子模块电容电压波形

由图 8-31 可以看出,轻微故障下系统没有发生换相失败,此时阀臂晶闸管电流最大值为 2.1kA,子模块电容电压最大值为 30kV,均在额定范围内。由图 8-32 可知,在严重故障下,未能成功抑制换相失败,阀臂晶闸管短时最大电流为 4.5kA 且快速降低,也在晶闸管的允许范围内;而子模块电容电压最大值为 30kV,仍可以保持在额定值及以下。因此,由前述分析可知,TED-FBSM 中的晶闸管电压电流应力也在允许的范围内。

3. 子模块电阻的耗能及热量分析

逆变侧设置单相直接接地短路故障，故障在 1.0s 发生且持续 0.05s。基于前述设计所得的耗能子模块电阻的设计范围为 7.9～12.1Ω，以下对比分析电阻分别取 8Ω、10Ω 和 12Ω 时耗能电阻在投入期间内累积的热量曲线，结果如图 8-33 所示。

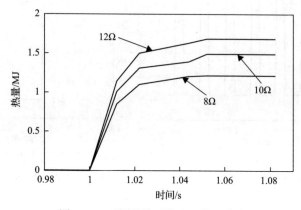

图 8-33　不同阻值下的电阻热量曲线

由图 8-33 可知，耗能电阻分别为 8Ω、10Ω 和 12Ω 时，在故障期间的 0.05s 内积累的热量分别为 1.22MJ、1.49MJ 和 1.68MJ。以国内某柔直工程中投入的换流阀阻尼模块中的耗能电阻能耗为例，在 2MJ 以下时可以采用空气自然冷却方式散热[9]，故所设计的耗能电阻也可以采用同样的散热方式。

对于 ±500kV/3000MW 的 LCC-HVDC 系统，基于本书所提出的参数设计方法仍然具有一定的适用性；对于更高电压等级/容量的 LCC-HVDC 系统，则需要综合考虑子模块投入时间和子模块配置数目(可适当减小单个子模块的耗能电阻值)，来减少积累的热量，从而满足工程应用要求。

4. 系统的换相失败免疫性能

由以上结果可知，所提出的 TED-FBSM 子模块能够在一定程度上降低系统换相失败概率。为了进一步定量分析新型 LCC 换流器抵御换相失败的能力，这里仍然采用换相失败概率指标 CFPI 来评估案例 1 和案例 2 对换相失败的免疫能力，图 8-34 和图 8-35 分别为单相和三相感性接地故障下两个案例的换相失败概率曲线，CFPI 的值越大表明发生换相失败的概率越高。

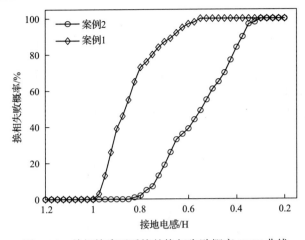

图 8-34 单相故障下系统的换相失败概率 CFPI 曲线

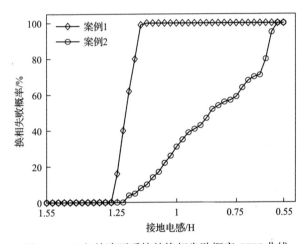

图 8-35 三相故障下系统的换相失败概率 CFPI 曲线

从图中可以看出，接地电感值越小，系统故障越严重，两个案例发生换相失败的概率越高；此外，不论是单相故障还是三相故障，案例 2（采用新型 LCC 拓扑）的换相失败概率曲线都要明显低于案例 1（CIGRE 标准测试模型），这表明新型 LCC 拓扑能够有效降低 LCC-HVDC 的换相失败概率。

参 考 文 献

[1] 李春华. 提高直流输电换相失败免疫力的新型拓扑和控制方法[D]. 北京: 华北电力大学, 2016.

[2] Guo C Y, Li C, Zhao C. An evolutional line-commutated converter integrated with thyristor-based full-bridge module to mitigate the commutation failure[J]. IEEE Transactions on Power Electronics, 2017, 32（2）: 967-976.

[3] 郭春义, 海正刚, 刘博, 等. 全桥晶闸管耗能子模块型 LCC 换流器及其协调控制[J]. 中国电机工程学报, 2021, 41（4）: 1398-1409.

[4] Szechtman M, Wess T, Thio C V. A benchmark model for HVDC system studies[C]. Proceeding of International Conference on AC and DC Power Transmission. London: Institution of Engineering and Technology (IET), 1991: 374-378.

[5] Gole A M, Meisingset M. Capacitor commutated converters for long-cable HVDC transmission[J]. Power Engineering Journal, 2002, 16(3): 129-134.

[6] Kim C, Sood V, Jang G, et al. HVDC Transmission: Power Conversion Applications in Power Systems. Wiley-IEEE Press John, 2009.

[7] 赵畹君. 高压直流输电工程技术. 2 版[M]. 北京: 中国电力出版社, 2011.

[8] Thio C V, Davies B, Kent K L. Commutation failures in HVDC transmission systems[J]. IEEE Transactions on Power Delivery, 1996, 11(2): 946-957.

[9] 姚钊, 夏克鹏, 韩坤, 等. 一种柔直换流阀阻尼模块设计方法[J]. 电力电子技术, 2018, 52(6): 28-30.

[10] 岳珂, 刘隆晨, 孙玮, 等. 反向恢复特性在高功率晶闸管检测试验中的应用[J]. 高电压技术, 2017, 43(1): 97-103.

第9章 新型电容换相换流器拓扑

电容换相换流器(CCC)拓扑，可以改善系统功率因数及降低换相失败概率；然而，CCC 需要安装额外的避雷器防止电容过电压，电容的存在增加了换流阀的电压应力和绝缘水平，且在不对称故障下的暂态恢复特性较差。因此，目前该方案并未在工程中广泛应用，其根本原因为换相电容不可控[1,2]。

针对电容换相换流器的不足，本章提出一种基于反并联晶闸管全桥子模块(anti-parallel thyristor based full bridge sub module，APT-FBSM)的增强型电容换相换流器拓扑(enhanced CCC，ECCC)[3-5]；根据系统的不同运行工况，介绍阀臂晶闸管与 APT-FBSM 的协调控制策略，分析新型电容换相换流器的电压电流应力，提出 APT-FBSM 的参数设计方法；然后搭建 ECCC 型直流输电系统的电磁暂态模型，研究系统的暂态运行特性及其故障恢复特性；最后提出一种适用于 ECCC 拓扑的改进协调控制策略[6,7]，使子模块电容在正常运行和故障期间都处于投入状态，不仅可以消除 ECCC 拓扑对于快速故障检测的依赖，而且可以进一步降低系统换相失败的概率。

9.1 新型电容换相换流器拓扑及其控制策略

9.1.1 电容换相换流器的工作原理和不足

1. 电容换相换流器的工作原理

电容换相换流器 CCC 是在 LCC 结构的基础上改进而来的，图 9-1 是 CCC 的

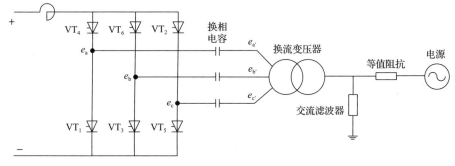

图 9-1 CCC 结构示意图

结构示意图。其中，VT_1～VT_6代表换流阀的 6 个阀臂；换相电容串联于换流阀与换流变压器之间；$e_{a'}$、$e_{b'}$、$e_{c'}$ 为换流变压器阀侧相电压；e_a、e_b、e_c 为换相电容阀侧相电压。

接下来对 CCC 的换相过程及波形图进行分析说明[4,8]。图 9-2 是 CCC 换相时的相电压、换相电容电压与相电流的波形图[7]。其中，$e_{aa'}$、$e_{bb'}$、$e_{cc'}$ 分别为三相的电容电压；c_1～c_{12} 为换流阀晶闸管实际承受的换相电压线电压过零点；$c_{1'}$～$c_{12'}$ 为换流变压器的阀侧线电压过零点。以 A 相为例，其他两相同理。VT_4 导通后，i_{VT_4} 流经串联的换相电容，使得换相电容充电，换相电容的端电压 $e_{aa'}$ 由最小值逐渐增加。当 VT_4 向 VT_6 换相结束，VT_4 关断后 $i_{VT_4}=0$ 时，充电结束，电压 $e_{aa'}$ 维持在正极值不变。VT_1 导通后，i_{VT_1} 反向流经串联的换相电容，使换相电容先进行放电，电压 $e_{aa'}$ 下降，当 $e_{aa'}$ 降为 0 后，i_{VT_1} 对换相电容反向充电，直到 VT_1 关断 $i_{VT_1}=0$ 时，电压 $e_{aa'}$ 维持在负极值不变。如此，换相电容上就形成了一个正负交替的波形图，如图 9-2(b)的实线所示。

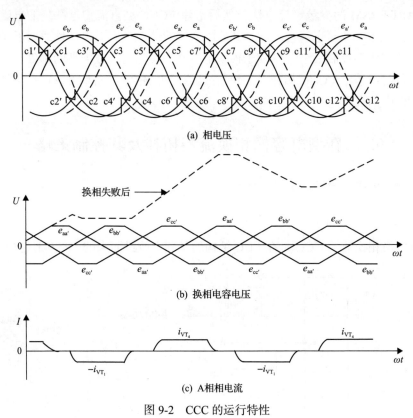

图 9-2　CCC 的运行特性

换流器晶闸管实际承受的换相电压为换流变压器的阀侧电压附加上换相电容

电压。由于电容电压的影响，过零点 $c_1 \sim c_{12}$ 滞后于 $c_{1'} \sim c_{12'}$，因而可以提高 CCC 换相成功的概率。也可从能量的角度理解，电流的换相过程也是能量从一个阀臂转移到另一个阀臂的过程。当换相电容与导通的阀臂相连时，换相电容进行充放电。换相电容在阀开通的过程中进行放电作用释放能量，加快开通阀直流电流上升的速度；在阀关断的过程中，电容电压极性已经反转并进行充电作用吸收能量，加快关断阀电流降为 0 的速度。换相电容交替进行充放电作用，均加快了能量的转移过程，即减小换相角 μ，增大关断角 γ，降低换流器发生换相失败的概率。这为判断电容电压是否有利于换相提供了一种简便判别方法：判断电容是否在阀开通时放电释放能量，在阀关断时充电吸收能量。

以 A 相为例推导换相电容电压的幅值大小，图 9-3 为 A 相的换相电容电压波形图，以 VT_4 开始导通的时刻为参考零时刻。

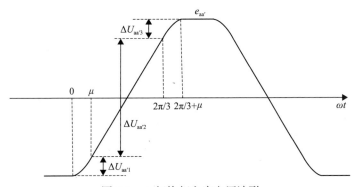

图 9-3　A 相换相电容电压波形

(1) $[0,\mu]$ 区间内 VT_2 向 VT_4 换相，流过晶闸管 VT_2 与 C 相换相电容的电流为 i，则流过晶闸管 VT_4 与 A 相换相电容的电流为 I_d-i，在此换相区间 A 相换相电容上的电压 $\Delta U_{aa'1}$ 为

$$\Delta U_{aa'1} = \frac{1}{\omega C}\int_0^{\mu}(I_d-i)\mathrm{d}\theta \qquad (9\text{-}1)$$

(2) $[\mu,2\pi/3]$ 区间内 VT_4 完全导通，流过晶闸管 VT_4 与 A 相换相电容的电流为直流电流 I_d，在此换相区间 A 相换相电容上的电压线性增加，$\Delta U_{aa'2}$ 为

$$\Delta U_{aa'2} = \frac{1}{\omega C}\int_{\mu}^{\frac{2\pi}{3}} I_d\mathrm{d}\theta \qquad (9\text{-}2)$$

(3) $[2\pi/3,2\pi/3+\mu]$ 区间内 VT_4 向 VT_6 换相，流过晶闸管 VT_4 与 A 相换相电容的电流为 i，在此换相区间 A 相换相电容上的电压 $\Delta U_{aa'3}$ 为

$$\Delta U_{aa'3} = \frac{1}{\omega C} \int_{\frac{2\pi}{3}}^{\frac{2\pi}{3}+\mu} i \mathrm{d}\theta \tag{9-3}$$

综合以上 3 个区间,在$[0,2\pi/3+\mu]$区间内 A 相换相电容上的总电压变化量为

$$\Delta U_{aa'} = \frac{1}{\omega C} \left(\int_0^\mu (I_d - i) \mathrm{d}\theta + \int_\mu^{\frac{2\pi}{3}} I_d \mathrm{d}\theta + \int_{\frac{2\pi}{3}}^{\frac{2\pi}{3}+\mu} i \mathrm{d}\theta \right) = \frac{2\pi I_d}{3\omega C} \tag{9-4}$$

设换相电容上的电压正负极性幅值相等,那么串联电容电压的幅值 U 为公式(9-4)总电压变化量的一半,即串联电容电压的幅值 U 满足

$$U = \frac{\pi I_d}{3\omega C} \tag{9-5}$$

2. 电容换相换流器的不足

CCC 换流器具有减小换流器换相失败概率的优点;然而,CCC 换流器一旦发生换相失败,故障相电容将会单方向持续充电,引起电容上的过电压,电容上的过电压可能导致换流器在恢复过程中再次发生换相失败。下面以 A 相上下阀臂的换相过程为例,分析这一现象,换相失败后 $e_{aa'}$ 的波形图如图 9-2(b)箭头所指的虚线。

将该过程分为 3 个阶段:①发生换相失败,直流侧短路;②晶闸管导通顺序错乱,电容进行不平衡充放电;③换相电容上的过电压导致换流器自恢复能力减弱。

1) 发生换相失败,直流侧短路

假设在 c_1 点前 VT$_4$ 向 VT$_6$ 换相时,恰好发生交流故障,导致换相角过大,VT$_4$ 的电流一直无法降为 0,电流对换相电容的充电过程无法结束,因而 $e_{aa'}$ 继续增大。

在 c_2 点前触发导通阀臂 VT$_1$,由于换相电容的作用,VT$_5$ 向 VT$_1$ 的换相过程顺利完成,$e_{aa'}$ 也随之下降一些,在此过程中也伴随着 VT$_6$ 向 VT$_4$ 的倒换相过程。此时,换流器通过 VT$_1$ 与 VT$_4$ 形成直流侧短路,交流侧形成单相接地短路。由于换流变压器二次侧的中性点不直接接地,不存在交流短路电流,故各相电容也无法进行充放电作用,保持当前电位不变。

在 c_3 点前,VT$_2$ 承受反向电压无法导通,VT$_1$ 与 VT$_4$ 继续导通,$e_{aa'}$ 保持不变。

2) 晶闸管导通顺序错乱，电容进行不平衡充放电作用

在 c_4 点前，VT_1 向 VT_3 换相，VT_1 完全关断后，VT_3 与 VT_4 导通，直流短路消失，直流电流通过 VT_4 对 A 相的换相电容继续充电，$e_{aa'}$ 再次上升。

一直到 c_7 点前，VT_4 向 VT_6 换相，VT_4 完全关断后，电容上电流降为 0，持续充电过程结束，e_{aa} 保持一个很高的电位不变。

3) 换相电容上的过电压导致换流器自恢复能力减弱

在 c_8 点前，VT_5 向 VT_1 换相，电容放电，$e_{aa'}$ 下降。但是由于 e_{aa} 电位过高，电容电压极性无法发生反转。

在 c_{10} 点前，VT_1 向 VT_3 换相，此时电容仍然继续释放能量反而不利于 VT_1 的关断。此时系统等值换相电路如图 9-4 所示。其中 L_r 为等值换相电感；i_{VT_1} 和 i_{VT_3} 分别为晶闸管 VT_1 和 VT_3 流过的电流；$e_{a'}$、$e_{b'}$、$e_{c'}$ 为换流变压器阀侧相电压；$e_{aa'}$、$e_{bb'}$、$e_{cc'}$ 分别为三相换相电容的电压；U_d 为直流电压；I_d 为直流电流。

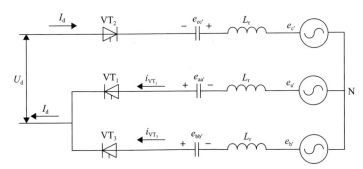

图 9-4　系统等值换相电路

由系统等值换相电路可得此时的换相方程为

$$L_r \frac{\mathrm{d}i_{VT_3}}{\mathrm{d}t} - L_r \frac{\mathrm{d}i_{VT_1}}{\mathrm{d}t} = e_{b'} - e_{a'} + e_{bb'} - e_{aa'} \tag{9-6}$$

由式 (9-6) 可知，此时 A 相换相电容的电压叠加到系统提供的换相电压上，减小了换流阀晶闸管实际受到的换相电压，不利于换相过程的进行，增加了换相失败的风险。

在 c_{11} 点前，VT_2 向 VT_4 换相，而此时电容进行充电过程吸收能量，同样不利于 VT_4 的开通。

此后，电容重复在 VT_1 关断时释放能量，在 VT_4 开通时吸收能量，增大了换流器的换相角 μ，减小了关断角 γ，故增大了换流器在恢复过程中再次发生换相失败的几率，严重时可能导致换流器失去自恢复能力。

9.1.2　基于反并联晶闸管全桥子模块的新型电容换相换流器拓扑

由 9.1.1 节分析可知,CCC 换流器有上述不足的根本原因是电容电压不可控,为解决这一问题,本章提出了一种基于反并联晶闸管全桥子模块 APT-FBSM 的增强型电容换相换流器 ECCC,如图 9-5 所示,该拓扑使用 APT-FBSM 代替 CCC 的电容,串联于换流阀与换流变压器之间。其中,子模块晶闸管阀 $VT_{11}\sim VT_{14}$ 与 $VT_{21}\sim VT_{24}$ 组成 4 组反并联晶闸管;C 为电容;u_C 为电容电压;S 端点连接换流阀,S'端点连接换流变压器;每个晶闸管阀 $VT_{ij}(i=1,2,\ j=1,2,3,4)$ 可以由若干晶闸管串联组成。

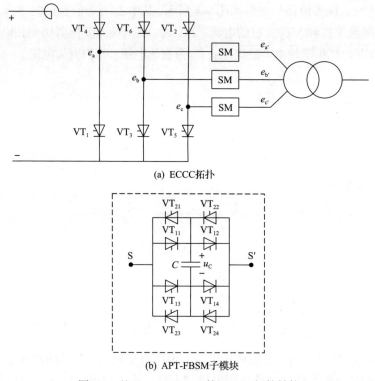

(a) ECCC拓扑

(b) APT-FBSM子模块

图 9-5　基于 APT-FBSM 的 ECCC 拓扑结构

当换流变压器阀侧相电流为 0 时,子模块晶闸管全部处于关断状态;当换流变压器阀侧相电流不为 0 时,部分子模块晶闸管导通,共有 8 种工作模式,见表 9-1,其中 1 代表晶闸管处于导通状态,0 代表晶闸管处于关断状态。图 9-6 的箭头方向表示子模块 8 种工作模式下的电流流通路径及方向,子模块工作在模式 1、2、3 或 4 时,电流不流经电容,电容被旁路,无充放电过程;子模块工作在模式 5、6、7 或 8 时，电流流经电容，电容进行充放电。

表 9-1　子模块导通模式

模式	VT_{11}	VT_{12}	VT_{13}	VT_{14}	VT_{21}	VT_{22}	VT_{23}	VT_{24}	S S'输出电压
1	1	1	0	0	0	0	0	0	0
2	0	0	1	1	0	0	0	0	0
3	0	0	0	0	1	1	0	0	0
4	0	0	0	0	0	0	1	1	0
5	1	0	0	1	0	0	0	0	u_C
6	0	1	1	0	0	0	0	0	$-u_C$
7	0	0	0	0	1	0	0	1	u_C
8	0	0	0	0	0	1	1	0	$-u_C$

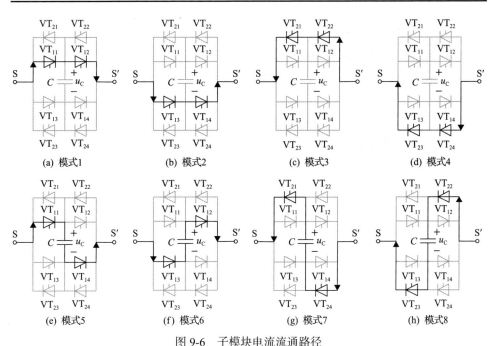

图 9-6　子模块电流流通路径

9.1.3　阀臂和反并联晶闸管全桥子模块的协调控制策略

APT-FBSM 与换流阀阀臂的协调控制策略如图 9-7 所示，以任意一相为例，i 为该相的相电流，u_C 为该相的子模块电容电压。因模式 1 与模式 2 等价，模式 3 与模式 4 等价，故选择模式 1 和模式 3 为代表进行分析。协调控制策略分为启动与正常运行控制、电容预充电控制、辅助换相控制和紧急旁路控制。

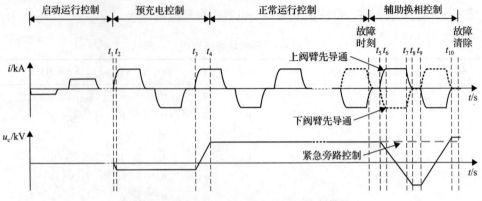

图 9-7　阀臂与 APT-FBSM 的协调控制策略

1. 启动与正常运行控制

启动与正常运行控制的目的是在直流输电系统启动过程和交流系统没有发生故障的情况下，旁路子模块电容，使其对 LCC-HVDC 的运行不产生影响。启动过程与交流系统正常运行时，VT_{11}、VT_{12} 的触发信号与上阀臂的一致，VT_{21}、VT_{22} 的触发信号与下阀臂的一致，其余子模块晶闸管不给触发信号。上阀臂导通时，子模块工作在模式 1，电流的流通路径如图 9-6(a) 所示，之后 VT_{11}、VT_{12} 与上阀臂一起开通和关断；下阀臂开通时，子模块工作在模式 3，电流的流通路径如图 9-6(c) 所示，之后 VT_{21}、VT_{22} 与下阀臂一起开通和关断。

2. 电容预充电控制

电容预充电控制的目的是待系统进入稳定运行状态后，对子模块电容进行预充电，为交流故障期间的辅助换相提供初始电容电压。

假设辅助换相时 APT-FBSM 中电容电压的最大值为 U_{set}，该值可通过修正式(9-5)中 CCC 的电容电压峰值来选取

$$U_{set} = \frac{kI_d\pi}{3\omega C} \tag{9-7}$$

式中，I_d 为额定直流电流；ω 为额定角频率。CCC 的电容电压峰值公式(9-5)是在稳态运行条件下得到的，而 ECCC 的辅助换相是在故障期间进行，故直流电流 I_d 需要乘以修正系数 k，考虑逆变侧交流故障期间直流电流的增长量，这里取 k 为 1.5。

预充电控制是在换相的两个连续周期中实现的。第一个周期内上阀臂开通前

t_1 时刻，触发 VT_{12}、VT_{13}，子模块运行在模式 6，电流的流通路径如图 9-6(f)所示，电容进行反向充电。此时，电容在阀臂开通过程中吸收能量，不利于换相过程的进行，会使换相角 μ 增大。因此，这个阶段预充电只需进行较短时间，将电容电压增大到一个较小值，就将电容旁路，以限制换相角 μ 增大。在 t_2 时刻 $u_C=-0.1U_{set}$(第一周期内充电范围可以在 $-0.1\sim-0.2U_{set}$，这里取为 $-0.1U_{set}$)时，触发 VT_{11}，VT_{11} 承受正压导通，VT_{13} 承受反压关断，子模块导通模式切换为模式 1，第一周期的预充电过程结束。

第二个周期内上阀臂开通前 t_3 时刻，触发导通 VT_{11}、VT_{14}，子模块运行在模式 5，电流的流通路径如图 9-6(e)所示，电容先放电后充电，u_C 由负值增大到正值，电容在放电过程中有助于阀臂的导通，因此这一阶段换相角 μ 的增加量并不大。在 t_4 时刻电容电压 $u_C=0.9U_{set}$(考虑正常运行时降低子模块电容与晶闸管的电压应力，第二周期充电范围可以在 $0.8\sim0.9\ U_{set}$，这里取为 $0.9U_{set}$)，触发 VT_{12}，VT_{12} 承受正压导通，VT_{14} 承受反压关断，子模块切换到模式 1，电容旁路，电容电压保持不变，充电过程结束。如此通过上述两个阶段的预充电，将电容充电时对换流器换相过程的负面影响降低。

3. 辅助换相控制

辅助换相控制的目的是在交流系统故障期间，通过投入 APT-FBSM 中的电容，为换流阀臂提供辅助换相，从而减少换相失败的概率。辅助换相控制策略流程如图 9-8 所示。

交流故障发生后，若上阀臂先导通，t_5 时刻触发 VT_{12}、VT_{13}，子模块工作在模式 6，电流的流通路径如图 9-6(f)所示，电容处于放电状态，u_C 下降，电容电压有利于阀臂的开通过程。t_6 时刻上阀臂完全导通，之后 u_C 继续降低到 0，并且反向充电，u_C 变为负值。t_7 时刻，上阀臂与 VT_{12}、VT_{13} 开始关断，电压极性变化后的电容又可以在上阀臂的关断过程吸收能量，减小换相角 μ。在 t_8 时刻，上阀臂完全关断，电流降为 0，u_C 保持不变。t_9 时刻触发 VT_{22}、VT_{23}，子模块工作在模式 8，电流的流通路径如图 9-6(h)所示。t_{10} 时刻，下阀臂完全关断，u_C 保持正电压不变。t_9 至 t_{10} 期间，子模块电容通过充放电，辅助阀臂可靠开通和关断。重复以上过程，电容处于交替的充放电状态中，直到直流系统恢复额定运行状态。

同理，若故障发生后下阀臂先导通，则子模块导通模式的切换顺序为：模式 7—模式 5—模式 7—……。

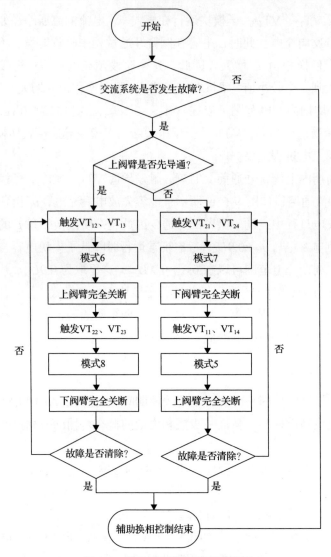

图 9-8　辅助换相控制策略流程图

4. 紧急旁路控制

　　紧急旁路控制的目的有两个：①避免子模块电容在换相失败期间持续充电至过电压；②保证换相失败期间直流侧短路时，APT-FBSM 电容同一侧晶闸管持续导通，这是因为换相失败期间若子模块晶闸管全部关断，子模块晶闸管会承受全部相电压而损坏。因此，必须采取紧急旁路控制措施，即当某相的上或下阀臂即将导通时，检测该相的另一阀臂是否完全关断，若没有完全关断或电容电压超过

U_{set} 时，则持续给 VT_{11}、VT_{21}、VT_{12} 和 VT_{22} 触发信号使电容旁路，直至故障消失。电容旁路后，系统的工作方式与 LCC 完全相同。

9.2　反并联晶闸管全桥子模块的参数设计方法

9.2.1　子模块和阀臂晶闸管电压应力分析

1. 子模块晶闸管电压应力分析

以下将分 3 种情况分析子模块晶闸管的电压应力：①子模块晶闸管部分导通；②子模块晶闸管全部关断，且阀臂晶闸管关断；③子模块晶闸管全部关断，但阀臂晶闸管导通。

情况①：当子模块有电流通过时，处于导通状态的子模块晶闸管及与之反并联的晶闸管承受的电压近似为 0，其他处于关断状态的子模块晶闸管承受的电压为电容电压 u_{C}。

情况②：当子模块晶闸管全部关断且阀臂晶闸管关断时，子模块晶闸管不仅承受电容电压，还需与阀臂晶闸管一同承受换流变压器阀侧线电压。假设换流阀每个阀臂由 n 个晶闸管串联组成，每个晶闸管的均压电阻为 r_1；子模块晶闸管组 VT_{ij}(i=1,2, j=1,2,3,4)均由 m 个晶闸管串联组成，每个晶闸管的均压电阻为 $2r_2$。以下以 A 相为例，分析子模块晶闸管上的电压。

当 VT_4 完全关断且 VT_1 还未导通时，阀臂与子模块断态的等值电路如图 9-9 所示。其中，$e_{\mathrm{a'}}$、$e_{\mathrm{b'}}$、$e_{\mathrm{c'}}$ 为换流变压器阀侧相电压；u_{T_1}、u_{T_2}、u_{T_3} 和 u_{T_4} 为各组反并联晶闸管承受的电压。

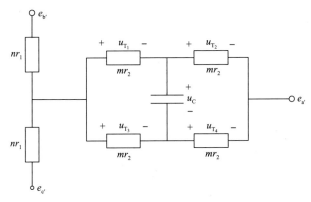

图 9-9　阀臂与子模块断态等值电路

由图 9-9，可得子模块晶闸管承受的电压为

$$
\begin{cases}
u_{T1} = u_{T4} = -\left(\dfrac{1}{2} u_C + \dfrac{3mr_2}{2nr_1 + 4mr_2} e_{a'} \right) \\[3mm]
u_{T2} = u_{T3} = \dfrac{1}{2} u_C - \dfrac{3mr_2}{2nr_1 + 4mr_2} e_{a'} \\[3mm]
e_{a'} = U_a \sin(\omega t)
\end{cases}
\tag{9-8}
$$

式中，U_a 为换流变压器阀侧相电压峰值。

当 VT_4 完全关断后，距离下一个线电压过零点为 γ 角度，距离相电压过零点为 $(\gamma+30°)$ 角度；VT_1 触发导通时超前相电压过零点 $(\beta-30°)$ 角度，因此式 (9-8) 中 ωt 的取值范围为 $[-\gamma-30°, \beta-30°]$，u_C 最大值为 U_{set}。

由前述分析可知，u_{T1}、u_{T2}、u_{T3} 和 u_{T4} 绝对值可取到的最大值 U_P 为

$$
U_P = \frac{1}{2} U_{set} + \frac{3mr_2 U_a \sin(\gamma + 30°)}{2(nr_1 + 2mr_2)}
\tag{9-9}
$$

需要注意的是，如果 $U_P < U_{set}$，就可能使 u_{T1} 与 u_{T4} 均大于 0，从而使子模块晶闸管阀 VT_{11}、VT_{14} 不能承受反向电压而可靠关断，导致子模块电容在交流系统故障期间为换流器提供辅助换相电压时，可能会通过 VT_{11} 与 VT_{23} 或 VT_{14} 与 VT_{22} 将电容两侧短路。为了避免该情况，考虑到 γ 最小取 7.2°，必须满足式 (9-10)：

$$
\frac{3mr_2 U_a \sin(38°)}{2(nr_1 + 2mr_2)} > \frac{1}{2} U_{set}
\tag{9-10}
$$

情况③：如果发生换相失败，直流侧形成短路，就可能会出现子模块晶闸管全部关断，但阀臂晶闸管导通的情况。此时，子模块晶闸管承受的最大电压为

$$
U_P' = \frac{1}{2} U_{set} + \frac{1}{2} U_a'
\tag{9-11}
$$

式中，U_a' 为交流故障后换流变压器阀侧相电压峰值。

针对上述子模块晶闸管承受过电压的问题，这里设计了 ECCC 的紧急旁路控制策略。系统一旦发生换相失败，采用紧急控制策略使子模块电容同侧晶闸管一直处于通态，直至故障消失；该过程中，部分晶闸管承受电压为 0，部分晶闸管承受电压为电容电压，保证子模块晶闸管不会过电压。

综合比较以上 3 种情况，考虑到关断角 γ 在故障恢复期间可能增大到 60°，因此子模块晶闸管承受的最大电压为

$$U_{\mathrm{VTmax}} = \frac{1}{2}U_{\mathrm{set}} + \frac{3mr_2 U_{\mathrm{a}}}{2(nr_1 + 2mr_2)} \tag{9-12}$$

在满足式(9-10)的前提下，可以根据式(9-12)，合理设计电容电压 U_{set}、阀臂晶闸管串联个数 n、阀臂晶闸管静态均压电阻 r_1、子模块晶闸管串联个数 m 和子模块晶闸管静态均压电阻 r_2，来使子模块每个晶闸管承受的电压都在其允许范围内。

2. 阀臂晶闸管电压应力分析

CCC 拓扑正常工作时电容投入，因此 CCC 的阀臂需要承受比 LCC 更高的电压水平；但是，ECCC 正常工作时电容不投入，此时 ECCC 的阀臂电压应力水平与 LCC 相似。当交流系统发生故障时，ECCC 投入电容进行辅助换相，而此时交流母线电压因故障而降低，ECCC 换流阀臂承受的电压也不会大幅上升。因此，ECCC 并不会提高换流阀臂晶闸管的电压应力水平。

9.2.2　子模块晶闸管电流应力分析

以下将分 3 种情形分析子模块晶闸管的电流应力。

(1)当交流系统没有发生故障，直流系统正常运行时，子模块晶闸管上的最大电流为额定直流电流。

(2)当交流系统发生故障且直流系统成功抵御换相失败时，子模块晶闸管上的最大电流为直流电流的暂态峰值。

(3)当交流系统发生故障导致直流系统发生换相失败时，直流侧短路，直流电流将达到峰值。此时电流流通路径为造成直流侧短路的上下阀臂晶闸管，并不会流过换流阀与换流变压器之间的子模块；当直流侧短路消失后，直流电流才会再次流过子模块。因此，换相失败时，子模块晶闸管的电流应力小于阀臂晶闸管的电流应力。

综上所述，为使子模块晶闸管的电流应力在允许范围内，可参照阀臂晶闸管的参数来选取子模块晶闸管。

9.2.3　子模块参数的选取方法

基于 CIGRE 标准测试模型，将 LCC-HVDC 改造为 ECCC-HVDC。整流侧结构不变，逆变侧换流阀与换流变压器之间串联接入 APT-FBSM。为了对比研究，同时也搭建 CCC-HVDC 的模型，CCC-HVDC 的整流侧系统结构及参数设置与 LCC-HVDC 一致，为使 CCC-HVDC 与 LCC-HVDC 具有相同的额定运行状态，逆变侧需要调整无功补偿容量和变压器分接头。

ECCC 中 APT-FBSM 的参数主要包括单个晶闸管的额定电压和额定电流、换相电容容值 C、换相电容电压最大值 U_{set}、阀臂晶闸管串联个数 n、阀臂晶闸管的静态均压电阻 r_1、子模块晶闸管串联个数 m 和子模块晶闸管静态均压电阻 r_2。

APT-FBSM 的参数设计主要包括以下几个步骤。

步骤 1：选取阀臂晶闸管的额定电压、额定电流、阀臂晶闸管串联个数 n。

因为 ECCC 是由 LCC 改造而来，所以首先确定阀臂晶闸管的参数。已知 LCC-HVDC 系统额定运行时直流电流为 2kA，换相电压峰值为 295.85kV。故选取阀臂晶闸管的额定电流为 2kA，额定电压为 8kV，串联个数 n=40（考虑冗余）。

步骤 2：选取换相电容容值 C、换相电容电压最大值 U_{set}。

为了方便下文对 ECCC 与 CCC 进行对比研究，ECCC 的换相电容容值与 CCC 的容值保持一致，都取 400μF。CCC 选取 400μF 作为电容容值所遵循的原则为：既能保证换相电容为换流阀提供更高的辅助换相电压，又能保证换相电容的电压不会使换流阀臂承受的峰值电压超过原 LCC 阀臂承受电压的 110%。

ECCC 相对于 CCC 的优势在于 ECCC 对换相电容电压的可控性，ECCC 可以通过控制保证换相电容上的电压不超过 U_{set}；按照式（9-7）可得，U_{set}=22kV。

步骤 3：选取子模块 APT-FBSM 晶闸管的额定电压、额定电流。

APT-FBSM 晶闸管的规格参数与阀臂晶闸管保持一致，同样选取额定电流为 2kA，额定电压为 8kV 的晶闸管。

步骤 4：选取子模块 APT-FBSM 晶闸管的串联个数 m、阀臂晶闸管的静态均压电阻 r_1 和子模块晶闸管静态均压电阻 r_2。

为了满足式（9-10）的条件，首先假设满足

$$\frac{3mr_2U_a\sin(38°)}{2(nr_1+2mr_2)}=15 \tag{9-13}$$

将式（9-13）代入式（9-12），可得 U_{VTmax}=35kV，因此 APT-FBSM 中每组晶闸管的串联个数 m=5。

将 n=40、m=5、U_a=295.85kV、U_{set}=22kV 代入式（9-10）、式（9-12）及 $U_{VTmax}<$40kV，可得

$$0.35r_1 < r_2 < 0.59r_1 \tag{9-14}$$

静态均压电阻的阻值远小于晶闸管的断态电阻，这里取 r_1=50kΩ，r_2=25kΩ。

综上所述，增强型电容换相换流器的晶闸管与电容参数如表 9-2 所示。

表 9-2　增强型电容换相换流器的晶闸管与电容参数

单个晶闸管额定电压	单个晶闸管额定电流	C	U_{set}	n	m	r_1	r_2
8kV	2kA	400μF	22kV	40	5	50kΩ	25kΩ

9.2.4 换流器的电压电流应力特性

1. APT-FBSM 的电压电流应力特性

首先对 APT-FBSM 的电容进行预充电，电容预充电过程中，ECCC 的电容电压、关断角、直流电压、直流电流的特性如图 9-10 所示。由图 9-10 可知，在 VT_2、VT_4 和 VT_6 开通的过程中将 APT-FBSM 电容串联接入阀臂，当电容反向充电到 –2.2kV 后将电容旁路；下一周期 VT_2、VT_4 和 VT_6 开通的过程中再次将 APT-FBSM 电容串联接入阀臂，直到电容电压充电至 20kV 再将其旁路。预充电过程中，关断角下降了 0.3°，直流电压波动 0.8%，直流电流波动 1%，因此 APT-FBSM 电容的预充电过程对直流系统的运行性能影响很小。

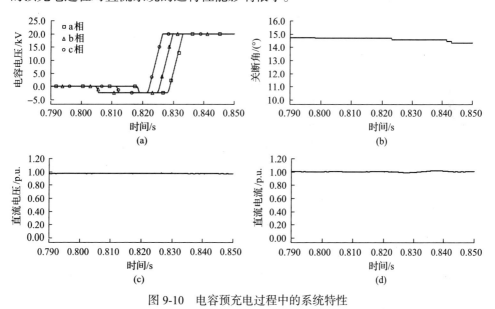

图 9-10　电容预充电过程中的系统特性

以下将在 ECCC 成功抵御换相失败与未成功抵御换相失败两种情况下，对 APT-FBSM 的电压电流应力进行分析。

1) ECCC 成功抵御换相失败

$t=1s$ 时在逆变侧换流母线处设置感性单相接地故障，接地电感 $L_f=0.6H$，故障持续时间为 50ms。APT-FBSM 的电压电流特性如图 9-11 所示。图 9-11(a) 为子模块晶闸管的电流波形，$i_{T_1} \sim i_{T_4}$ 分别为 4 组反并联晶闸管的电流；图 9-11(b) 为子模块晶闸管与电容的电压波形，$u_{T_1} \sim u_{T_4}$ 分别为 4 组反并联晶闸管的电压。

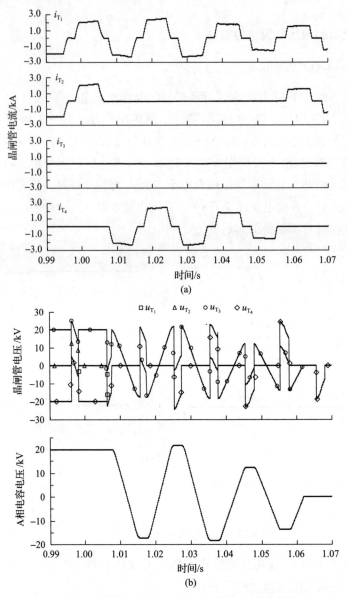

图 9-11　换相成功时 APT-FBSM 的电压电流特性

由图 9-11 可知，在 APT-FBSM 的辅助作用下，故障期间系统成功抵御换相失败，子模块晶闸管的电流可以按照预定的控制策略切换流通路径，电容也可以实现投入与旁路，反并联晶闸管组上的最大电流约为 2.2kA，最大电压约为 24kV（每个晶闸管的电压为 4.8kV），电容电压最大值约为 22kV，均在允许范围内。

2）ECCC 未成功抵御换相失败

减小单相接地故障的故障电感值至 L_f =0.3H，由于故障严重程度增加，系统发生换相失败，APT-FBSM 的电压电流特性如图 9-12 所示。故障期间，该相的子模块电容一直处于旁路状态，不再参与辅助换相，子模块晶闸管电流上升到 1.25p.u.；交流故障消除后，在系统恢复期间反并联晶闸管上的最大电压达到 33kV，即每个晶闸管的电压为 6.6kV，仍然在允许范围内。

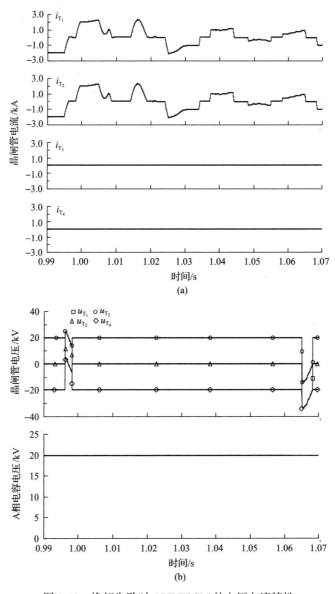

图 9-12　换相失败时 APT-FBSM 的电压电流特性

2. 阀臂晶闸管的电压应力特性

t=1s 时在逆变侧设置单相接地故障，接地电感值 L_f=0.6H，故障持续时间 50ms，图 9-13 为传统 LCC-HVDC 与 ECCC-HVDC 换流阀晶闸管的电压应力特性。

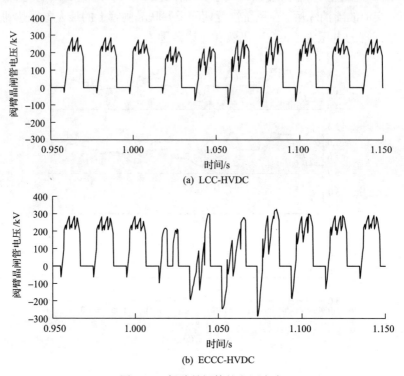

(a) LCC-HVDC

(b) ECCC-HVDC

图 9-13 阀臂晶闸管的电压应力

由图 9-13 可知，故障发生前 LCC 与 ECCC 的换流阀晶闸管电压相同；1 至 1.05s 时，ECCC 投入电容进行辅助换相，ECCC 阀臂晶闸管最大电压较 LCC 高约 16%。然而，由于故障期间交流母线电压下降，ECCC 故障期间阀臂晶闸管电压仍然在允许范围内。

9.3 新型电容换相换流器故障期间的暂态特性

如图 9-14 所示，本节将从以下三类故障出发分析 ECCC-HVDC 故障期间的暂态特性。

(1)逆变侧交流母线短路故障(故障点 f_1)。考虑到高压输电线的电抗远大于电阻，故这里以交流母线处的感性接地故障为例进行分析，来模拟距离交流母线不同位置的接地故障，故障类型包括单相接地故障和三相接地故障。

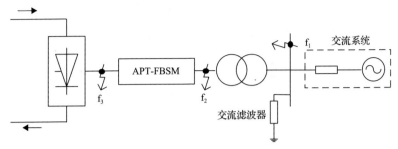

图 9-14 用于分析 ECCC-HVDC 暂态特性的故障位置

(2)子模块换流变压器侧短路故障(故障点 f_2)。该故障点在 APT-FBSM 与换流变压器之间,对 CCC 拓扑而言该故障点在换相电容与换流变压器之间,故障类型包括子模块换流变压器侧单相接地故障及相间短路故障。

(3)子模块阀侧短路故障(故障点 f_3)。该故障点在 APT-FBSM 与换流阀之间,对 CCC 拓扑而言该故障点在换相电容与换流阀之间,故障类型包括子模块阀侧单相接地故障及相间短路故障。

9.3.1 逆变侧交流母线短路故障下的系统暂态特性

1. 系统的换相失败抵御能力

这里仍然采用换相失败免疫因子 CFII 来评估系统抵御换相失败的能力,CFII 值越大,表明系统抵御换相失败的能力越强。三相和单相接地故障一个周波内不同故障合闸角下 ECCC、CCC 与 LCC 的 CFII 曲线如图 9-15 和图 9-16 所示。

由图 9-15 和图 9-16 可见,在三相或单相接地故障下,ECCC 都可以显著提高直流系统抵御换相失败的能力。采用 ECCC 拓扑结构,三相故障下 CFII 从 14% 提高到 20%~25%;单相故障下 CFII 从 20% 左右提高到 25%~42%。

若采用临界电压来评估系统抵御换相失败的能力,逆变侧交流母线的电压低

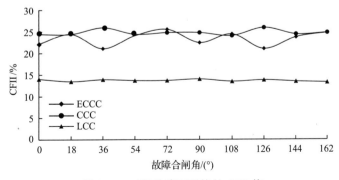

图 9-15 三相故障下系统的 CFII 值

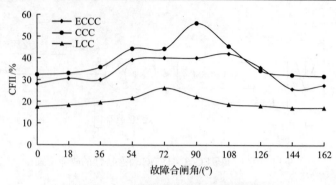

图 9-16　单相故障下系统的 CFII 值

于此临界电压时，直流系统就有可能发生换相失败。LCC、CCC 与 ECCC 的临界电压结果如表 9-3 所示。

表 9-3　临界电压对比结果　（单位：p.u.）

故障类型	LCC	CCC	ECCC
单相故障	0.941	0.892	0.911
三相故障	0.943	0.890	0.901

由表 9-3 可知，在单相故障与三相故障下，ECCC 和 CCC 的临界电压值均低于 LCC，同样说明 ECCC 能够降低直流系统发生换相失败的概率。

然而，ECCC 与 CCC 相比，ECCC 抵御换相失败的效果略低于 CCC，原因主要有以下几点：①故障检测延时在一定程度上限制了 ECCC 提高换相失败免疫力的能力；②交流系统故障后的首次辅助换相期间，仅有导通阀臂串联的 APT-FBSM 电容发挥了辅助换相作用；③故障期间，CCC 的电容电压不可控，导致电容电压升高，使辅助换相能力增强，但在与 ECCC 参数相同的前提下，该电容电压可能充至过高而使电容损坏。

2. 换相失败后系统的恢复特性

为了对比 ECCC、CCC 和 LCC 换相失败后的恢复特性，$t=1$s 时在逆变侧换流母线处设置感性三相接地故障，接地电感值 $L_f=0.5$H，故障持续时间为 50ms，结果如表 9-4 与图 9-17 所示。

表 9-4　ECCC、CCC 与 LCC 的暂态特征量对比

系统	直流电流最大值/p.u.	交流电压最小值/p.u.	功率损失/p.u.	恢复时间/ms
ECCC	2.33	0.81	0.84	106
CCC	2.27	0.81	0.84	550
LCC	2.56	0.81	0.84	106

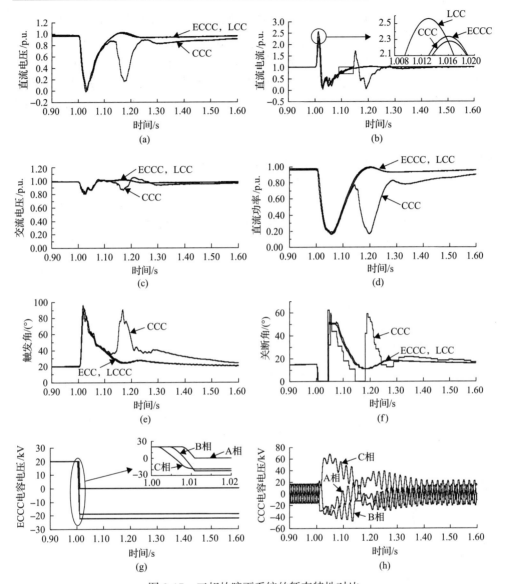

图 9-17　三相故障下系统的暂态特性对比

由结果可见，在该故障下三个系统均发生了换相失败，直流电压都降到了 0；
LCC 直流电流上升到了 2.56p.u.，ECCC 和 CCC 的直流电流最大值分别为 2.33p.u.、
2.27p.u.，ECCC 与 CCC 在一定程度上限制了直流电流的上升幅值；三个系统的
逆变侧交流母线电压跌落至 0.81p.u.；故障期间三个系统传输的直流功率都有大幅
度降低，最大功率损失约 0.84p.u.。

故障消失后，LCC 与 ECCC 能够很快恢复运行，故障恢复时间约为 106ms；

而 CCC 在恢复过程中又发生了一次换相失败，这是因为故障后 CCC 电容持续充电至过电压，使得后续换相电压减小，进而对系统换相产生了负面影响，导致再次换相失败，故障恢复时间也增加到了 550ms。相较于 CCC，ECCC 中的 APT-FBSM 可以灵活地控制子模块电容的投入和旁路，在发生换相失败后将子模块电容旁路，既保证了电容上不会产生过电压，又避免了对直流系统恢复过程产生不良影响。

9.3.2 子模块换流变压器侧短路故障下的系统暂态特性

1. 子模块换流变压器侧单相接地故障

$t=1s$ 时子模块换流变侧发生 A 相接地故障，故障持续时间为 100ms，ECCC 与 CCC 的直流电压、直流电流、有功功率、关断角、电容电压的暂态特性结果如图 9-18 所示。

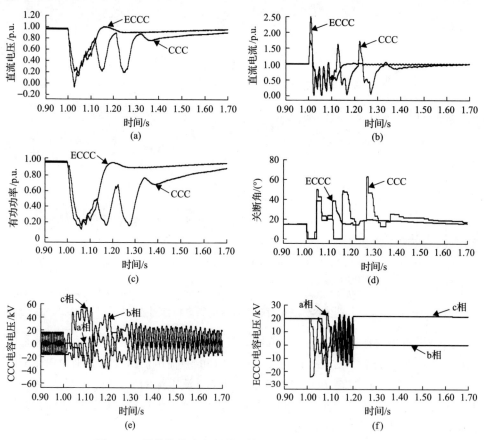

图 9-18　子模块换流变侧单相接地故障下的暂态特性对比

故障发生后，CCC 的关断角变为 0，系统换相失败。换相失败导致直流侧短路且直流电压降低到 0，直流电流也随之迅速上升到了 1.73p.u.。换相失败期间有功功率大量损失，最大功率损失接近 90%。故障期间，A 相的换相电容有时与阀 VT$_4$ 及故障接地点构成通路，使 A 相电容充电；有时 A 相的换相电容经阀 VT$_1$ 迅速放电；而 C 相的换相电容经过不对称的充放电过程后，电容电压上升，最大幅值达到了 52kV。故障消失后，电容上的过电压使 CCC 在恢复期间又发生了两次换相失败，使系统再次受到较大扰动，CCC 经过约 600ms 才将直流功率恢复到 0.9p.u.。

对于 ECCC 而言，故障后同样发生了换相失败。不同之处有以下几点。

(1) ECCC 直流电压的下降速度快于 CCC，直流电流峰值大于 CCC，这是由于 CCC 电容上的反向电压会串联接入到直流侧。而 ECCC 为了防止电容在换相失败期间产生过电压，会将电容旁路。

(2) ECCC 电容上没有产生过电压，电容电压均低于 U_{set}，表明 ECCC 对电容具有良好的可控性。

(3) ECCC 在故障消失后约 110ms 就恢复到了额定运行状态，说明 ECCC 具有良好的故障恢复能力。

2. 子模块换流变压器侧相间短路故障

t=1s 时子模块换流变侧发生 A、B 两相相间故障，故障持续时间为 100ms，ECCC 与 CCC 的直流电压、直流电流、有功功率、关断角、电容电压的暂态特性结果如图 9-19 所示。

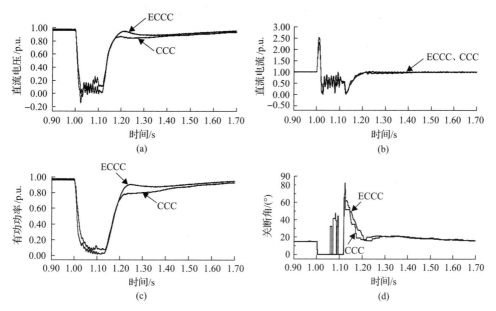

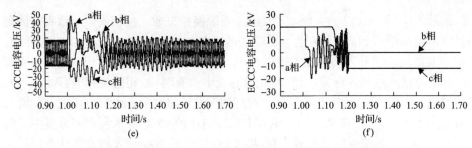

图 9-19　子模块换流变侧相间短路故障下的暂态特性对比

故障发生后，ECCC 与 CCC 的关断角均降至 0，两直流系统都发生了换相失败。换相失败导致直流侧短路且直流电压降低，直流电流上升，有功功率降低。故障期间，CCC 换相电容上的过电压最大达到了 48kV；之后，换相电容上过电压水平有所下降。故障消失前，换相电容上过电压的幅值降到了 40kV。故障消失后，CCC 能够逐渐恢复正常运行。

故障期间，ECCC 直流电压、直流电流、有功功率、关断角的动态特性与 CCC 相似，ECCC 电容电压在允许范围内进行充放电，故障消失后 ECCC 的恢复速度略快于 CCC。

9.3.3　子模块阀侧短路故障下的系统暂态特性

1. 子模块阀侧单相接地故障

t=1s 时子模块阀侧发生 A 相接地故障，故障持续时间为 100ms，ECCC 与 CCC 的直流电压、直流电流、有功功率、关断角、电容电压的暂态特性如图 9-20 所示。

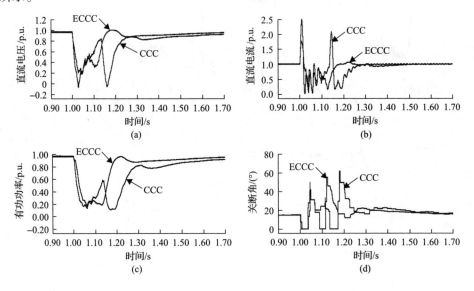

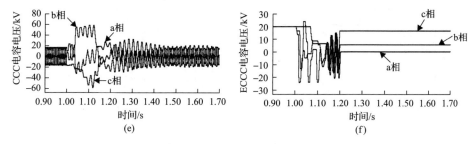

图 9-20　子模块阀侧单相接地故障下的暂态特性对比

故障发生后，CCC 发生了换相失败。因为换流变压器二次侧不直接接地，所以换相失败期间当阀 VT_4 与 VT_1 导通形成直流短路时，交流侧三相电流为 0，电容电压保持不变。当 VT_3 导通时，阀 VT_3 与 A 相接地故障点形成 A、B 两相接地短路，A、B 两相的换相电容串联在交流短路故障回路中，A 相电容反向充电，B 相电容正向充电。当 VT_6 与 VT_1 导通时，A 相电容和 B 相电容进行放电作用，电容上的电位降低。对于 C 相电容而言，当阀 VT_2 导通时，C 相电容反向充电，而阀 VT_5 一直无法导通，C 相电容没有放电通道，因此 C 相电容只能单方向充电。综上，故障期间，CCC 的 A、B 两相电容进行充放电过程，A 相电容电压最大幅值为 33kV，B 相电容电压最大幅值为 55kV，C 相电容只能单方向充电，最大幅值为 62kV。接地故障消失后，CCC 三相不对称的电容电压导致换流器再次换相失败。

子模块阀侧发生 A 相接地故障后，ECCC 同样发生了换相失败，直流电压降为 0，直流电流上升、有功功率下降。一段时间后，经过换相，直流短路消失，但是由于子模块阀侧的接地故障还未消除，ECCC 在短路故障期间又发生了换相失败，由结果可见这次换相失败对系统造成的扰动较小。

2. 子模块阀侧相间短路故障

t=1s 时子模块阀侧发生 A、B 两相短路故障，故障持续时间为 100ms，ECCC 与 CCC 的直流电压、直流电流、有功功率、关断角、电容电压的暂态特性如图 9-21 所示。

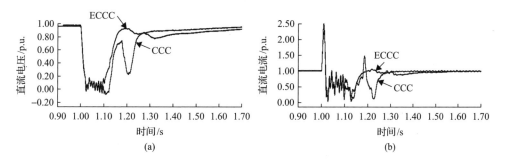

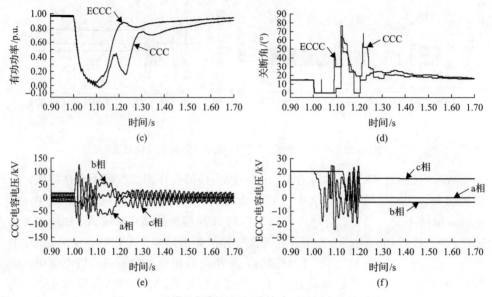

图 9-21　子模块阀侧相间短路故障下的暂态特性对比

　　相间短路故障发生后，A、B 两相交流电压与电容电压无法为换流阀提供换相电压，导致 ECCC 与 CCC 都发生了换相失败。故障期间，CCC 中 A、B 两相的电容减小了交流短路阻抗，增大了短路电流；而且 A、B 两相电容电压的最大幅值达到 105kV，为额定值的 6.6 倍，该过电压不但有击穿电容器的危险，而且还导致 CCC 在故障恢复过程中再次发生换相失败。

　　对于 ECCC 而言，由于其具有灵活的控制能力，在换相失败期间电容被旁路，不会串联接入交流相间短路回路中。因此，ECCC 的电容不会增大交流短路电流，电容电压也不会超过最大值。故障消除后，ECCC 也能够快速恢复到额定运行状态，具有良好的故障恢复能力。

9.4　新型电容换相换流器的改进协调控制策略

9.4.1　改进协调控制策略

　　交流故障情况下，ECCC 拓扑可以通过 APT-FBSM 提供额外的换相电压支撑，以降低换相失败概率。与 CCC-HVDC 和 LCC-HVDC 系统相比，ECCC-HVDC 不仅可以有效降低换相失败风险，而且通过改变 APT-FBSM 的工作模式，电容电压可以被限制在允许范围内。尽管 ECCC 在换相失败抑制和故障恢复方面表现良好，但仍有进一步改进空间。因为在原控制策略下，当系统正常运行时电容处于旁路状态；当交流系统发生故障时，经过故障检测延迟时间后，电容才被串入换相回路进行辅助换相，换言之，ECCC 对换相失败的抑制效果受到故障检测延迟时间的影响。因此，原始控制策略依赖于对交流故障的快速准确检测，一方面，采用精确的故障检测方案会增加额外投资成本；另一方面，如果所需的故障检测时间相对较长，电容将不能及时提供辅助换相支撑，而使换相失败抑制效果大大减弱。

为了进一步改善 ECCC 拓扑的性能，本节提出了一种改进协调控制策略。在正常运行和故障期间，通过协调 APT-FBSM 的不同工作模式，使子模块电容一直处于投入状态，从而实现以下目的：①在正常运行状态下，串联电容可以加速换相过程并增加成功换相的裕度；②由于 APT-FBSM 的电容一直投入，所以在交流故障下，ECCC 抑制换相失败的能力不再依赖于快速故障检测；③串入的电容可以提供一定的无功功率，从而增加系统功率因数并降低换流器所需的无功补偿容量。

阀臂和 APT-FBSM 的改进协调控制包括：①启动控制；②电容预充电控制；③正常运行与辅助换相控制；④紧急旁路控制。其中改进协调控制的启动控制、电容预充电控制和紧急旁路控制与 9.1 节的原控制策略相同，而正常运行与辅助换相控制不同。下面将结合图 9-22，以 A 相为例详细介绍阀臂和 APT-FBSM 在正常运行与辅助换相过程中的协调配合策略。

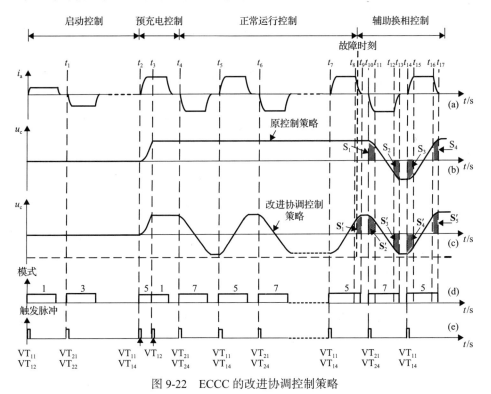

图 9-22　ECCC 的改进协调控制策略

(a) A 相电流；(b) 原控制策略下的电容电压；(c) 改进协调控制策略下的电容电压；(d) 工作模式；(e) 触发脉冲

当 ECCC 采用原始控制策略时，APT-FBSM 的电容在稳态条件下是旁路的；当故障发生时，电容将被投入，以提供辅助换相电压-时间面积来抑制换相失败。但在原始控制策略下，辅助换相控制是由故障检测触发的，故在故障检测延迟时间后，电容才被投入。以 A 相为例，假设故障发生在图 9-22 中的故障时刻，且在 $t = t_{17}$ 时故障被清除。图 9-22(b) 中展示了原控制策略下的电容电压波形，电容电压的参考方向如图 9-6 所示。在故障检测期间，电容尚未投入，因此 APT-FBSM 无法在检测时间内提供辅助换相支撑；当 $t = t_{10}$ 时，VT$_1$ 将经历导通阶段，VT$_5$ 将经历关断阶段，A 相的子模块工作在模式 7 且输出正向电容电压，并提供辅助换相电压-时间面积，如图 9-22(b) 中的 S$_1$ 阴影面积，以加速 VT$_1$ 的导通过程。同时，C 相的 APT-FBSM 输出负向电容电压以加速 VT$_5$ 的关断过程。类似地，在 $t_{12} \sim t_{13}$ 期间，VT$_1$ 将经历关断阶段，A 相的子模块电容输出负向电容电压，并提供辅助换相电压-时间面积，如图 9-22(b) 中的 S$_2$ 阴影面积，以加速 VT$_1$ 的关断过程。而在 $t_{14} \sim t_{15}$ 期间，VT$_4$ 将经历导通阶段，A 相的子模块工作在模式 5，输出负向电容电压，并提供辅助换相电压-时间面积，如图 9-22(b) 中的 S$_3$ 阴影面积，以加速 VT$_4$ 的导通过程。在 $t_{16} \sim t_{17}$ 期间，VT$_4$ 将经历关断阶段，A 相的子模块电容输出正向电容电压，并提供辅助换相电压-时间面积，如图 9-22(b) 中的 S$_4$ 阴影面积，以加速 VT$_4$ 的关断过程。可见，在整个辅助换相控制期间，附加的辅助换相电压时间面积 S$_1 \sim$ S$_4$ 将由 APT-FBSM 按照一定的顺序提供，以改善晶闸管阀的换相过程，并对直流系统的换相失败起到一定的抑制作用。

根据上述分析过程，从故障发生到 $t = t_{10}$ 这一阶段，ECCC 无法提供辅助换相电压-时间面积，因此，在原控制策略下的故障检测时间会影响换相失败的抑制效果。如果所需的故障检测时间相对较长，电容将无法及时提供辅助换相支撑，ECCC 对换相失败的抑制效果将大大减弱，甚至无法起到抑制作用。

改进协调控制策略与 9.1 节原始控制策略之间的本质区别在于：在改进协调控制策略下，无论在正常运行还是故障情况，APT-FBSM 的电容总是串入在换相回路中，改进协调控制策略的正常与辅助换相控制流程如图 9-23 所示。图 9-22(c) 展示了在改进协调控制策略下的电容电压波形，$t = t_4$ 后 ECCC-HVDC 开始在稳态下运行，当 A 相的下阀臂导通时，A 相的 APT-FBSM 工作在模式 7；当 A 相的上阀臂导通时，A 相的 APT-FBSM 工作在模式 5。可见，电容经历循环充放电过程，在改进的协调控制策略下，串入电容可以加快换相过程，减小重叠角，并增加成功换相的裕度。

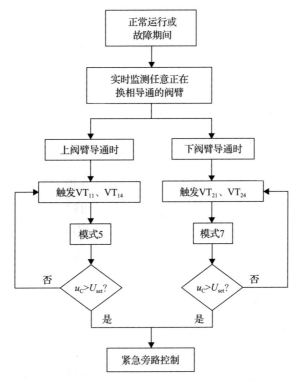

图 9-23　改进协调控制策略下正常与辅助换相的控制流程图

改进协调控制策略的另一个显著优势是，与原控制策略相比，它可以进一步降低换相失败的概率。对于改进协调控制策略，如图 9-22(c)所示，在故障发生时刻至 $t=t_9$ 期间，VT_4 正经历关断过程。在此期间，A 相中的 APT-FBSM 输出正向电容电压，并提供辅助换相电压-时间面积，如图 9-22(c)中 S_1' 阴影面积，以加速 VT_4 的关断过程；同时，B 相中的 APT-FBSM 输出负向电容电压，提供辅助换相电压-时间面积，以加速 VT_6 的开通过程，等值换相电路如图 9-24 所示。类似地，APT-FBSM 将按顺序依次输出辅助换相电压时间面积 $S_2' \sim S_5'$，如图 9-22(c)中的阴影面积，以提供辅助换相支撑并抑制换相失败。需要注意的是，改进协调控制策略下的换相失败抑制效果也与故障发生时刻有关，尤其是在故障发生后的初始阶段。例如，如果故障发生在电容处于充电状态且电容电压尚未达到最大值时，在此期间提供的辅助换相电压-时间面积会一定程度地减小，因此对换相失败的抑制效果也会一定程度地减弱。

由图 9-22(b)(c)可见，原始控制策略下，ECCC 提供的辅助换相电压时间面积是 $S_1 \sim S_4$，而改进协调控制策略下 ECCC 提供的面积是 $S_1' \sim S_5'$。因此，改进协调控制策略可以提供更大的辅助换相电压-时间面积，以降低换相失败风险，尤其是在故障发生后的初始阶段。

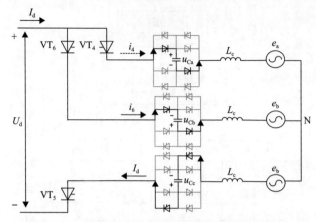

图 9-24　改进协调控制策略下系统的等值换相电路

9.4.2　改进协调控制策略对系统稳态运行性能的影响

1. 改进协调控制策略对阀臂换相过程的改善

1) 改进协调控制策略对加速换相过程的理论分析

直流输电系统稳定运行时，阀臂晶闸管换相过程的速度可以用换相重叠角 μ 表征，换相重叠角 μ 越小，表明换相过程越快。对于采用改进协调控制策略的 ECCC-HVDC 系统，当直流系统正常运行时，以 VT$_4$～VT$_6$ 的换相过程为例进行分析，如图 9-24 所示，其中 L_c 为等值换相电感，u_{Ca}、u_{Cb}、u_{Cc} 为三相电容电压，U_d 为直流电压，I_d 为直流电流，i_4、i_6 为流过晶闸管 VT$_4$、VT$_6$ 的电流。假设系统电压为

$$e_a = E_m \cos\left(\omega t + \alpha + \frac{\pi}{3}\right)$$

$$e_b = E_m \cos\left(\omega t + \alpha - \frac{\pi}{3}\right) \tag{9-15}$$

$$e_c = E_m \cos\left(\omega t + \alpha - \pi\right)$$

式中，E_m 为相电压幅值。VT$_4$～VT$_6$ 的换相过程满足以下关系：

$$i_4 + i_6 = I_d \tag{9-16}$$

$$i_4 = C \frac{du_{Ca}}{dt} \tag{9-17}$$

$$i_6 = -C \frac{du_{Cb}}{dt} \tag{9-18}$$

$$e_b + L_c \frac{di_6}{dt} - u_{Cb} = e_a + L_c \frac{di_4}{dt} + u_{Ca} \tag{9-19}$$

假设 $t=0$ 为换相初始时刻，其初始条件满足

$$\begin{aligned} i_4 &= I_d \\ u_{Cb}(t)\big|_{(\omega t=0)} &= U_0 \end{aligned} \tag{9-20}$$

式中，U_0 为电容的初始充电电压。通过求解式 (9-15) 至 (9-20) 可以得到 i_4 的表达式：

$$i_4 = E\cos(\omega_0 t) + F\sin(\omega_0 t) + \frac{I_d}{2} - D\cos(\omega t + \alpha) \tag{9-21}$$

式中

$$\omega_0 = \frac{1}{\sqrt{L_c C}} \tag{9-22}$$

$$A = \frac{\omega_0}{\omega}\cos\alpha \tag{9-23}$$

$$B = \frac{\omega_0}{\omega}\sin\alpha \tag{9-24}$$

$$D = \frac{\sqrt{3}E_m \omega^2}{2\omega L_c \left(\omega_0^2 - \omega^2\right)} \tag{9-25}$$

$$E = \frac{I_d}{2} + AD\frac{\omega}{\omega_0} \tag{9-26}$$

$$F = \frac{-U_0}{\omega_0 L_c} - BD \tag{9-27}$$

当 $t = \mu/\omega$ 时，换相过程结束，满足 $i_4 = 0$，代入式 (9-21) 则可以得到换相重叠角 μ 与电容的关系式：

$$E\cos\left(\omega_0 \frac{\mu}{\omega}\right) + F\sin\left(\omega_0 \frac{\mu}{\omega}\right) + \frac{I_d}{2} - D\cos\left(\omega_0 \frac{\mu}{\omega} + \alpha\right) = 0 \tag{9-28}$$

令 $C_1 = \mu/X_c$，进一步得到改进协调控制策略下 ECCC-HVDC 系统的换相重叠角 μ 的公式

$$\mu = -\alpha + \cos^{-1}\left(\frac{X_c\omega C - 1}{\sqrt{2}U_L}\left\{\frac{U_{Cb}(0)}{\sqrt{X_c\omega C}}\sin\left(\frac{C_1\sqrt{X_c}}{\sqrt{\omega C}}\right) + \frac{U_{Ca}(0)}{\sqrt{X_c\omega C}}\sin\left(\frac{C_1\sqrt{X_c}}{\sqrt{\omega C}}\right)\right.\right.$$

$$\left.\left. - \frac{I_d}{\omega C}\left[\cos\left(\frac{C_1\sqrt{X_c}}{\sqrt{\omega C}}\right) + 1\right]\right\} - \frac{\sin\alpha}{\sqrt{X_c\omega C}}\sin\left(\frac{C_1\sqrt{X_c}}{\sqrt{\omega C}}\right) + \cos\alpha\cos\left(\frac{C_1\sqrt{X_c}}{\sqrt{\omega C}}\right)\right)$$

$$(9\text{-}29)$$

式中，$U_{Ca}(0)$、$U_{Cb}(0)$ 分别为 A 相和 B 相电容的初始充电电压；U_L 为换流母线电压；X_c 为等值换相电抗。可见，在改进协调控制策略下 ECCC-HVDC 系统的换相重叠角 μ 与串入的电容值 C 及电容初始充电电压有关。电容值越小或电容充电电压越大，换相重叠角 μ 越小，系统的换相过程越快，成功换相的裕度越高。

而对于采用原控制策略的 ECCC-HVDC 系统，当直流系统正常运行时，子模块电容处于旁路状态，ECCC-HVDC 的运行状态类似于 LCC-HVDC，仍以 VT$_4$-VT$_6$ 的换相过程为例，换相过程满足以下关系：

$$L_c\frac{di_6(t)}{dt} - L_c\frac{di_4(t)}{dt} = \sqrt{2}U_L\sin\omega t \tag{9-30}$$

$$i_6(t) + i_4(t) = I_d \tag{9-31}$$

将式(9-31)带入式(9-30)，在换相期间对式(9-30)积分，得到原控制策略下系统的换相重叠角公式如下：

$$\mu = -\alpha + \arccos\left(\cos\alpha - \frac{\sqrt{2}\omega L_r I_d}{U_L}\right) \tag{9-32}$$

通过比较可以发现，采用改进协调控制策略后，ECCC 的换相重叠角[式(9-29)]比采用原控制策略时换相重叠角[式(9-32)]小，因此采用改进协调控制策略可以加速换相过程，减小系统稳态时的换相重叠角，进而为故障情况下的关断角提供更大的裕度。

2) 改进协调控制策略对加速换相过程的仿真分析

通过在 PSCAD/EMTDC 仿真环境中对如下 5 个案例进行对比，以分析改进协调控制策略对阀臂换相过程和系统功率因数的影响。

案例 1：LCC-HVDC。

案例 2：ECCC-HVDC，采用原控制策略。

案例 3：ECCC-HVDC，采用改进协调控制策略，嵌入 1 个子模块。

案例 4：ECCC-HVDC，采用改进协调控制策略，嵌入 2 个子模块。

案例 5：ECCC-HVDC，采用改进协调控制策略，嵌入 3 个子模块。

以上 5 个案例在系统正常运行时的 A 相上阀臂的阀电流波形如图 9-25 所示，其中图 9-25(b) 为图 9-25(a) 中阴影部分的局部放大图。换相过程对应阀电流由额定电流 2kA 逐渐减至 0 的过程，表 9-5 给出了图 9-25(b) 中 5 个案例的换相重叠角大小。

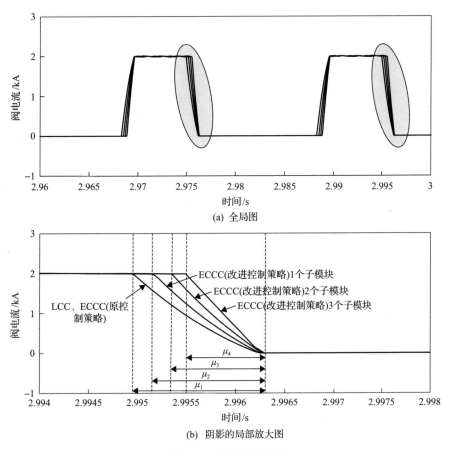

(a) 全局图

(b) 阴影的局部放大图

图 9-25　阀电流波形图

表 9-5　换相重叠角对比

案例	系统	换相重叠角/(°)
案例 1	LCC-HVDC	22.99
案例 2	ECCC-HVDC（原控制策略）	22.99
案例 3	ECCC-HVDC（改进协调控制策略），1 个子模块	19.78
案例 4	ECCC-HVDC（改进协调控制策略），2 个子模块	16.88
案例 5	ECCC-HVDC（改进协调控制策略），3 个子模块	14.43

由图 9-25 和表 9-5 可知，案例 1 中 LCC-HVDC 系统和案例 2 采用原控制策略的 ECCC-HVDC 系统的换相重叠角相同，大于其他 3 个案例，表明其换相过程较慢。由案例 3～5 可知，采用改进协调控制策略可以加速换相过程，减小换相重叠角，并且随着子模块嵌入数量的增多，ECCC-HVDC 的换相重叠角越小，即换相过程加速越快，在触发角一定的情况下，可以给关断角留出更多的裕度，进而增强系统成功换相的能力。

2. 改进协调控制策略对系统功率因数的改善

1) 改进协调控制策略对改善功率因数的理论分析

采用改进协调控制策略的 ECCC-HVDC 在稳态运行时，电容处于投入状态，以晶闸管 VT_4 的换相过程为例进行分析。

当 VT_4 处于换相导通期间时，电容电压的增量为

$$\Delta U = \frac{1}{\omega C} \int_0^\mu (I_d - i_2)\, \mathrm{d}\theta \tag{9-33}$$

当 VT_4 处于换相关断期间时，电容电压的增量为

$$\Delta U' = \frac{1}{\omega C} \int_{\frac{2\pi}{3}}^{\frac{2\pi}{3}+\mu} i_4\, \mathrm{d}\theta \tag{9-34}$$

一个周期内 6 脉动换流阀共经历 6 次"3 工况"和 6 次"2 工况"，由于三相对称，取相邻两次"3 工况"和"2 工况"分析直流电压大小。"3 工况"下的直流电压值为

$$U_{d3} = \frac{1}{2}(e_a + u_{Ca} + e_c + u_{Cc}) - (e_b - u_{Cb}) \tag{9-35}$$

"2 工况"下的直流电压值为

$$U_{d2} = (e_a + u_{Ca}) - (e_b - u_{Cb}) \tag{9-36}$$

直流电压平均值 U_d 为

$$U_d = \frac{1}{\pi/3}\left(\int_0^\mu U_{d3}\mathrm{d}\theta + \int_\mu^{\frac{\pi}{3}} U_{d2}\mathrm{d}\theta \right) \tag{9-37}$$

经过计算可得

$$U_d = \frac{3\sqrt{3}E_m}{\pi}\left[\frac{\cos\alpha + \cos(\alpha+\mu)}{2}\right] + \frac{\pi}{3}\left[(\Delta U' - \Delta U)\left(\frac{\pi}{3} - \frac{\mu}{4}\right)\right] \tag{9-38}$$

忽略换流阀与换流变损耗，直流系统输送的有功功率与交流侧有功功率近似相等，则

$$U_d I_d = \sqrt{3}U_L I_{L1}\cos\varphi \tag{9-39}$$

式中，U_L 为换流母线线电压，I_{L1} 为基波电流，$\cos\varphi$ 为功率因数，且

$$I_{L1} = \frac{\sqrt{6}}{\pi}I_d \tag{9-40}$$

将式(9-38)、式(9-40)代入式(9-39)，得到采用改进协调控制策略 ECCC-HVDC 系统的功率因数表达式：

$$\cos\varphi = \frac{\pi}{3\sqrt{2}U_L}\left\{\frac{3\sqrt{3}E_m}{2\pi}\left[\cos\alpha + \cos(\alpha+\mu)\right] + \frac{\pi}{3}\left[(\Delta U' - \Delta U)\left(\frac{\pi}{3} - \frac{\mu}{4}\right)\right]\right\} \tag{9-41}$$

而采用原控制策略的 ECCC-HVDC 在稳态运行时，电容被旁路，此时其运行状态类似于 LCC-HVDC，系统功率因数为

$$\cos\varphi = \frac{1}{2}\left[\cos\alpha + \cos(\alpha+\mu)\right] \tag{9-42}$$

通过比较可以发现，采用改进协调控制策略 ECCC-HVDC 的功率因数[式(9-41)]比采用原控制策略的功率因数[式(9-42)]要高，因此采用改进协调控制策略可以提高系统的功率因数，减少换流器无功消耗。

2) 改进协调控制策略对改善功率因数的仿真分析

ECCC-HVDC 系统正常运行时，上述 5 个案例逆变器的无功消耗如表 9-6 所示。

表 9-6　逆变器无功消耗对比

案例	系统	逆变器无功消耗/Mvar
案例 1	LCC-HVDC	547
案例 2	ECCC-HVDC(原控制策略)	550
案例 3	ECCC-HVDC(改进协调控制策略)，1 个子模块	516
案例 4	ECCC-HVDC(改进协调控制策略)，2 个子模块	480
案例 5	ECCC-HVDC(改进协调控制策略)，3 个子模块	452

由表 9-6 可知，案例 1 中 LCC-HVDC 无功消耗为 547MVar；对于案例 2 采用原控制策略的 ECCC-HVDC 系统，由于子模块电容在正常运行时是旁路的，故电容不能向系统输出无功，且正常运行时，电流流过子模块晶闸管，导致逆变器的无功消耗与案例 1 相比略有不同；而采用改进协调控制策略的案例 3~5，其逆变器无功消耗明显低于案例 1 和案例 2，且随着子模块数量的增加，逆变器无功消耗进一步下降。这是由于改进协调控制策略下，子模块电容处于投入状态，可以向系统输出无功，因此可以降低逆变器无功消耗及无功补偿容量需求。

9.4.3 改进协调控制策略对系统换相失败抵御能力的影响

1. 改进协调控制策略对系统故障期间暂态性能的影响

为了验证所提改进协调控制策略的有效性，本节设置了如下 4 个案例，来研究改进协调控制策略对系统暂态性能的影响。

案例 1：LCC-HVDC。

案例 2：CCC-HVDC。

案例 3：ECCC-HVDC，采用原控制策略。

案例 4：ECCC-HVDC，采用改进协调控制策略。

其中，案例 1 为 LCC-HVDC 系统，与 CIGRE 标准测试模型一致；案例 2 为 CCC-HVDC 系统，在案例 1 的基础上对其逆变器进行改造，在换流变压器和换流阀之间串入 400μF 的电容器；案例 3 和案例 4 为 ECCC-HVDC 系统，其换流变压器和换流阀之间串入了 APT-FBSM，进而对子模块中的电容电压进行灵活控制。APT-FBSM 的参数与 9.2.3 节相同，电容为 400μF，U_{set} 为 22kV。案例 3 和案例 4 的不同之处在于所采用的控制策略不同，案例 3 中的 ECCC-HVDC 系统采用 9.1.3 节的原始控制策略，故障检测时间取为 3ms；案例 4 中 ECCC-HVDC 采用改进协调控制策略。

以下将对轻度交流故障和严重交流故障两种工况分别进行对比分析。

工况 1：逆变侧交流母线发生感性单相接地短路故障，接地电感为 0.55H，案例 1 中 LCC-HVDC 系统和案例 3 中采用原控制策略的 ECCC-HVDC 系统都发生了换相失败，而案例 2 中的 CCC-HVDC 系统和案例 4 中采用改进协调控制策略的 ECCC-HVDC 系统都成功抵御了换相失败。

工况 2：逆变侧交流母线发生单相直接接地短路故障，案例 1 中 LCC-HVDC 系统、案例 3 中采用原控制策略的 ECCC-HVDC 系统和案例 4 中采用改进协调控制策略的 ECCC-HVDC 系统都仅发生了一次换相失败，电容未出现过电压，而案例 2 中 CCC-HVDC 系统发生了两次换相失败，电容出现了严重过电压。

1）轻度交流系统故障

在前述四个案例中，逆变侧交流母线处设置感性单相接地短路故障，接地电感为 0.55H，故障发生在 t=2s，持续时间为 50ms，四个案例的系统暂态特性对比结果如图 9-26 和表 9-7 所示。

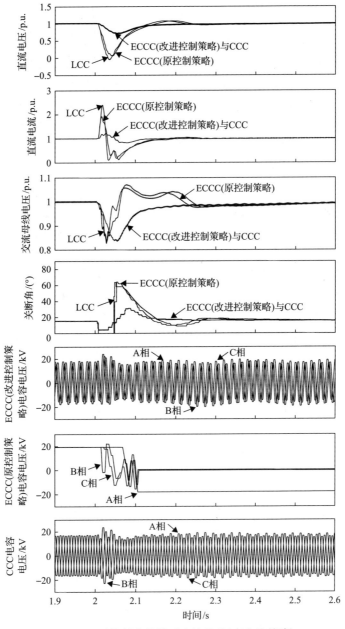

图 9-26　系统暂态特性对比结果（轻度交流故障）

表9-7　系统关键电气量特征对比(轻度交流故障)

案例	直流电压最小值/p.u.	直流电流最大值/p.u.	交流母线电压最小值/p.u.	电容电压最大值/kV
案例1	0	2.5	0.83	—
案例2	0.75	1.2	0.86	24
案例3	0.1	1.9	0.83	22
案例4	0.75	1.2	0.86	22

由图 9-26 和表 9-7 可知,故障发生后,案例 1 中 LCC-HVDC 系统和案例 3 中采用原控制策略的 ECCC-HVDC 系统都发生了换相失败,逆变侧关断角均降为 0。而案例 2 中 CCC-HVDC 系统和案例 4 中采用改进协调控制策略的 ECCC-HVDC 系统都成功抵御了换相失败。案例 1 中 LCC-HVDC 系统和案例 3 中采用原控制策略的 ECCC-HVDC 系统在故障发生后,逆变侧直流电压出现大幅度下降,分别降到 0 和 0.1p.u.,直流电流激增,最大值分别达到 2.5p.u. 和 1.9p.u.,两个案例中系统的交流母线电压降低到 0.83p.u.。而案例 2 中 CCC-HVDC 系统和案例 4 中采用改进协调控制策略的 ECCC-HVDC 系统在故障发生后,逆变侧直流电压没有出现大幅度下降,仅下降到 0.75p.u.,直流电流最大值仅为 1.2p.u.,两个案例中系统的交流母线电压下降到 0.86p.u.,系统并未发生换相失败。在故障恢复期间,CCC-HVDC 系统电容电压最大值为 24kV,而案例 3 中采用原控制策略的 ECCC-HVDC 系统和案例 4 中采用改进协调控制策略的 ECCC-HVDC 系统电容电压最大值为 22kV,均在允许范围内。因此,与原控制策略相比,当 ECCC-HVDC 系统采用改进协调控制策略时,其对换相失败的抵御能力得到进一步增强。

2)严重交流系统故障

分别在四个案例系统的逆变侧交流母线处设置单相直接接地短路故障,故障发生在 $t=2s$,持续时间为 50ms,四个案例的系统暂态特性对比结果如图 9-27 和表 9-8 所示。

由图 9-27 和表 9-8 可知,由于故障程度比较严重,四个案例都发生了换相失败。其中,案例 1 中 LCC-HVDC 系统、案例 3 中采用原控制策略的 ECCC-HVDC 系统和案例 4 中采用改进协调控制策略的 ECCC-HVDC 系统都只发生了一次换相失败,电容未出现过电压,电容电压最大值为 22kV,仍在允许范围内。而案例 2 中 CCC-HVDC 系统发生了两次换相失败,电容出现严重过电压,电容电压最大值甚至超过 80kV,如不配置避雷器,将造成电容器的击穿。而对于 ECCC-HVDC 系统,由于其可以对子模块电容进行灵活控制,能够避免电容被击穿。因此,与 CCC-HVDC 相比,采用改进控制策略的 ECCC-HVDC 既具有较强的换相失败抵御能力和灵活的电容电压控制能力,又拥有良好的故障恢复性能。

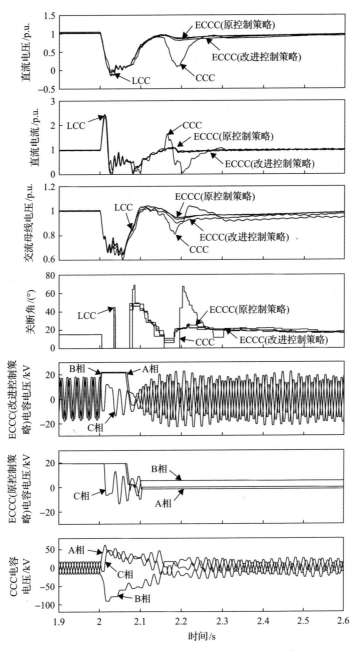

图 9-27　系统暂态特性对比结果(严重交流故障)

表 9-8　　系统关键电气量特征对比(严重交流故障)

案例	直流电压最小值/p.u.	直流电流最大值/p.u.	交流母线电压最小值/p.u.	电容电压最大值/kV
案例 1	0	2.5	0.63	—
案例 2	0	2.5	0.6	80
案例 3	0	2.5	0.63	22
案例 4	0	2.5	0.65	22

2. 改进协调控制策略下系统换相失败抵御能力的定量评估

以下针对如下 5 个案例，进一步分析改进协调控制策略对系统换相失败的抑制效果。案例 1 为 LCC-HVDC 系统，与 CIGRE 标准测试模型一致；案例 2~5 均为 ECCC-HVDC 系统，其中，案例 2~4 的子模块控制策略采用 9.1 节中的原始控制策略，且故障检测延时时间分别为 2ms、3ms、4ms，而案例 5 采用改进协调控制策略。

案例 1：LCC-HVDC。

案例 2：ECCC-HVDC，故障检测延时 2ms。

案例 3：ECCC-HVDC，故障检测延时 3ms。

案例 4：ECCC-HVDC，故障检测延时 4ms。

案例 5：ECCC-HVDC，采用改进协调控制策略。

1) 换相失败免疫能力

这里仍采用换相失败免疫因子 CFII，来定量评估改进协调控制策略对系统换相失败免疫性能的影响。CFII 值越大，表明系统抵御换相失败的能力越强。5 个案例在单相和三相短路故障下的 CFII 值结果如图 9-28 和图 9-29 所示。

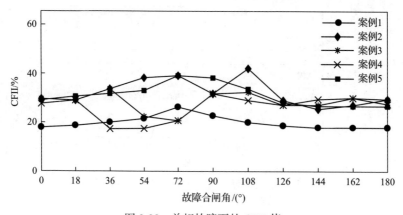

图 9-28　单相故障下的 CFII 值

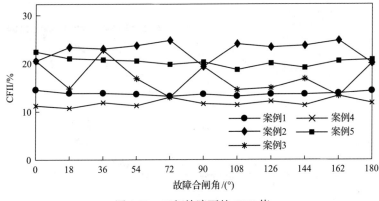

图 9-29　三相故障下的 CFII 值

由图 9-28 和图 9-29 可知，案例 5(采用改进协调控制策略) 的 ECCC-HVDC 的 CFII 值和案例 2 相近，且明显大于案例 1、3、4 的 CFII 值。可见，采用改进协调控制策略后，ECCC-HVDC 系统在单相和三相接地故障时，对换相失败的抵御效果明显优于较长故障检测延时下的 ECCC-HVDC 系统和 LCC-HVDC 系统。在某些故障合闸角下，案例 5 的 CFII 值低于案例 2，这是因为在故障发生时刻，案例 5 中子模块的电容正处于充放电状态，电容电压尚未达到最大值；而案例 2 是在故障发生 2ms 之后，电容电压由最大值开始辅助换相，因此在部分故障合闸角下案例 5 的抵御效果稍弱于案例 2。综上所述，改进协调控制策略可以有效提高系统的换相失败免疫能力，而且可以降低对故障检测的需求。

2) 换相失败概率

以下采用换相失败概率指标 CFPI，进一步衡量改进协调控制策略对系统换相失败的抑制效果，图 9-30 和图 9-31 分别为单相和三相感性接地故障下 5 个案例的换相失败概率曲线。CFPI 值越低，表明系统发生换相失败的概率越小。

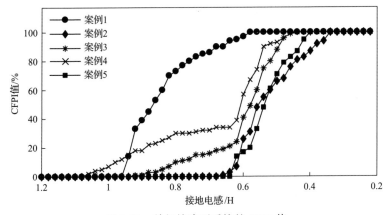

图 9-30　单相故障下系统的 CFPI 值

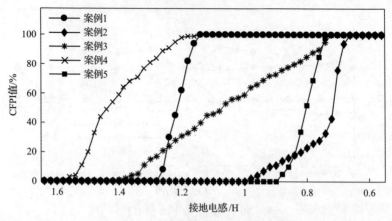

图 9-31　三相故障下系统的 CFPI 值

由图 9-30 和图 9-31 可知，随着接地电感的减小，故障严重程度逐渐增大，5个案例的换相失败概率都有所增加。其中，案例 5（采用改进协调控制策略）的换相失败概率曲线要明显低于案例 1、3、4 的曲线，即具有较低的换相失败概率。与案例 2 相比，在某些故障电感下，案例 5 的换相失败概率要高些，同样是由于在故障发生时刻案例 5 中子模块的电容正处于充放电状态，电容电压尚未达到最大值。因此，与原始控制策略相比，改进协调控制策略可以进一步降低换相失败发生的概率。

3）换相失败的临界电压

进一步地，采用直流系统恰巧不发生换相失败的临界换相电压来评估改进控制策略的优势，当换流器交流母线电压由于故障等原因跌落至该临界电压以下时，系统很可能发生换相失败，临界电压结果如表 9-9 所示。

表 9-9　换相失败的临界电压　　　　　　　　　　（单位：p.u.）

	案例 1	案例 2	案例 3	案例 4	案例 5
单相故障	0.941	0.856	0.867	0.871	0.850
三相故障	0.943	0.828	0.849	0.856	0.821

由表 9-9 可知，无论是单相还是三相短路故障，案例 5（采用改进协调控制策略）的 ECCC-HVDC 系统均可以使引发系统换相失败的临界电压值有一定程度的降低，因此改进协调控制策略可以增强系统抵御换相失败的能力。

参 考 文 献

[1] Sadek K, Pereira M, Brandt D P, et al. Capacitor commutated converter circuit configurations for DC transmission[J]. IEEE Transactions on Power Delivery, 1998, 13（4）: 1257-1264.

[2] Gole A M, Meisingset M. Capacitor commutated converters for long-cable HVDC transmission[J]. Power Engineering Journal, 2002, 16(3): 129-134.

[3] Guo C, Yang Z, Jiang B, et al. An evolved capacitor-commutated converter embedded with antiparallel thyristors based dual-directional full-bridge module[J]. IEEE Transactions on Power Delivery, 2018, 33(2): 928-937.

[4] 蒋碧松. 基于反并联晶闸管全桥子模块的新型电容换相换流器研究[D]. 北京: 华北电力大学, 2017.

[5] 赵成勇, 蒋碧松, 郭春义, 等. 一种基于反并联晶闸管全桥子模块的新型电容换相换流器[J]. 中国电机工程学报, 2017, 37(4): 1167-1176.

[6] Guo C Y, Liu B, Zhao C Y. An improved coordinated control approach for evolved CCC-HVDC system to enhance the commutation failure mitigation effect[J]. Journal of Modern Power Systems and Clean Energy, 2021, 9(2): 338-346.

[7] 刘博. 增强型电容换相换流器的改进协调控制策略研究[D]. 北京: 华北电力大学, 2020.

[8] 赵畹君. 高压直流输电工程技术[M]. 北京: 中国电力出版社, 2011.

第10章　换流站直流侧新型 DC Chopper 拓扑

本章从减小交流故障时暂态直流电流增长量的角度出发，提出了基于晶闸管全桥耗能子模块(PCT-FBSM)的新型 DC Chopper 拓扑结构[1,2]。将该 DC Chopper 并联在 LCC-HVDC 系统逆变站的直流出口处，当交流故障发生时，通过投入 DC Chopper 进行耗能，降低故障时逆变侧的暂态直流电流突增量，减小换相重叠角，增加关断角裕度，从而降低换相失败发生概率。通过分析 PCT-FBSM 子模块的三种工作状态，本章研究其在不同工况下的控制策略，并提出子模块参数的设计方法；最后基于电磁暂态仿真，研究交流故障下配置有新型 DC Chopper 的 LCC-HVDC 系统的暂态特性及换相失败免疫能力。

10.1　新型 DC Chopper 拓扑及其控制策略

10.1.1　新型 DC Chopper 及晶闸管全桥耗能子模块的拓扑结构

如图 10-1 所示，DC Chopper 并联在 LCC-HVDC 系统的逆变站直流出口处，由 n 个串联的 PCT-FBSM 子模块组成，如图 10-2 所示。每个 PCT-FBSM 子模块由电阻、电容和晶闸管构成，其中每个晶闸管阀 $VT_i(i=1\sim4)$ 可以由若干个晶闸管串联组成。

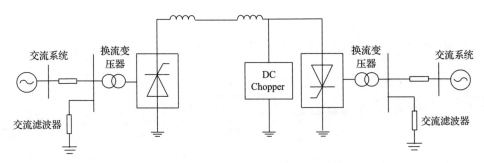

图 10-1　配置有新型 DC Chopper 的 LCC-HVDC 的结构示意图

在传统 LCC-HVDC 系统中，换相过程满足以下关系：

$$L_r \frac{di_{op}(t)}{dt} - L_r \frac{di_{cl}(t)}{dt} = \sqrt{2}U_L \sin \omega t \tag{10-1}$$

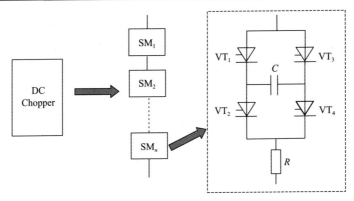

图 10-2　新型 DC Chopper 及 PCT-FBSM 拓扑

$$i_{op}(t) + i_{cl}(t) = I_d \qquad (10\text{-}2)$$

式中，$i_{op}(t)$、$i_{cl}(t)$ 分别表示将要开通、将要关断的阀臂晶闸管的电流；U_L 为换相电压有效值；L_r 为等值换相电抗；ω 为交流系统角频率；I_d 为直流电流。将式(10-2)代入式(10-1)，在换相期间对式(10-1)积分，有

$$I_d = \frac{\sqrt{2}U_L}{2\omega L_r}(\cos\gamma - \cos\beta) \qquad (10\text{-}3)$$

式中，γ 为关断角；β 为超前触发角。由式(10-3)可得关断角的计算公式为

$$\gamma = \arccos\left(\frac{2\omega L_r I_d}{\sqrt{2}U_L} + \cos\beta\right) \qquad (10\text{-}4)$$

由式(10-4)可知，关断角受到交流电压、直流电流、换相电抗、超前触发角的影响。当系统交流电压下降、直流电流上升或超前触发角减小时，都会使 γ 减小，可能引起逆变器发生换相失败。当系统正常运行时，DC Chopper 中的晶闸管闭锁使其处于断开状态，电阻不投入；当系统发生故障时，DC Chopper 通过 PCT-FBSM 晶闸管的控制使其投入，电流流经子模块电阻，通过耗能在一定程度上降低故障时的暂态直流电流，增加关断角裕度，提高系统抵御换相失败的能力。

10.1.2　阀臂和晶闸管全桥耗能子模块的协调控制策略

DC Chopper 控制策略的核心是：当系统正常运行时，子模块晶闸管全部关断，电阻不投入，电容处于旁路状态；发生交流故障时，电阻投入，通过耗能在一定程度上降低故障时的暂态直流电流，从而降低逆变器发生换相失败的概率。图 10-3 为所提出的 PCT-FBSM 子模块的 6 种导通模式，其中颜色加深部分表示子模块的电流流通路径,箭头方向为电流流通方向。模式 1、2、3 与模式 4、5、6 中的电容极性相反;当子模块工作在模式 1、4 时为充电状态;子模块工作在模式 2、5 时为正常工作状态;子模块工作在模式 3、6 时为耗能状态。由于模式 1 与模式 4、模式 2 与模式 5、模式 3 与模式 6 是等价的,因此以下对模式 1、模式 2、模式 3 进行分析。

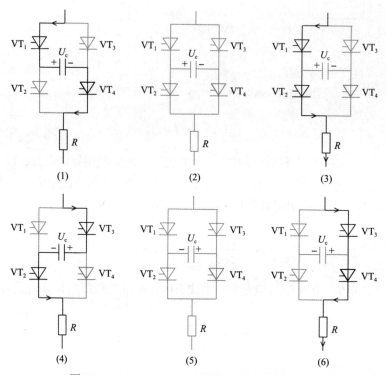

图 10-3 　PCT-FBSM 的工作模式及电流流通路径

　　PCT-FBSM 子模块的控制策略分为电容预充电控制、正常运行控制、电阻耗能支路投入与切除控制。

1) 电容预充电控制

　　在系统启动时,首先需要对电容进行预充电。如图 10-3(1)所示,子模块电容预充电时,触发 VT_1、VT_4,子模块工作在模式 1;此时电流依次流过晶闸管 VT_1、电容、晶闸管 VT_4、电阻,电容正向充电。当 DC Chopper 电容电压之和等于直流电压时,充电结束,电流将不再流过电容,晶闸管 VT_1、VT_4 也会由于没有电流流过而关断。

2) 正常运行控制

　　正常运行控制的目的是当系统没有发生故障时,子模块不会对直流输电系统造成不利影响。当系统正常运行时，晶闸管 $VT_1 \sim VT_4$ 均处于关断状态，子模块工作在模式 2，如图 10-3(2) 所示。子模块电阻也没有电流流过，不会耗能。

3) 电阻耗能支路投入与切除控制

当交流系统发生故障时，需要投入电阻进行耗能，触发 VT_1、VT_2，子模块工作在模式 3，如图 10-3(3) 所示。电流流通路径为晶闸管 VT_1、晶闸管 VT_2 和电阻。电流流经电阻，通过耗能在一定程度上降低故障时的暂态直流电流，减少换相所需时间，进而降低逆变器发生换相失败的概率。在此工作状态下，电容也被旁路。

电阻耗能支路的切除，需要综合考虑如下两个因素：①DC Chopper 耗能支路在故障后的一个周波内起作用效果最明显，因为 LCC-HVDC 以 6 脉动换流器为基本单元，其换相周期为一个周波(20ms)；②耗能时间不能过长，否则会减缓系统的故障恢复速度。综上考虑，这里建议耗能时间取 20ms。如图 10-3(3) 所示，当需要切除电阻耗能支路时，触发 VT_3，当晶闸管 VT_3 导通后，电容开始放电，VT_1 由于承受反压而关断，此时子模块工作在模式 4。如图 10-3(4) 所示，电流流通路径变为晶闸管 VT_3、电容、晶闸管 VT_2、电阻。当放电结束后，电容由放电变为反向充电。当 DC Chopper 中子模块电容电压之和等于直流电压时，充电结束，VT_2、VT_3 由于没有电流通过而关断，系统恢复至正常运行状态，子模块工作在模式 5，如图 10-3(5) 所示。

由于 PCT-FBSM 是对称结构，耗能方式有两种，如图 10-3(3) 和(6) 所示，而系统工作在模式 3 或模式 6 是由电容电压极性决定的。在工作模式 2 下正常运行的系统，电容电压极性是正向的，需要投入电阻耗能时，触发 VT_1、VT_2，子模块工作在模式 3；同理，在工作模式 5 下正常运行的系统，由于电容电压极性是反向的，需要投入电阻耗能时，触发 VT_3、VT_4，子模块工作在模式 6。

10.2　晶闸管全桥耗能子模块的参数设计方法

10.2.1　PCT-FBSM 中电阻值的选取方法

PCT-FBSM 中电阻值的选取对换相失败的抑制效果有很大影响，当电阻值取值太小时，流经电阻的电流大，可能会超过 PCT-FBSM 中晶闸管的电流允许值，存在器件损坏的风险；当电阻值取值太大时，流经电阻的电流小，耗能过程慢，抑制换相失败的效果会减弱。因此，选择一个合适的电阻值至关重要。

当逆变侧母线处发生三相短路故障时，设换相电压降为 U'_L，直流电压变为 U'_d，直流电流变为 I'_d。考虑到控制系统动作有一定延时，可以认为故障后短时间内 β 基本不变，假设故障后关断角变为 γ'，由式(10-3)可知故障时的直流电流为

$$I_d' = \frac{\sqrt{2}U_L'}{2\omega L_r}(\cos\gamma' - \cos\beta) \tag{10-5}$$

由式(10-3)和式(10-5)可得

$$\frac{I_d'}{I_d} = \frac{U_L'}{U_L} \cdot \frac{\cos\gamma' - \cos\beta}{\cos\gamma - \cos\beta} \tag{10-6}$$

假设在故障发生后直流系统短时输送功率基本不变，即

$$\frac{I_d}{I_d'} = \frac{U_d'}{U_d} \tag{10-7}$$

由于换相电压和直流电压满足下面的关系：

$$U_d = \frac{3\sqrt{2}}{2\pi}U_L(\cos\gamma + \cos\beta) \tag{10-8}$$

则可得到

$$\frac{U_d'}{U_d} = \frac{U_L'}{U_L} \cdot \frac{\cos\gamma' + \cos\beta}{\cos\gamma + \cos\beta} \tag{10-9}$$

联立式(10-6)、式(10-7)和式(10-9)可得

$$\frac{U_d'}{U_d} = \sqrt{\frac{\cos\gamma' + \cos\beta}{\cos\gamma' - \cos\beta} \cdot \frac{\cos\gamma - \cos\beta}{\cos\gamma + \cos\beta}} \tag{10-10}$$

式(10-10)为直流电压与关断角的关系式。当关断角小于其固有极限关断角 γ_{min} 时，逆变器会发生换相失败。将 $\gamma' = \gamma_{min}$ 代入式(10-10)，即可计算出发生换相失败时的临界直流电压值 U_d'。

而耗能电阻可通过以下公式计算得到：

$$R = \frac{U_d'}{I_d''} \tag{10-11}$$

式中，U_d' 为发生换相失败时的临界直流电压值；I_d'' 为考虑暂时过负荷时的直流电流[3]，一般取 1.5 倍的额定电流。

假设 DC Chopper 采用 n 个子模块，将式(10-10)代入式(10-11)即可得到每个 PCT-FBSM 子模块中的耗能电阻为

$$R = \frac{1}{n}\sqrt{\frac{\cos\gamma' + \cos\beta}{\cos\gamma' - \cos\beta} \cdot \frac{\cos\gamma - \cos\beta}{\cos\gamma + \cos\beta}} \cdot \frac{U_d}{1.5I_d} \tag{10-12}$$

10.2.2　PCT-FBSM 中电容值的选取方法

PCT-FBSM 中电容的作用，是在电阻耗能支路切除期间使 PCT-FBSM 模块中的晶闸管强迫关断。如图 10-3(3) 和 10-3(4)，以模式 3 向模式 4 转换为例，当 VT$_3$ 导通后，VT$_1$ 开始承受电容的反向电压，要求晶闸管 VT$_1$ 在承受电容反向电压期间能够可靠关断。设晶闸管的反向阻断恢复时间为 t_{rr}，正向阻断恢复时间为 t_{gr}，晶闸管的关断时间 t_q 为 t_{rr} 与 t_{gr} 之和。电容电阻支路的时间常数 $\tau=RC$，当电容放电时间 t 经过 4τ 后，可认为电容的电压大致降至 0[4]。设电容电压降至 0 时，晶闸管恰好关断，则有

$$t_q = t_{rr} + t_{gr} = 4RC \tag{10-13}$$

由式(10-13)可知，给定晶闸管关断时间 t_q 和耗能电阻 R，即可计算出电容值。

10.2.3　PCT-FBSM 中晶闸管的电压电流应力分析及参数选取方法

为了选取子模块晶闸管，需要对子模块晶闸管在不同工况下的电压、电流应力进行分析，保证其电压、电流应力都在允许范围内。

1. 子模块电压应力分析

当子模块工作在 1、3、4、6 模式时，子模块晶闸管部分导通，处于导通状态的子模块晶闸管承受的电压近似为 0，其他处于关断状态的子模块晶闸管承受的最大电压为电容电压 U_C。

当子模块工作在 2、5 模式时，子模块晶闸管全部关断，晶闸管不仅承受电容电压 U_C，还要承受直流侧电压 U_d。子模块晶闸管的断态等值电路如图 10-4 所示，其中：u_{VT_1}、u_{VT_2}、u_{VT_3}、u_{VT_4} 为 4 组晶闸管承受的电压；R 为耗能电阻；DC Chopper 由 n 个 PCT-FBSM 串联组成，子模块中每个晶闸管阀 VT$_i$($i=1\sim4$) 由 m 个晶闸管串联组成，每个晶闸管的均压电阻为 r。

假设电容被旁路时电容电压基本保持不变，由叠加定理可以得到子模块晶闸管承受的近似电压为

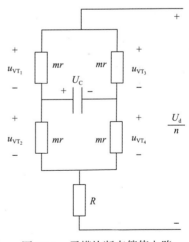

图 10-4　子模块断态等值电路

$$\begin{cases} u_{\mathrm{VT_1}} = u_{\mathrm{VT_4}} = \dfrac{1}{2}\left(-U_{\mathrm{C}} + \dfrac{mr}{R+mr} \cdot \dfrac{U_{\mathrm{d}}}{n} \right) \\ u_{\mathrm{VT_2}} = u_{\mathrm{VT_3}} = \dfrac{1}{2}\left(U_{\mathrm{C}} + \dfrac{mr}{R+mr} \cdot \dfrac{U_{\mathrm{d}}}{n} \right) \end{cases} \tag{10-14}$$

综合以上不同工作模式，子模块晶闸管承受的最大电压为

$$U_{\mathrm{VTmax}} = \max\left\{ U_{\mathrm{C}},\ \dfrac{1}{2}\left(U_{\mathrm{C}} + \dfrac{mr}{R+mr} \cdot \dfrac{U_{\mathrm{d}}}{n} \right) \right\} \tag{10-15}$$

2. 子模块电流应力分析

考虑子模块的所有工作模式，子模块晶闸管上流过的最大电流为交流系统发生故障后暂态直流电流的峰值，因此子模块晶闸管可以参照逆变器阀臂晶闸管的设计原则进行选型。

由 10.2.1～10.2.3 小节可知，子模块参数的选取方法如下。

(1)首先，通过直流电压和子模块电容电压的比值确定 DC Chopper 子模块的个数 n，再根据系统额定运行时的直流电压 U_{d}、直流电流 I_{d}、逆变侧关断角 γ、触发超前角 β，由式(10-12)计算出每个子模块的电阻值 R。

(2)根据子模块的个数 n、耗能电阻 R、直流电压 U_{d}、电容电压 U_{C}，通过式(10-15)选择合适的晶闸管型号和子模块晶闸管串联个数 m，确保每个子模块晶闸管的电压应力都在其允许范围之内。

(3)根据晶闸管的关断时间 t_{q} 和电阻 R，由式(10-13)计算得到每个子模块的电容值 C。

10.3　直流侧配置新型 DC Chopper 的 LCC-HVDC 的系统特性

10.3.1　系统模型及参数

本节通过对比如下三个案例，分析和验证所提出的新型 DC Chopper 拓扑结构中 PCT-FBSM 的电压电流应力特性、系统的暂态性能及 DC Chopper 对 LCC-HVDC 换相失败的抑制效果。

案例 1：LCC-HVDC(CIGRE 标准测试模型)。

案例 2：CCC-HVDC。

案例 3：配置新型 DC Chopper 的 LCC-HVDC。

其中，案例 2 中 CCC-HVDC 的电容选为 400μF，与文献[5]一致；案例 3 在案例 1 的基础上，在逆变站直流侧出口处并联了所提出的 DC Chopper。系统正常运行时，直流电压 U_d=500kV，电容电压 U_C 为 32kV，U_d 与 U_C 的比值约为 16，DC Chopper 采用 16 个子模块；直流电流 I_d=2kA，逆变侧关断角 γ =15°，触发超前角 β =38°，根据公式(10-12)可得 R=10Ω。由于电容充电电压约等于每个子模块平均分得的直流电压，且晶闸管均压电阻远大于耗能电阻，由式(10-15)计算得到每个子模块的 U_{VTmax}=32kV，子模块晶闸管阀 VT$_i$(i=1～4)由 7 个额定电压为 7.2kV、额定电流为 4.8kA 的晶闸管串联组成；取晶闸管关断时间 t_q 为 1200μs[6]，由式(10-13)计算可得电容值为 30μF。

10.3.2　PCT-FBSM 的电压电流应力特性

1. 单相接地故障下的应力特性

t =1s 时在逆变侧换流母线处设置感性单相接地故障，接地电感值为 0.3H，故障持续时间为 0.05s，配置有 DC Chopper 的 LCC-HVDC 系统成功抵御换相失败，子模块晶闸管 VT$_i$(i=1～4)的电压电流应力特性如图 10-5 所示，由结果可知，子

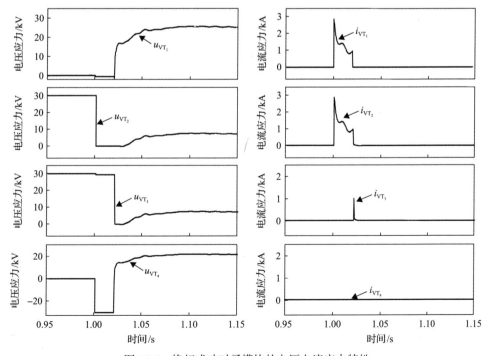

图 10-5　换相成功时子模块的电压电流应力特性

模块晶闸管上的最大电压约为 30.21kV，每个晶闸管的电压为 4.31kV，子模块晶闸管的最大电流约为 2.86kA，均在允许范围内。

t=1s 时在逆变侧换流母线处设置感性单相接地故障，接地电感值为 0.2H，故障持续时间为 0.05s，配置 DC Chopper 的 LCC-HVDC 系统仍然发生了换相失败，结果如图 10-6 所示。子模块晶闸管上的最大电压达到了 30.23kV，每个晶闸管的电压为 4.32kV，子模块晶闸管最大电流为 2.86kA，均在允许范围内。

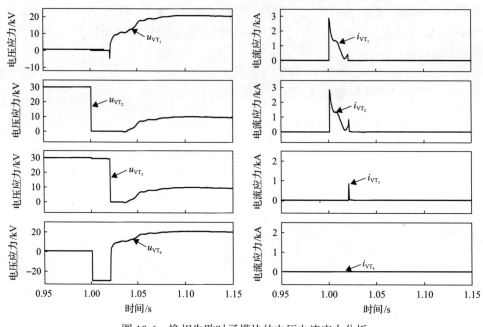

图 10-6　换相失败时子模块的电压电流应力分析

2. 三相接地故障下的应力特性

类似地，t=1s 在逆变侧交流母线处设置感性三相接地故障，接地电感值为 0.65H，故障持续时间为 0.05s，系统成功抵御换相失败，子模块晶闸管 VT_i(i=1～4) 的电压电流应力特性如图 10-7 所示。由结果可知，子模块晶闸管上的最大电压约为 30.18kV，每个晶闸管的电压为 4.31kV，子模块晶闸管的最大电流约为 2.85kA，均在允许范围内。

t=1s 时在逆变侧交流母线处设置感性三相接地故障，接地电感值为 0.5H，故障持续时间为 0.05s，系统没能成功抵御换相失败，结果如图 10-8 所示。子模块晶闸管上的最大电压达到了 30.23kV，每个晶闸管的电压为 4.32kV；故障期间，子模块晶闸管的最大电流为 2.86kA，仍然在允许范围内。

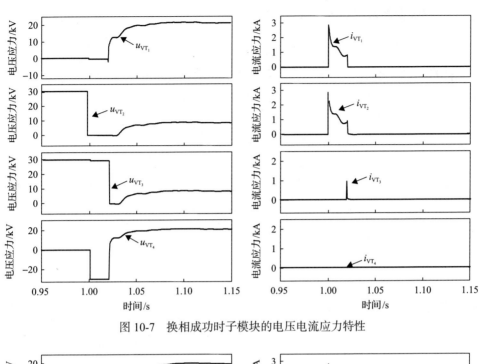

图 10-7　换相成功时子模块的电压电流应力特性

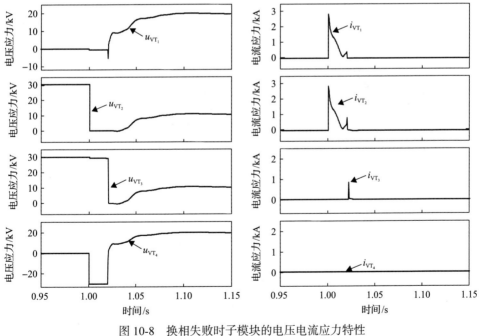

图 10-8　换相失败时子模块的电压电流应力特性

10.3.3　故障期间系统的暂态特性

1. 单相接地故障下系统的暂态特性

针对 10.3.1 节的 3 个案例，t=1.0s 分别在逆变侧换流母线处设置感性单相接地故障，接地电感为 0.3H，故障持续时间为 0.05s。案例 1(LCC-HVDC)和案例 2(CCC-HVDC)发生了换相失败，案例 3(配置 DC Chopper 的 LCC-HVDC)成功抵御了换相失败，3 个案例系统的暂态特性结果如图 10-9 所示。

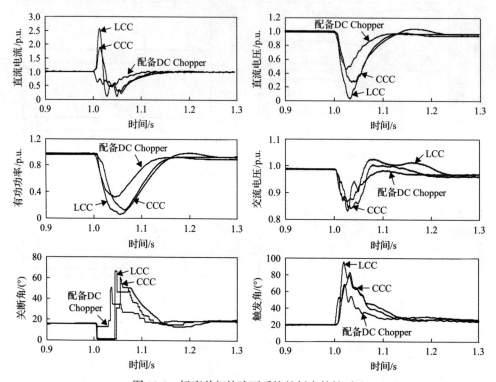

图 10-9　轻度单相故障下系统的暂态特性对比

由图 10-9 可见，发生故障后，LCC-HVDC 和 CCC-HVDC 发生了换相失败，直流电流分别上升到了 2.53p.u.和 1.86p.u.，而案例 3 配置 DC Chopper 后，直流电流在故障期间始终低于额定值，系统并未发生换相失败；LCC-HVDC 和 CCC-HVDC 的直流电压分别下降至 0 和 0.23p.u.，而 DC Chopper 的投入使直流电压只下降到 0.41p.u.；故障期间 LCC-HVDC 和 CCC-HVDC 的最大功率损失分别达到 0.84p.u.和 0.77p.u.，而 DC Chopper 的投入使 LCC-HVDC 的最大功率损失为 0.61p.u.；故障消失后，LCC-HVDC 和 CCC-HVDC 的恢复时间分别为 105ms 和 103ms，而 DC Chopper 投入后系统的恢复时间为 79ms。因此，采用所提出的 DC

Chopper 可以有效抑制 LCC-HVDC 故障期间的暂态直流电流,降低换相失败概率,改善系统的故障恢复性能。

　　进一步加重故障,在逆变侧换流母线处设置单相经电感接地故障,接地电感值为 0.2H,故障持续时间为 0.05s。3 个案例都发生了换相失败,3 个案例系统的暂态特性结果如图 10-10 所示。

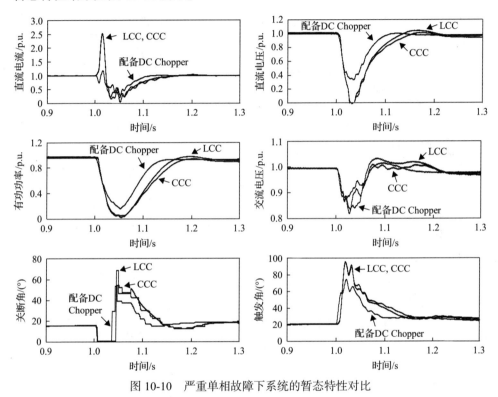

图 10-10　严重单相故障下系统的暂态特性对比

　　由图 10-10 可见,由于故障比较严重,3 个案例都发生了换相失败。案例 1(LCC-HVDC)和案例 2(CCC-HVDC)的直流电流分别上升到了 2.56p.u.和 2.48p.u.,而案例 3(配置 DC Chopper 的 LCC-HVDC)的直流电流只升高至 1.17p.u.;案例 1 和案例 2 的直流电压都下降至 0,而案例 3 直流电压只下降到 0.3p.u.;故障期间案例 1 和案例 2 的最大功率损失分别达 0.87p.u.和 0.85p.u.,而案例 3 的最大功率损失为 0.75p.u.;故障消失后,案例 1 和案例 2 的恢复时间为 106ms 和 120ms,而案例 3 的恢复时间为 80ms。由此可以看出,虽然故障严重程度增加,采用所提出的 DC Chopper 仍然可以有效抑制故障直流电流,加速恢复过程,改善 LCC-HVDC 系统的动态特性。

2. 三相接地故障下系统的暂态特性

类似地，*t*=1.0s 时，在 3 个案例逆变侧换流母线处设置感性三相接地故障，接地电感为 0.65H，故障持续时间为 0.05s。案例 1 和案例 2 发生了换相失败，案例 3 成功抵御换相失败，3 个案例系统的暂态特性结果如图 10-11 所示。

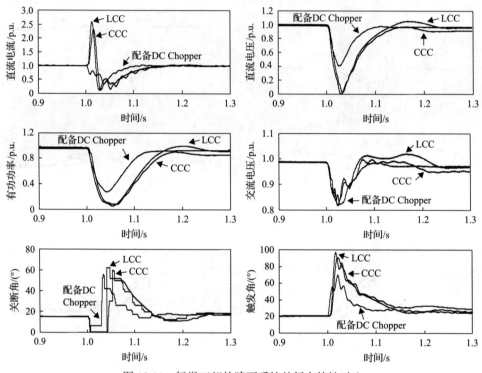

图 10-11　轻微三相故障下系统的暂态特性对比

在该故障下，案例 1(LCC-HVDC)和案例 2(CCC-HVDC)发生了换相失败，案例 3(配置 DC Chopper 的 LCC-HVDC)成功抵御了换相失败。案例 1 和案例 2 的直流电流分别上升到 2.56p.u.和 2.31p.u.，而案例 3 的直流电流在故障期间始终低于额定值；案例 1 和案例 2 的直流电压都下降至 0，而案例 3 直流电压只下降到 0.39p.u.；故障期间，案例 1 和案例 2 最大功率损失分别达 0.84p.u.和 0.81p.u.，而案例 3 的最大功率损失为 0.64p.u.；故障消失后，案例 1 和案例 2 的恢复时间为 105ms 和 122ms，而案例 3 的恢复时间为 70ms。因此，在给定的故障条件下，采用所提出的 DC Chopper 可以有效抑制故障期间的暂态直流电流,增强 LCC-HVDC 的换相失败抵御能力。

进一步加重故障，在逆变侧换流母线处设置接地电感为 0.5H 的三相接地故障,故障持续时间为 0.05s。3 个案例都发生了换相失败,3 个案例系统的暂态特性结果如图 10-12 所示。

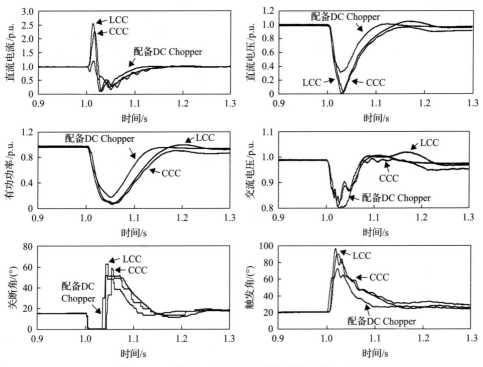

图 10-12 严重三相故障下系统的暂态特性对比

由于故障比较严重,3 个案例都发生了换相失败。案例 1 和案例 2 的直流电流分别上升到 2.57p.u.和 2.28p.u.,而案例 3 的直流电流只升高至 1.2p.u.;案例 1 和案例 2 的直流电压都下降至 0,而案例 3 直流电压只下降到 0.3p.u.;故障造成直流功率的大量损失,案例 1 和案例 2 最大功率损失分别达 0.84p.u.和 0.82p.u.,而案例 3 的最大功率损失为 0.74p.u.;故障消失后,案例 1 和案例 2 的恢复时间为 106ms 和 124ms,而案例 3 的恢复时间为 76ms。由此可以看出,在严重的三相故障条件下,所提出的 DC Chopper 仍然可以有效抑制故障期间的暂态直流电流,改善 LCC-HVDC 系统的故障恢复特性。

10.3.4 DC Chopper 对 LCC-HVDC 系统换相失败免疫特性的影响

这里采用换相失败免疫因子 CFII,评估 DC Chopper 对 LCC-HVDC 换相失败的抵御效果,CFII 值越大,表明 LCC-HVDC 对换相失败的免疫能力越强。图 10-13 和图 10-14 分别为 10.3.1 节 3 个案例在不同故障合闸角下的 CFII 曲线。

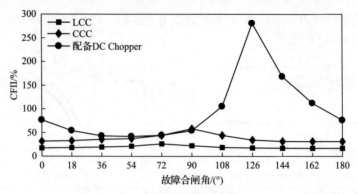

图 10-13　单相故障下系统的 CFII 对比

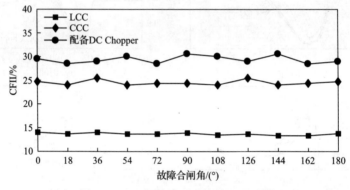

图 10-14　三相故障下系统的 CFII 对比

由图 10-13 和图 10-14 可以看出，在单相故障和三相故障下，案例 3 (配置 DC Chopper 的 LCC-HVDC) 的 CFII 值最高，可见，所提 DC Chopper 可以有效提高系统抵御换相失败的能力。另外，单相故障下，案例 3 在不同故障合闸角下的换相失败免疫力有较大不同，可能的原因是：换相失败不仅与电压跌落程度及故障合闸角有关，还与直流电流有关，在部分时刻直流电流对换相失败的影响程度比故障合闸角的影响程度更大，而 DC Chopper 可以减小故障时的直流电流，从而可以进一步提高直流系统抵御换相失败的能力，因此在某些故障合闸角下案例 3 的 CFII 值明显增大。

10.3.5　DC Chopper 对双馈入直流系统换相失败免疫特性的影响

以下针对图 10-15 的双馈入直流系统，研究 DC Chopper 对系统换相失败免疫特性的影响。其中，案例 1 的 LCC-HVDC$_1$ 和 LCC-HVDC$_2$ 均为 CIGRE 标准测试模型，联络线距离为 100km，参数为 $(0.028+\text{j}0.271)\,\Omega/\text{km}$；案例 2 在案例 1 的基础上在 LCC-HVDC$_1$ 的逆变器直流侧出口配备所提出的 DC Chopper，如图 10-15。两个案例在单相故障和三相故障下的换相失败概率 CFPI 曲线分别如图 10-16 和

图 10-17 所示。

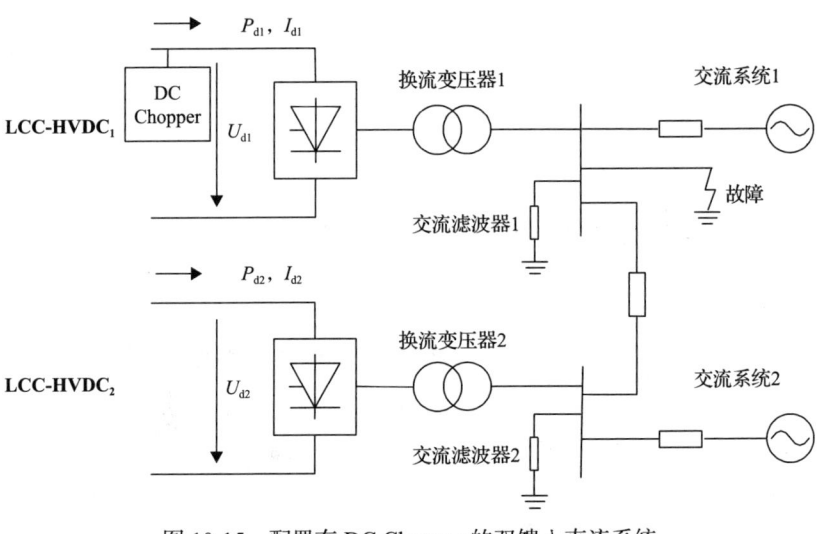

图 10-15　配置有 DC Chopper 的双馈入直流系统

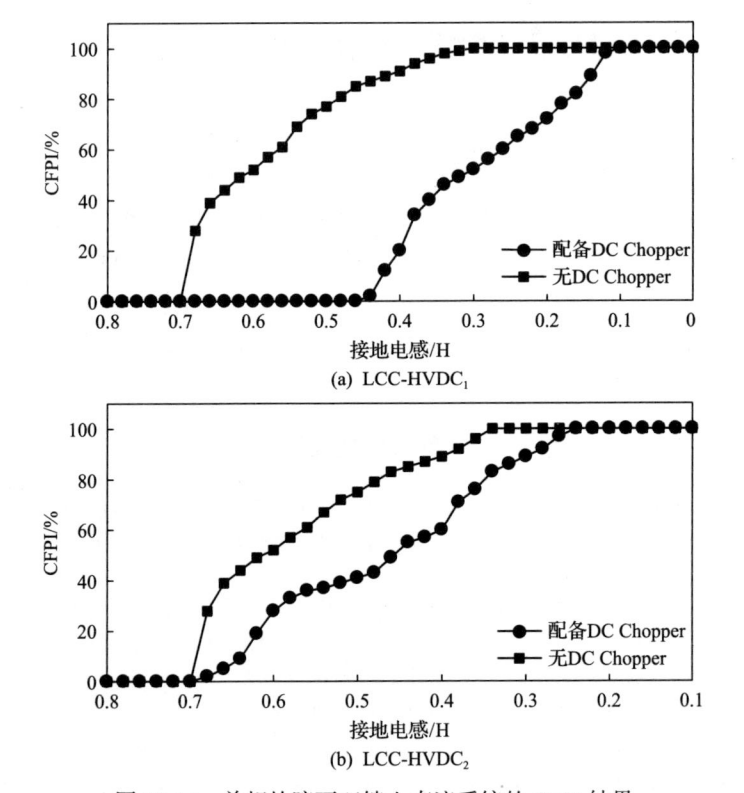

(a) LCC-HVDC₁

(b) LCC-HVDC₂

图 10-16　单相故障下双馈入直流系统的 CFPI 结果

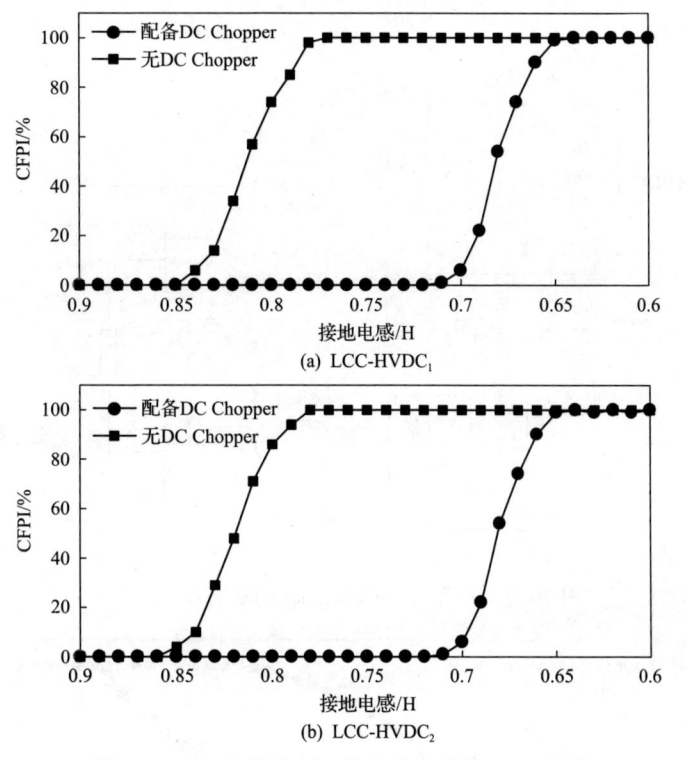

图 10-17　三相故障下双馈入直流系统 CFPI 结果

由图 10-16 和图 10-17 可知，无论是单相故障还是三相故障，对于 LCC-HVDC$_1$ 和 LCC-HVDC$_2$ 系统，案例 2（配置所提 DC Chopper 拓扑）的换相失败概率曲线都要明显低于案例 1，即案例 2 具有较低的换相失败概率。因此，采用所提 DC Chopper 拓扑不仅可以降低本站换相失败的发生概率，还可以增强临近换流站的换相失败抵御能力。

参 考 文 献

[1] Guo C, Liu B, Zhao C. A DC chopper topology to mitigate commutation failure of line commutated converter based high voltage direct current transmission[J]. Journal of Modern Power Systems and Clean Energy, 2020, 8(2): 345-355.

[2] 刘博, 郭春义, 赵成勇. 直流斩波器对抑制换相失败引发的弱送端电网暂态过电压的研究[J]. 电网技术, 2019, 43(10): 3578-3586.

[3] 赵畹君. 高压直流输电工程技术[M]. 北京: 中国电力出版社, 2011: 124.

[4] 邱关源, 罗先觉. 电路[M]. 北京: 高等教育出版社, 2006: 140-144.

[5] Guo C, Yang Z, Jiang B, et al. An evolved capacitor-commutated converter embedded with anti-parallel thyristors based dual-directional full-bridge module[J]. IEEE Transactions on Power Delivery, 2018, 33(2): 928-937.

[6] 岳珂, 刘隆晨, 孙玮, 等. 反向恢复特性在高功率晶闸管检测试验中的应用[J]. 高电压技术, 2017, 43(1): 97-103.